TypeScript全栈开发

赵卓 著

人 民 邮 电 出 版 社
北 京

图书在版编目（ＣＩＰ）数据

TypeScript全栈开发 / 赵卓著. -- 北京 : 人民邮电出版社, 2023.5
ISBN 978-7-115-60557-3

Ⅰ. ①T… Ⅱ. ①赵… Ⅲ. ①JAVA语言－程序设计 Ⅳ. ①TP312.8

中国版本图书馆CIP数据核字(2022)第227520号

内 容 提 要

本书旨在介绍TypeScript的语法和应用。本书首先介绍TypeScript的基本语法，以帮助读者编写基本的应用程序；然后讲述TypeScript的进阶语法，这些语法可以满足复杂项目中的编程要求；接着讨论如何将TypeScript代码编译为JavaScript代码，如何快速地编写与调试TypeScript代码，如何通过工具自动检查代码的正确性；最后阐述如何在TypeScript项目中使用JavaScript，如何使用TypeScript开发前端项目与后端项目。

本书适合前端开发工程师、后端开发工程师以及对TypeScript感兴趣的读者阅读。

◆ 著　　　　赵　卓
责任编辑　谢晓芳
责任印制　王　郁　焦志炜

◆ 人民邮电出版社出版发行　　北京市丰台区成寿寺路 11 号
邮编　100164　　电子邮件　315@ptpress.com.cn
网址　https://www.ptpress.com.cn
北京天宇星印刷厂印刷

◆ 开本：800×1000　1/16
印张：20.75　　　　2023 年 5 月第 1 版
字数：484 千字　　　　2024 年 9 月北京第 7 次印刷

定价：89.80 元

读者服务热线：(010)81055410　印装质量热线：(010)81055316
反盗版热线：(010)81055315
广告经营许可证：京东市监广登字 20170147 号

作 者 简 介

赵卓，新蛋科技有限公司电子商务研发团队项目经理，从事过多年测试工作和开发工作，精通各类开发和测试技术。编写过的图书有《Kubernetes 从入门到实践》《Selenium 自动化测试完全指南：基于 Python》，翻译过的图书有《精通 Selenium WebDriver 3.0（第 2 版）》等。

前　　言

Ajax 的诞生使 JavaScript 能够提供复杂的前端网页交互功能，Node.js 的诞生使 JavaScript 代码能够在服务器端运行，React 的诞生使 JavaScript 可以用于手机 APP 的开发。近年来，JavaScript 蓬勃发展，应用领域越来越广，开始用于中大型项目的开发和维护。

然而，JavaScript 语言自身具有较大的局限性，它有很多设计上的缺陷，难以胜任中大型项目的开发和维护。JavaScript 的致命缺陷在于它是一种弱类型的动态语言，所有的问题都无法在代码刚写完时就发现，只能在运行、测试等环节发现。最坏的情况就是问题已经存在了很久，却依旧未发现，最终给企业带来了巨大的维护成本。

2012 年，由 Delphi 和.NET 之父 Anders Hejlsberg 设计的开源和跨平台语言——TypeScript 诞生了。TypeScript 专为中大型项目设计，它在 JavaScript 的基础上添加了静态类型定义和基于接口与类的面向对象编程等特性，彻底打破了 JavaScript 的局限性，弥补了 JavaScript 的设计缺陷。因此，TypeScript 逐渐演变为中大型项目的“刚需”，且越来越多的 JavaScript 框架（如 Vue.js、React、AngularJS）可以使用 TypeScript 进行重构。

虽然 TypeScript 是一门新兴的编程语言，但是它已经具有非常重要的地位，它不仅能满足项目开发的需要，而且对个人职业生涯的发展至关重要。

本书将循序渐进地介绍 TypeScript 的语法、编译与调试和应用场景。不管是刚入门的读者，还是想要进一步提高编程能力的读者，都能从本书中有所收获。

读者对象

本书适合前端开发工程师、后端开发工程师，以及对 TypeScript 感兴趣的读者阅读。即使读者不具备任何 JavaScript 和 TypeScript 基础知识，也可以阅读本书。

如何阅读本书

本书共 23 章，分为 4 部分，由浅入深介绍各个知识点。

第一部分（第 1～12 章）主要介绍 TypeScript 的基本知识，包括 TypeScript 支持的数据类型，如何通过运算符连接数据，如何对表达式进行操作和运算，如何根据条件控制程序流程。已经具有 JavaScript 开发经验的读者可以直接跳过第 4 章和第 5 章，只阅读介绍各种 TypeScript 数据类型的其余各章。

第二部分（第 13～17 章）主要介绍 TypeScript 的进阶知识。这些知识将应用于复杂项目中的特定场景，以满足更高的编程要求。其中包括如何用模块或命名空间组织文件和代码，如何捕获错误和处理错误，如何使用内置引用对象，如何实现异步编程以及多线程编程等。除第 13 章与 TypeScript 高度相关之外，其余各章对 JavaScript 也适用，因此 JavaScript 开发经验较丰富、已了解这些知识点的读者可以跳过第 14～17 章。

第三部分（第 18～20 章）主要介绍如何将 TypeScript 代码按需编译为指定的 JavaScript 代码，如何高效地编写与调试 TypeScript 代码，以及如何引入扩展工具来自动检查代码及程序是否正确。

第四部分（第 21～23 章）主要介绍在实际中如何使用 TypeScript 开发前端项目与后端项目，以及如何在 TypeScript 项目中使用 JavaScript。

读者可以根据需求选择阅读，但最好按照顺序阅读，这有助于读者循序渐进地提高，并从整体上对 TypeScript 有深入而系统的认识。

目　　录

第一部分

基础语法

TypeScript 是微软公司开发的一种新兴的开源编程语言，它在 JavaScript 的基础上添加了静态类型定义，既保持了 JavaScript 的灵活性，又解决了 JavaScript 的痛点。

要学习 TypeScript，需要从最基本的语法开始。这些语法通常是一组规则，这些规则决定了可以使用的数据类型、如何通过各式各样的符号来连接数据组成表达式并进行操作和运算，以及如何根据不同的数据条件来控制程序流程。

本书第一部分将详细介绍 TypeScript 的基本语法。只有了解了这些基本语法后，才能够顺利编写出最基本的应用程序。

第 1 章　TypeScript 简介

TypeScript 是什么？它有哪些作用？在 TypeScript 官网上，其定义如下。

TypeScript 是适用于任何规模应用的 JavaScript。它具有以下特点。

- TypeScript 扩展了 JavaScript，为它添加了类型支持。
- TypeScript 可以在运行代码之前找到错误并提供修复方案，从而改善开发体验。
- TypeScript 可用于任何浏览器、任何操作系统、任何运行 JavaScript 的地方，且完全开源。

简而言之，TypeScript 是一种开源的编程语言，是通过在 JavaScript 的基础上添加静态类型定义构建而成的。TypeScript 代码可以通过 TypeScript 编译器或 Babel 转译为 JavaScript 代码，然后在浏览器、Node.js 或其他应用中运行。TypeScript 是 JavaScript 的升级版，既保持了 JavaScript 的灵活，又解决了 JavaScript 的痛点。

为了使读者全方位了解 TypeScript，在本章中，我们将先回顾 TypeScript 的发展史，了解它出现的意义及作用，然后搭建 TypeScript 开发环境，编写第一个 TypeScript 应用程序。

1.1　TypeScript 的发展史

在介绍 TypeScript 时，始终会提到 JavaScript。TypeScript 和 JavaScript 究竟有怎样的关系？TypeScript 究竟有哪些优势？这里就不得不从 JavaScript 的兴起开始说起。

1.1.1　JavaScript 的兴起

1990 年，欧洲粒子物理实验室的 Tim Berners-Lee 制定了超文本传输协议（HyperText Transfer Protocol，HTTP）、超文本标记语言（Hyper Text Markup Language，HTML）、统一资源标识符（Uniform Resource Identifier，URI）等技术规范，并制作了第一款 Web 浏览器和服务器，以及第一批网页。这些网页原本只在实验室内部交流使用，但在 1991 年，首个对外开放的网页上线，这标志着万维网正式诞生。1993 年，欧洲粒子物理实验室宣布万维网对所有人免费开放，万维网的开始普及。

然而，早期万维网的网页只是完全静态的 HTML 页面。1994 年，网景公司发布了面向普通用户的新一代浏览器 Netscape Navigator 1.0 版，其市场份额一度超过 90%。虽然这是历史上首个成熟的浏览器，但是只能用来浏览静态 HTML 页面，无法与用户进行即时交互，所有的事情只能交给服务器去处理。

此时网景公司希望引入一种网页脚本语言，以便动态处理网页内容。公司高层当时进行了多种尝试，却依然没有找到完全适用的方案。由于当时 Java 火热且网景公司正在与 Sun 公司合作，因此在 1995 年网景公司做出决策，打算开发一种新的网页脚本语言，它必须既像 Java，又要比 Java 简单，以便非专业的网页作者也能快速上手。

在这样的情形下，JavaScript 应运而生。虽然 JavaScript 的名称包含 Java，但是其实两者一点关系都没有。JavaScript 只在名字上蹭了 Java 的热度，却由网景公司和 Sun 公司联袂推广。

当时负责设计 JavaScript 的 Brendan Eich 为了快速完成任务，只花了 10 天时间就设计出了 JavaScript。虽然时间过于仓促，但至少达到了设计的初衷。

网景开发了 JavaScript 并搭载在最新版本的浏览器上，当时处于竞争关系的微软便模仿 JavaScript 开发了 JScript，并于 1996 年搭载在 IE3.0 上。在竞争中，网景和微软各自的脚本语言中都拥有不同的语法和特性，网页变得难以兼容。

1996 年年底，网景公司将 JavaScript 提交给欧洲计算机制造商协会（European Computer Manufacturers Association，ECMA）并进行标准化。1997 年，在 ECMA 的协调下，由网景、Sun、微软、Borland 组成的工作组确定统一脚本语言标准——ECMA-262。ECMA-262 标准定义了 ECMAScript 语言规范，约定 Navigator 搭载的 JavaScript、IE 搭载的 JScript、CEnvi 搭载的 ScriptEase 或其他浏览器搭载的脚本语言都必须遵循统一的 ECMAScript 语言规范。

此后，ECMAScript 作为统一标准，其语法和特性的每次升级、更新均由 ECMA 起草与制定，而由各个浏览器厂商将这些语法和特性实现到各自的浏览器上。

1998 年，ECMAScript 2.0 版发布。1999 年，ECMAScript 3.0 版发布，成为 JavaScript 的通行标准，得到了广泛支持。

虽然脚本语言已经标准化，但竞争仍在继续。2000 年，网景败阵下来，Navigator 浏览器开始衰落，直至销声匿迹。此后我们所称呼的 JavaScript 只是历史惯用名称，不再指原先 Navigator 浏览器中的 JavaScript，而是指各个浏览器中已经实现的 ECMAScript 标准。

此后，由于缺少竞争，因此 ECMAScript 标准在很多年时间里没有任何更新和升级。JavaScript 开始的热度不高，直到发生以下几个事件，JavaScript 才真正开始兴起。

- JavaScript 原本只在浏览器中实现一些简单的动态效果。2005 年，Ajax 诞生，局势发生了变化。Ajax（Asynchronous Javascript and XML，异步 JavaScript 和 XML）是指一种快速创建交互式、动态网页应用的开发技术。在无须重新加载整个网页的情况下，使用 Ajax 能够更新部分网页。从此，浏览器中的网页开始能为用户提供复杂的交互。jQuery 等 JavaScript 框架的兴起使 HTML 文档的遍历、事件处理、动画等变得更加简单。

- JavaScript 原本只能在浏览器端使用，应用面有限，要实现服务器端功能，我们必须换一种语言。2009 年，Ryan Dahl 基于 Chrome 的 JavaScript 来源引擎（V8 引擎）开发并发布了 Node.js 运行环境，使 JavaScript 能够在服务器端运行。于是，JavaScript 也成为一门服务器端语言，就如 PHP、Python、Perl、Ruby 等服务器端语言一样。从此，JavaScript 能够同时应用于浏览器端及服务器端。
- 2013 年，基于 JavaScript 的 React 开源，它引入了一种颠覆性的方式来处理浏览器 DOM（Document Object Model，文档对象模型），具备很强的可维护性，越来越多的人开始使用。随着 React 项目越来越火热，衍生出 React Native 项目，并于 2015 年开源，开发人员从此可以使用 JavaScript 来同时开发 iOS 和 Android 的 App。

这些事件都促使 JavaScript 蓬勃发展，ECMAScript 标准的发展也随之推动起来，从 ECMAScript 6.0 版（ECMAScript 2015）开始，ECMAScript 技术委员会 TC39 决定将 ECMAScript 标准改为每年都更新一次（今后的版本号为 ECMAScript+年份，如 ECMAScript 2016、ECMAScript 2017 等），以满足日益增长的技术发展需要。

1.1.2　JavaScript 的缺陷

前文已经提到，JavaScript 一开始只希望在浏览器中增加一些简单的动态效果，根本没有打算应用于大型项目，而负责设计 JavaScript 的 Brendan Eich 只花了 10 天时间就把这门语言设计出来了。由于早期设计时间太短，因此语言细节考虑得不够严谨，甚至混乱不堪。

在一些比较小的项目中，这些问题并不明显。但随着 JavaScript 的兴起，JavaScript 的应用领域越来越广，越来越多的中大型项目也开始使用 JavaScript，JavaScript 的缺陷变得越来越明显，给企业带来了巨大的维护成本。

其中核心的问题便是 JavaScript 是一种动态语言。不经历编译过程，所有的问题（如变量类型有误，属性为空等）都无法在代码刚完时就发现，只能在运行、调试甚至测试环节才能发现。而最坏的情况就是问题已经存在了很久，却依旧无人发现。

前几年，专注于提升研发体验、提供异常监控解决方案的平台 Rollbar 统计了在 1000 多个 JavaScript 项目中最常出现的十大错误类型，如图 1-1 所示。

可以看出，在这些错误中，有 7 类类型错误，一类引用错误，一类数组越界错误。由于这些错误无法在事前发现，只能在运行时才能发现，大大增加了项目的维护成本，为企业带来巨大损失。

除以上问题之外，JavaScript 还有很多的设计上的缺陷，这些问题及缺陷都导致 JavaScript 天然地不适合开发中大型项目。

另外，JavaScript 依赖各个浏览器厂商、平台厂商对最新 ECMAScript 标准的支持，但各个厂商的支持情况参差不齐，在一个浏览器或平台上的可用的 JavaScript 语法和特性在另一个浏览器或平台可能就无法使用。

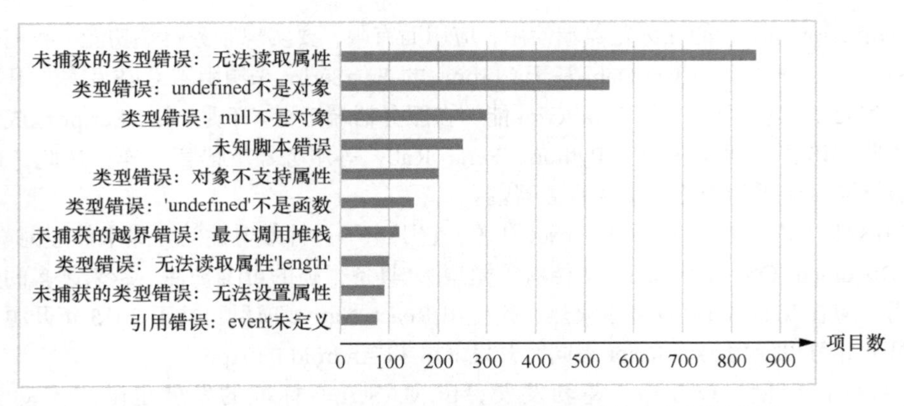

图 1-1 1000 多个 JavaScript 项目中最常出现的十大错误类型

业界急需一种新的语言，它既能解决 JavaScript 的核心问题，又能兼容现在的 ECMAScript 标准，还能在各个支持 ECMAScript 标准的浏览器、平台上使用全部的语法和特性。在这种背景下，TypeScript 诞生了。

1.1.3 TypeScript 的诞生

2012 年，由"Delphi 和.NET 之父"Anders Hejlsberg 设计的开源和跨平台语言——TypeScript 诞生了。TypeScript 专为中大型项目设计，它是 JavaScript 类型的超集。TypeScript 与 JavaScript 的关系如图 1-2 所示，TypeScript 在 JavaScript 的基础上添加了静态类型定义和基于类的面向对象编程等特性，彻底弥补了 JavaScript 的设计缺陷。

前面已经提到 JavaScript 是一门动态语言，不经过编译，所有的问题都无法在代码刚写下时就发现，由此会引发各种错误，这是它的核心问题。而使用 TypeScript 能从根本上杜绝这类问题。对于前面提到的 JavaScript 项目中最常出现的十大错误类型，如果换作 TypeScript，通过静态类型检查，90%的问题在代码刚写下时就可以发现，根本无须等到运行环节。

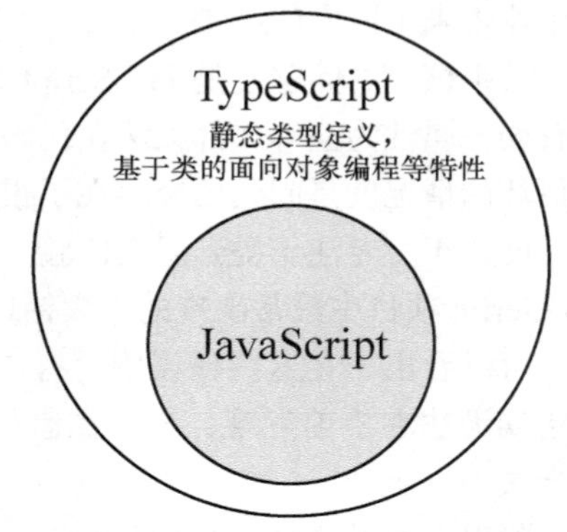

图 1-2 TypeScript 与 JavaScript 的关系

这不仅大幅降低了维护成本，而且大幅提高了开发效率。TypeScript 需要编写类型定义代码，因此提高了代码的可读性，它还可以在集成开发环境（Integrated Development Environment，IDE）下进行智能提示，并能随时通知可能产生的 Bug。

另外，JavaScript 不利于组织中大型项目的代码，而 TypeScript 中加入了面向对象编程的设计，可以使用命名空间、接口、类、装饰器等语法和特性，使代码更易于组织。

TypeScript 支持最新的 ECMAScript 标准，其代码通过 TypeScript 编译器或 Babel 可以转译为

JavaScript 代码，可以在任何支持 JavaScript 的浏览器和平台中运行。在编译时，我们可以选择 ECMAScript 标准的版本，即使在尚未支持最新 ECMAScript 标准的浏览器和平台上也可以运行所有的 TypeScript 语法和特性。

TypeScript 具备的优秀特性使它渐渐演变为中大型项目的“刚需”，而且越来越多的 JavaScript 框架可以使用 TypeScript 进行重构。TypeScript 不仅能满足项目开发的需要，而且对个人职业生涯的发展至关重要。

1.2　搭建 TypeScript 开发环境

要使用 TypeScript 进行编程，需要先搭建 TypeScript 开发环境。搭建工作并不复杂，接下来将详细介绍。

1.2.1　安装 Node.js

TypeScript 的安装需要使用 npm 工具，而 npm 运行在 Node.js 上，因此需要先安装 Node.js。

前面已经提到，JavaScript 原本只能在浏览器端使用，应用面有限。要实现服务器端的功能，我们必须换一种语言。2009 年，Ryan Dahl 基于 Chrome 的 JavaScript 开源引擎（V8 引擎），开发并发布了 Node.js 运行环境，使 JavaScript 能够在服务端运行。

打开 Node.js 官网，选择 Node.js 版本，如图 1-3 所示。官网通常提供两个版本。长期维护版是稳定版本，官方会为其提供长达两年的技术支持、文档更新等服务，因此建议优先下载该版本。下载最新尝鲜版之后，你可以体验 Node.js 的最新特性，但可能会存在一些稳定性问题，读者可根据自己的需要下载。

下载后双击安装文件即可安装，安装过程非常简单，只需要选好安装路径并持续单击“下一步”按钮，直到出现 Custom Setup 界面，如图 1-4 所示。注意，应至少选择 Node.js runtime（Node.js 运行环境）、npm package manager（npm 包管理工具）、Add to PATH（将 Node.js 安装目录配置到系统变量 PATH 中）这 3 项。

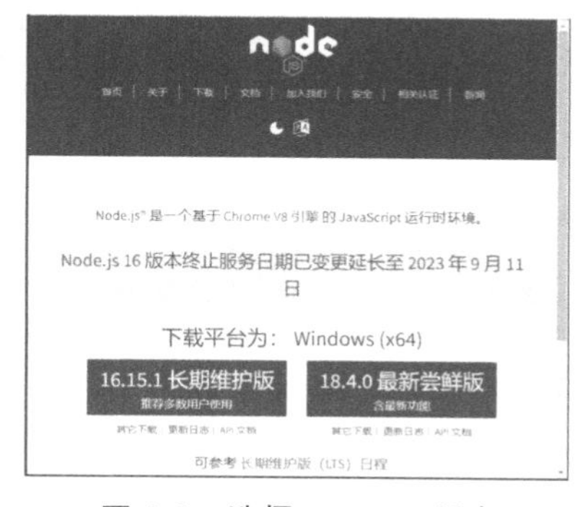

图 1-3　选择 Node.js 版本

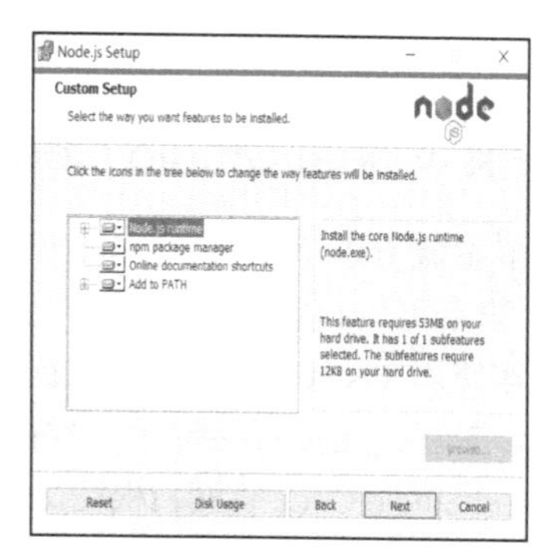

图 1-4　Custom Setup 界面

安装完成后，打开命令行窗口，输入以下命令查看 Node.js 运行环境以及 npm 包管理工具是否安装成功。

```
$ node --version
$ npm --version
```

命令运行结果如图 1-5 所示。如果显示了 Node.js 和 npm 的当前版本，则表示安装成功。

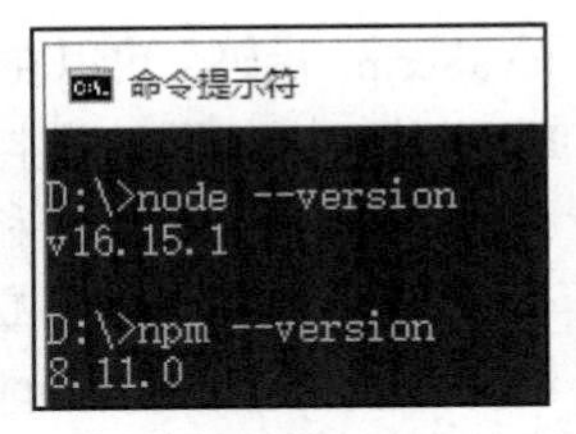

图 1-5 命令运行结果

1.2.2 安装 TypeScript

接下来，使用 npm 工具安装 TypeScript。

npm(node package manager)是 Node.js 平台默认的包管理工具，也是世界上最大的 JavaScript 软件仓库之一，使用它可以轻松安装及发布各类基于 Node.js 运行的 JavaScript 软件。

打开命令行窗口，执行以下命令即可安装 TypeScript。

```
$ npm install -g typescript
```

提示： 由于 npm 库默认使用国外的仓库地址，因此若下载速度过于缓慢，可以设置成国内的镜像仓库地址，命令如下。

```
$ npm config set registry http://registry.npm.taobao.org/
```

要切换回默认的仓库地址，执行以下命令即可。

```
$ npm config set registry https://registry.npmjs.org/
```

安装完成后，使用 tsc 命令来执行 TypeScript 的相关代码。执行以下命令可验证安装结果，并查看 tsc 命令的使用方法。

```
$ tsc
```

tsc 命令的执行结果如图 1-6 所示。

TypeScript 的安装过程到此结束，为了高效地编写 TypeScript 代码，还需要安装一款合适的 IDE。

```
命令提示符
D:\>tsc
Version 4.7.4
tsc: The TypeScript Compiler - Version 4.7.4

COMMON COMMANDS

  tsc
  Compiles the current project (tsconfig.json in

  tsc app.ts util.ts
  Ignoring tsconfig.json, compiles the specified
```

图 1-6 tsc 命令的执行结果

1.2.3 安装 Visual Studio Code

目前很多主流 IDE（如 WebStorm、Sublime Text 2、Eclipse 和 Visual Studio Code 等）支持 TypeScript，读者可以自行选择适合自己的 IDE。

本书推荐使用 Visual Studio Code，因为它与 TypeScript 同是微软公司推出的免费的开源产品，对 TypeScript 友好，支持智能提示，并能随时通知可能产生的 Bug。

打开 Visual Studio Code 官网，根据操作系统下载对应的安装包，如图 1-7 所示。

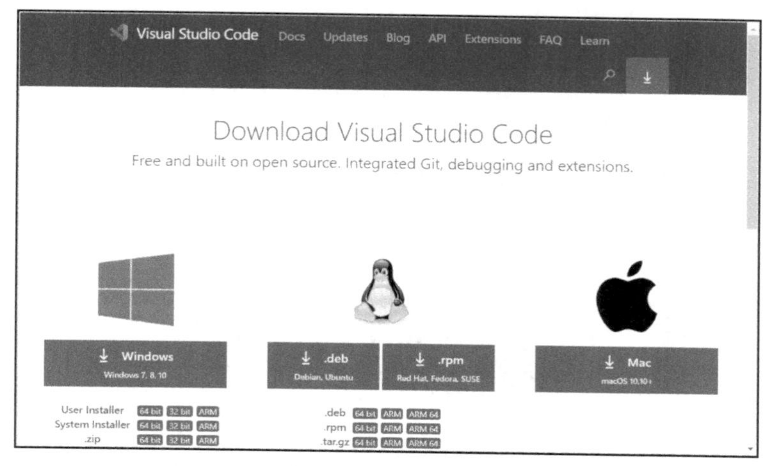

图 1-7 根据操作系统下载对应的安装包

安装过程非常简单，没有需要特别注意的设置。打开安装包后，选择安装路径，持续单击“下一步”按钮即可。Visual Studio Code 安装后默认为英文界面，如需中文界面，可通过以下 3 个步骤。切换到 Visual Studio Code 中文界面，如图 1-8 所示。

（1）打开 Visual Studio Code，单击“扩展”图标。

（2）输入关键字 chinese。

（3）单击“中文(简体)”版本后面的 Install 按钮。

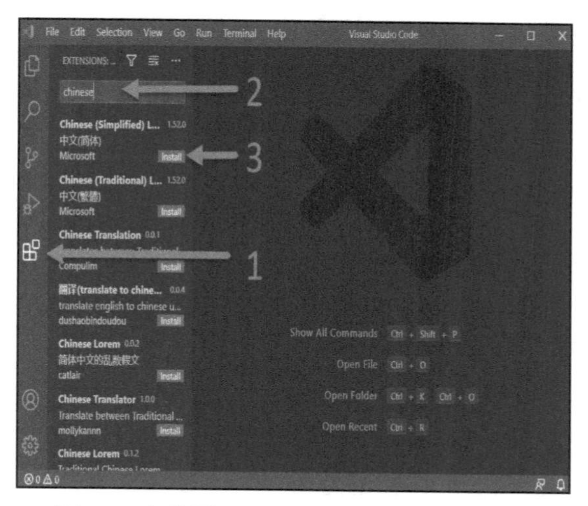

图 1-8 切换到 Visual Studio Code 中文界面

之后重启 Visual Studio Code，就可以看到中文界面了。图 1-9 所示为 Visual Studio Code 的中文界面。

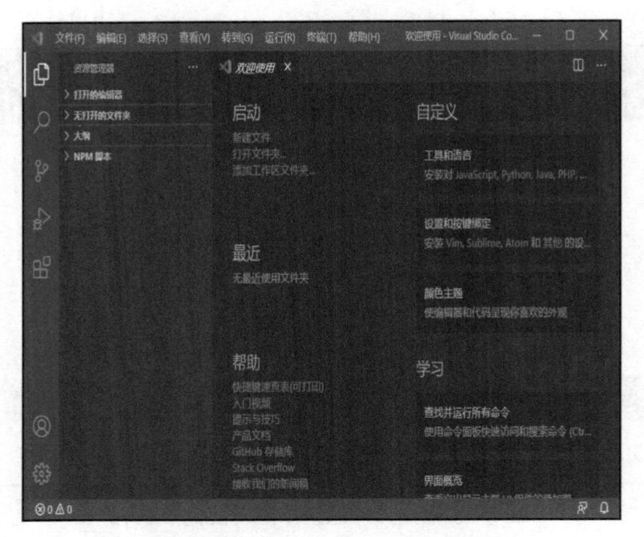

图 1-9　Visual Studio Code 的中文界面

1.3　编写第一个 TypeScript 程序：Hello World

搭建好 TypeScript 开发环境后，你就开始编写第一个 TypeScript 程序。本节将演示如何用 TypeScript 编写程序并进行静态检查。

1.3.1　编写并运行 TypeScript 程序

首先，创建一个名为 HelloWorld.ts 的文件，代码如下。

```
let greeting:string = "Hello World!";
console.log(greeting);
```

这段代码第一眼看上去和 JavaScript 差不多，但仔细一看，它比 JavaScript 多了“:string”语句，表示将变量 greeting 定义为 string 类型。

TypeScript 代码需要先通过 TypeScript 编译器编译成 JavaScript 代码，然后才能在各个浏览器或平台上运行。TypeScript 代码的编译过程如图 1-10 所示。

图 1-10　TypeScript 代码的编译过程

接下来，执行以下命令，编译示例代码。

```
$ tsc d:\TSProject\HelloWorld.ts
```

执行命令后，在 HelloWorld.ts 所在文件夹中找到编译好的 JavaScript 文件 HelloWorld.js，打开该文件，文件内容如下。

```
var greeting = "Hello World!";
console.log(greeting);
```

接下来，将这段 JavaScript 代码通过<script>标签嵌入 HTML，以便在浏览器中运行；你也可以通过 Node.js 命令直接运行。在本例中，使用 Node.js 命令直接运行，命令如下。

```
$ node d:\TSProject\HelloWorld.js
```

执行结果如下。

```
> Hello World!
```

1.3.2 静态检查和智能提示

通过刚才的示例，我们已经了解了编写 TypeScript 程序的基本过程，但这并不足以体现 TypeScript 的优势。

接下来，修改 HelloWorld.ts 文件，修改后的文件内容如下。

```
let greeting:string = "Hello World!";
greeting = 123
console.log(greeting)
```

在本例中，我们将值 123 赋给了刚刚定义的 string 类型的变量 greeting。

由于开发人员忘记了 greeting 是 string 类型的变量，因此误用了变量，改变了原来的变量类型。如果使用的是 JavaScript，JavaScript 并不会阻止这样的用法，代码依然可以运行，至于是否有错，需要人为判断。因此，这个问题很可能潜伏很久才被发现。

但如果使用 TypeScript，在代码刚写下的一瞬间，Visual Studio Code 就会检测出这个问题，并显示在问题窗口中，如图 1-11 所示。

图 1-11 错误提示

当然，有时候并没有使用 Visual Studio Code，但 TypeScript 在运行前会经历编译环节，因此也能在运行前检测出该问题。此时，执行如下 tsc 命令。

```
$ tsc D:\TSProject\HelloWorld.ts
```

命令执行结果如图 1-12 所示，提示编译错误。

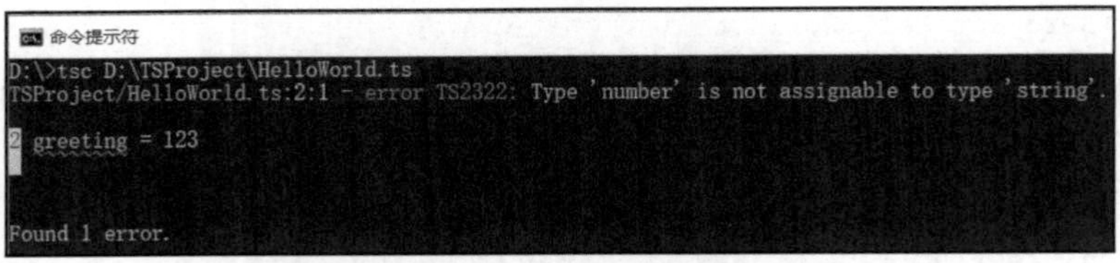

```
命令提示符
D:\>tsc D:\TSProject\HelloWorld.ts
TSProject/HelloWorld.ts:2:1 - error TS2322: Type 'number' is not assignable to type 'string'.

2 greeting = 123


Found 1 error.
```

图 1-12 提示编译错误

这个例子虽然简单，但想必读者从中已经能看出 TypeScript 的巨大优势了。

由于 TypeScript 需要指定变量类型，因此当变量类型确定时，也能够确定针对该变量类型的所有操作，这为智能提示打下了基础。如果使用 Visual Studio Code 作为 IDE，每次在变量后键入句号时，都会加载出所有针对该变量的操作以供选择，如图 1-13 所示，这将大幅提高开发效率。

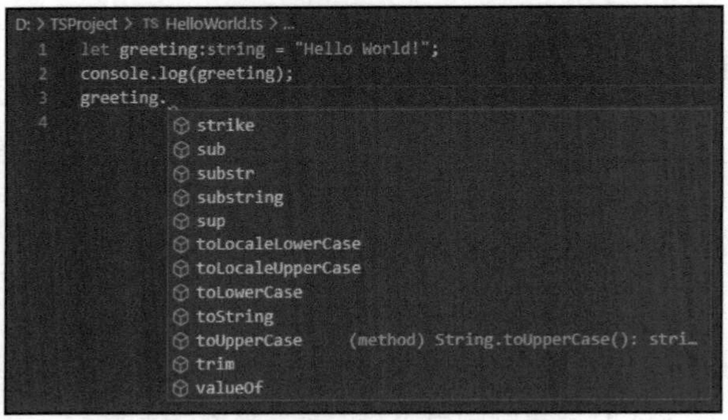

```
D: > TSProject > TS HelloWorld.ts > ...
1   let greeting:string = "Hello World!";
2   console.log(greeting);
3   greeting.
4            strike
             sub
             substr
             substring
             sup
             toLocaleLowerCase
             toLocaleUpperCase
             toLowerCase
             toString
             toUpperCase    (method) String.toUpperCase(): stri…
             trim
             valueOf
```

图 1-13 智能提示

第一个 TypeScript 程序示例到这里就结束了，后面将会详细介绍 TypeScript 的语法和特性。

第 2 章　语法结构与类型结构

学过外语的人都知道，要学习任何一门外语，都需要从这门语言最基本的结构开始。这个道理对于学习编程语言来说同样适用。对于学习 TypeScript 的读者来说，首先需要了解的是它的语法结构和类型结构。

语法结构是编程语言的一系列基础性规则，涉及变量如何命名、类型如何定义、代码块如何组织、如何注释等，我们需要遵循这些规则才能编写应用程序。

在 TypeScript 中定义了多种类型，由于所有的操作都是对不同类型的数据进行操作，因此我们也需要了解 TypeScript 的类型结构，了解不同类型之间的联系。

本章将讲解 TypeScript 最基本的语法结构，并梳理 TypeScript 的类型结构。

2.1　语法结构

我们先看一段简单的代码，通过该案例了解 TypeScript 的语法结构。

```
let testScore:number = 100;
// 判断分数是否达到通过标准
if (testScore >= 60)
{
    console.log("考试通过!");
}
```

对于已经掌握一门编程语言的读者来说，这段代码十分简单。接下来，我们拆分这段代码的各个元素，讲解不同的组成部分。图 2-1 展示了示例代码的组成部分。

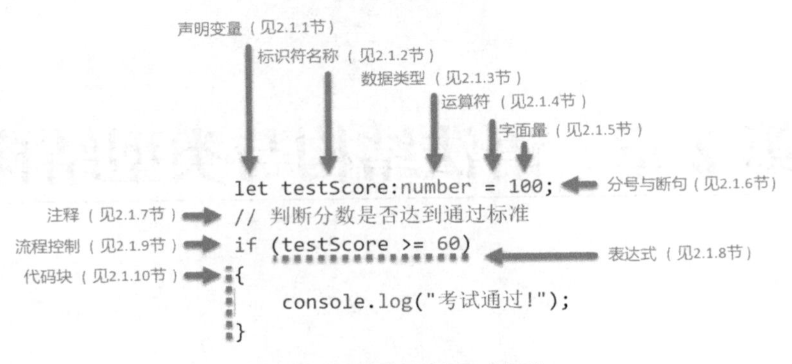

图 2-1 示例代码的组成部分

2.1.1 声明变量

本例使用声明符 let 来声明变量。以下代码用于声明一个名为 testScore、类型为数值（number）的变量，并将数值 20 赋给它。

```
let testScore:number = 20;
```

TypeScript 使用 let 语句声明变量，语法如下。

```
let 变量名称:数据类型 = 初始值;
```

let 是在 ECMAScript 6 标准中新增的变量声明语句。在 TypeScript 中，let 的使用方式与 ECMAScript 6 标准中的完全相同。在本书中推荐使用 let 来声明变量，不推荐使用落后的 var 来声明变量。var 声明可能会导致各种意想不到的问题，感兴趣的读者可以自行在网上搜索这些问题。

2.1.2 标识符名称

在本例中，变量的名称为 testScore。

变量是标识符的一种，在 TypeScript 中，标识符指变量、函数、参数、类、属性等的名字。标识符的命名必须遵循两条规则。

首先，标识符的名称可以由字母、下画线“_”、$符号或数字组成，但首个字符不能是数字。

以下是符合规则的命名。

```
a
_bc
$$de
fg123
```

以下是不符合规则的命名。

```
1a
,we.?
```

其次，标识符的名称不能是 TypeScript 本身已经占用的名称（示例代码中的 let、number、if 等都是已经被 TypeScript 占用的名称）。

同时还需注意，TypeScript 中的一切名称都区分大小写。例如，testScore 和 TestScore 分别表示两个不同的变量。同样地，let 是 TypeScript 中的关键字，无法用它来作为变量或函数的名称，但 LET 可以。

2.1.3 数据类型

在本例中，变量的数据类型是数值（number）。

与 JavaScript 不同，TypeScript 拥有完善的类型机制来处理相应的数据。在 TypeScript 中，基本类型包括原始类型（本例中的数值类型属于原始类型之一）和对象类型，进阶类型包括联合类型、交叉类型和泛型等，这些类型将在后面详细介绍。

TypeScript 在声明变量时就可以指定数据类型，这也是 TypeScript 的核心优势之一。TypeScript 编译器能基于数据类型进行静态检查，提前发现代码中的问题。

在赋值表达式中，数据类型并不是必需的，TypeScript 会根据实际的初始赋值自动推导出变量的数据类型，并将该类型作为操作和检查的依据，示例代码如下。

```
let a = 1;  //实际等同于 let a:number = 1
```

此时，变量 a 的值为字符串值，示例代码如下。

```
a = "hello";
```

即使没有明确指出变量 a 的类型，TypeScript 也能推导出它是数值类型，如果赋给它其他类型的值，问题窗口中将提示错误消息，如图 2-2 所示。

图 2-2 错误消息

虽然数据类型可以省略，但为了保持代码的可读性，建议在任何时候都保留数据类型的定义。

2.1.4 运算符

使用运算符可将一个或多个值连接起来，形成表达式并进行计算，得到一个结果值。

在本例中，使用了两个运算符。

- 赋值运算符“=”，表示将运算符“=”右边的值赋给左边的变量。

■ 比较运算符“>=”，表示判断运算符左侧的值是否大于或等于右侧的值，得出比较结果——是（true）或否（false）。

在 TypeScript 中，常用的运算符包括赋值运算符、算术运算符（加减乘除等计算）、比较运算符（比大小）、逻辑运算符（判断与、或者、非等逻辑）和条件运算符（根据不同情况得出不同结果）等。

大多数运算符（如“+”和“-”等）是用符号表示的。少部分运算符（如 is、as 和 typeof 等）是由关键字表示的。

后面会详细介绍各种运算符。

2.1.5 字面量

在前面的示例中，字面量为数字 100、60 和字符串“考试通过!”

字面量即代码中直接使用的明文数据值，例如，以下数据值都是字面量。

```
123           //整数
12.3          //小数
"hello"       //字符串
true          //布尔值
null          //空
{a:1,b:2}     //对象
[1,2,3,4]     //数组
```

2.1.6 分号与断句

TypeScript 使用分号“;”作为一句话的结尾，将这句话与其他语句分隔开。在本例中，使用分号作为赋值语句的结尾。

```
let testScore:number = 100;
```

分号并不是必需的，如果每条语句都不在同一行上，也可以省略句末的分号，示例代码如下。

```
let testScore:number = 100
```

如果多条语句写到同一行上，则必须以分号结尾，分隔多条语句，示例代码如下。

```
let a:number=10; let b:number=20
```

如果一条语句写到多行上，并且语句包含运算符，则情况又将不同。由于运算符会连接其左右的值，因此即使分开写到多行上，也会被解析成一行，示例代码如下。

```
let a:number =
1
+
2
```

以上代码等同于以下代码。

```
let a:number = 1 + 2;
```

除非遇到特殊情况，否则所有代码都建议使用分号分隔，并且一行只写一条语句，以提升代码的可读性和整洁性。

2.1.7 注释

在本例中，注释为以下语句。

```
// 判断分数是否达到通过标准
```

注释中的句子将会忽略，不会执行。

注释通常用于给代码添加说明，在 TypeScript 中，注释可分为单行注释和多行注释。

单行注释以两条斜杠开头，注释文字需要和斜杠保持在同一行中，示例代码如下。

```
// 单行注释
```

多行注释以一条斜杠和一个星号“/*”开头，以一个星号和一条斜杠“*/”结尾，注释文字放在注释开始符与注释结束符之间，示例代码如下。

```
/*多
  行
  注
  释
*/
```

2.1.8 表达式

表达式由两部分——运算符及其所连接的数据组成。每一个表达式都会产生一个结果值。

在本例中，表达式为 testScore >= 60。使用比较运算符“>=”连接其左右两侧的数据，形成表达式，该表达式将产生一个布尔类型的值。当 testScore 的值大于或等于 60 时，返回 true；否则，返回 false。

表达式产生的值可以赋给其他变量，或用于流程语句的判断。

2.1.9 流程控制

通过流程控制语句，决定接下来的代码是否执行或怎样执行，改变代码的执行顺序。

默认情况下，所有的代码都是按照从上到下、从左到右的顺序依次执行的。图 2-3 所示为默认执行流程。

使用两种语句——选择语句或循环语句改变原有的执行顺序。

选择语句根据条件判断接下来该执行哪些代码，图 2-4 所示为选择流程。常见的选择语句有 if、if…else、if…else if 及 switch 等。

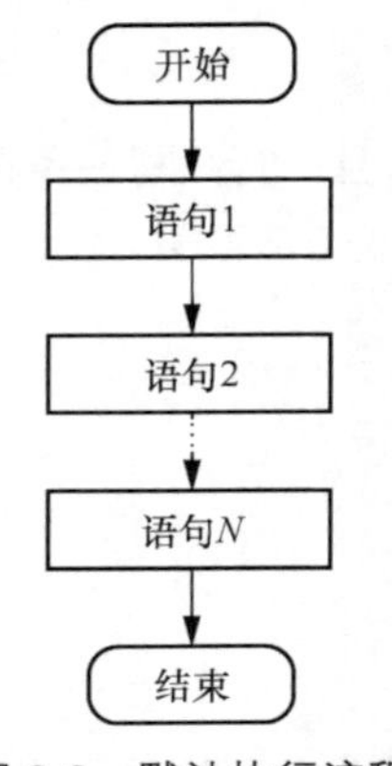

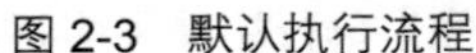
图 2-3　默认执行流程

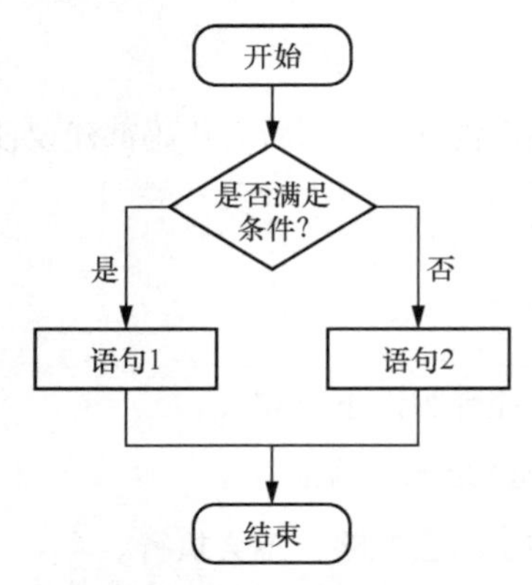

图 2-4　选择流程

在本例中，使用选择语句来实现流程控制。

```
if (testScore >= 60)
```

如果变量 testScore 的值大于或等于 60，则执行 if 后的语句；否则；不执行。

循环语句根据条件判断是否反复执行某一段代码。图 2-5 所示为循环流程。常见的循环语句有 for、while、do…while 等。后面将一一介绍这些流程控制语句。

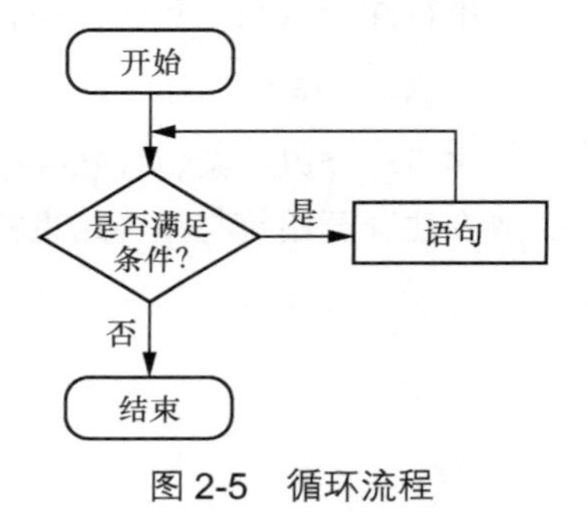

图 2-5　循环流程

2.1.10　代码块

本例中的代码块如下，在代码块中有一行语句，它表示在命令行或控制台中输出“考试通过!”。

```
{
    console.log("考试通过!");
}
```

在 TypeScript 中，以左花括号“{”开头，以右花括号“}”结尾，形成代码块，将多条语句组合到一个代码块中，将其视作一个整体来组织、管理和运行，示例代码如下。

```
if (a > 20)
{
    let b:number = 30;
    c = a + b;
    console.log(c);
}
```

代码块将决定变量的作用域，决定其使用范围究竟是整个 TypeScript 程序、某个类还是某个局部代码块，后面将详细介绍代码块的知识。

通常来说，在使用函数或类等声明语句时，都必须使用代码块，并将函数或类的所有相关代码放置其中。当使用流程控制语句时，只需在执行多条语句的情况下使用代码块，但推荐都使用代码块，以提升代码的可读性。

2.2 类型结构

在 TypeScript 中定义了多种数据类型，全书第一部分将围绕这些数据类型的定义及操作进行讲解。这些数据类型的结构如图 2-6 所示。

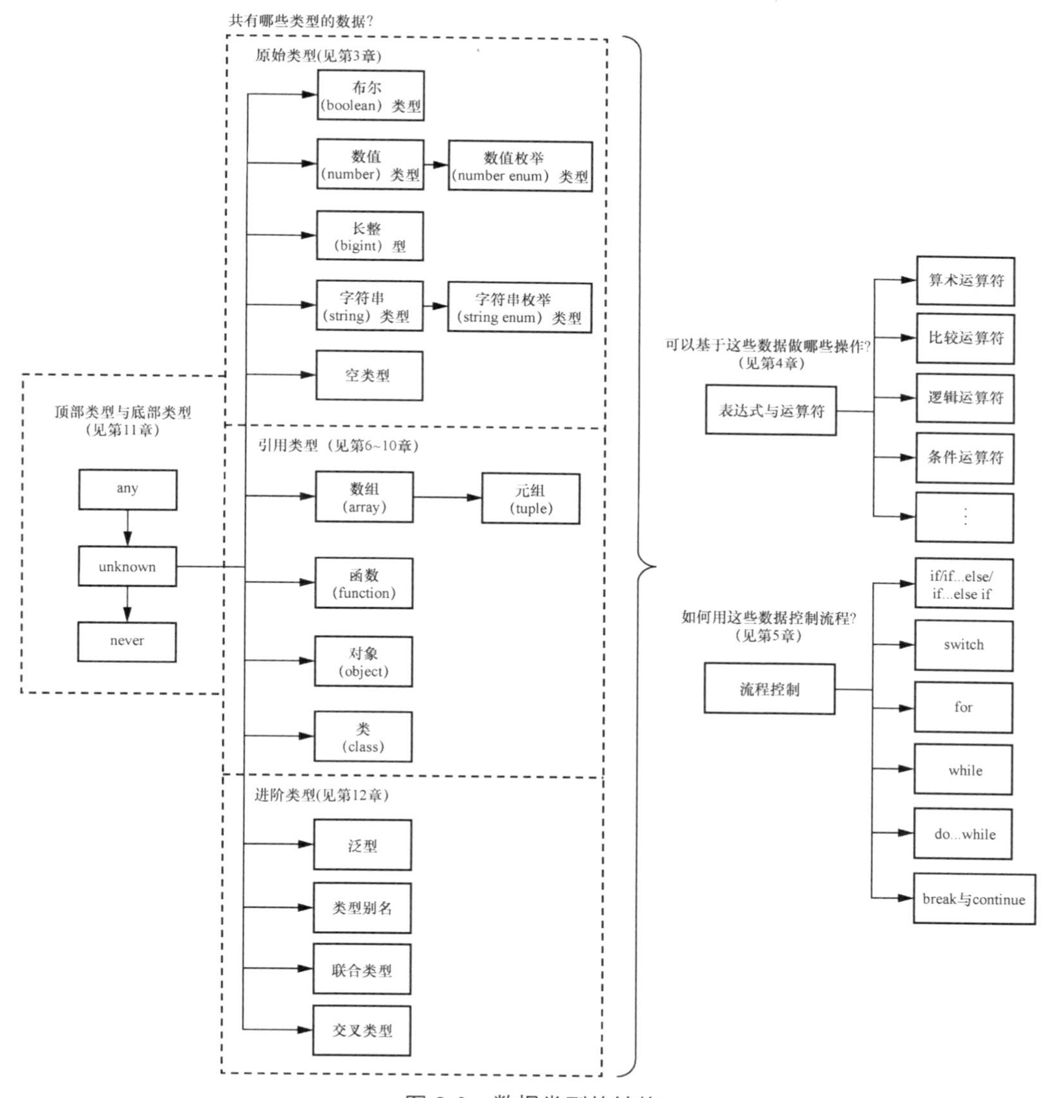

图 2-6 数据类型的结构

第 3 章将从原始类型开始，详细介绍数据类型及其用法。

第3章 原始类型

原始类型是编程语言中最基础的数据类型，它们是程序处理中的最小数据单元。通过这些原始类型，我们还可以构建更复杂的对象类型。在 TypeScript 中，共有以下几种原始类型：

- 布尔（boolean）类型；
- 数值（number）类型；
- 长整（bigint）型；
- 字符串（string）类型；
- 枚举（enum）类型；
- symbol；
- undefined；
- null；
- NaN。

本章将详细介绍各种原始类型，以及一些基于类型的基本操作，如类型转换、声明变量与常量等。

3.1 布尔类型

布尔类型是最简单的原始类型，此类型的变量只有两个值——true 和 false，分别表示逻辑上的“是”和“否”。

以下为布尔类型变量的声明示例。

```
let isSccuess: boolean = true;
let isLoaded: boolean = false;
```

布尔类型变量更多用于逻辑运算，例如，相等判断（运算符为==和===），逻辑与和逻辑或判断（运算符为&&和||），以及逻辑非判断（运算符为!）等。

3.2 数值类型

数值类型包含几乎所有的数字——整数、小数、正数、负数等。

以下为数值类型变量的声明示例。

```
let totalPrice: number = 199.99;
let discount: number = -9.99;
let itemCount: number = 5;
```

数值类型变量默认以十进制来表示（见以上示例），但也可以用 0b 表示二进制，用 0o 表示八进制，用 0x 表示十六进制来声明变量，示例代码如下。

```
let hexNumber: number = 0xf01e;
let binaryNumber: number = 0b1011;
let octalNumber: number = 0o456;
```

数值类型变量实质上是一个 64 位的浮点数。它使用 53 位表示小数位，10 位表示指数位，1 位表示符号位。

该类型变量所能表示的最大的数值为 $1.797\ 693\ 134\ 862\ 315\ 7\times10^{308}$，它能表示的最小的正数值为 5×10^{-324}。分别通过访问 Number 对象的 MAX_VALUE 属性与 MIN_VALUE 属性查看最大值和最小正值，示例代码如下。

```
console.log(Number.MAX_VALUE);
console.log(Number.MIN_VALUE);
```

输出结果如下。

```
> 1.7976931348623157e+308
> 5e-324
```

如果要取整数的范围，该类型能够准确表示的整数范围为 $-2^{53}\sim2^{53}$，超过这个范围就无法精确表示这个整数，除非使用长整型，下一节会详细介绍。分别通过访问 Number 对象的 MAX_SAFE_INTEGER 属性与 MIN_SAFE_INTEGER 属性查看最大允许值和最小允许值，示例代码如下。

```
console.log(Number.MAX_SAFE_INTEGER);
console.log(Number.MIN_SAFE_INTEGER);
```

输出结果如下。

```
> 9007199254740991
> -9007199254740991
```

数值类型变量不仅可以用于逻辑运算，例如，相等判断（运算符为==和===）、数字大小判断（运算符为<和>），还可以用于算术运算，例如，基本的加减乘除计算（运算符为+、–、*、/）等。

注意： 浮点数在进行算术运算时的精度不如整数的高，有时候会出现一些奇怪的情况，例如，以下代码中，a 和 b 的和理论值应该为 0.3，用它们的和与 0.3 比较，结果会出乎意料。因此切勿用某些特定组合（如 0.1 与 0.2 的和）来进行比较。

```
let a: number = 0.1;
let b: number = 0.2;
if (a + b == 0.3) {
    console.log("比较结果相等");
}
else {
    console.log(a + b);
    console.log("比较结果不相等");
}
```

输出结果如下。

```
> 0.30000000000000004
> 比较结果不相等
```

3.3 长整型

数值类型变量精确表示的整数范围为-2^{53}～2^{53}，超过此范围就无法精确表示整数。为了解决这个问题，TypeScript 中引入了长整型，用它来表示任意大小的整数。

提示：长整型是 ECMAScript 2020 新增语法，因此需要设置编译时的目标 ECMAScript 版本，例如，在编译时使用--target 参数来指定目标 ECMAScript 版本。

```
$ tsc d:\helloworld.ts --target es2020   //使用 ECMAScript 2020 作为目标版本
$ tsc d:\helloworld.ts --target esnext   //使用最新 ECMAScript 版本作为目标版本
```

以下为长整型变量的声明示例。在一个整数尾部加上 n，即表示该整数为长整型。

```
let bigintNumber1: bigint = 123490071992547409911n;
let bigintNumber2: bigint = -123490071992547409911n;
```

和数值类型变量一样，长整型变量不仅可以用于逻辑运算，例如，相等判断（运算符为==和===），数字大小判断（运算符为<和>），还可以用于算术运算，例如，基本的加减乘除计算（运算符为+、–、*、/）等。

注意：长整型和数值类型是两种完全不同的类型，因此长整型变量的值不能用于 Math 对象中的方法（因为它要求传入数值类型变量的参数），同时长整型变量和数值类型变量的值不能混合在一起进行数学运算，必须先将其转换成同一种类型（要么都是数值类型，要么都是长整型）。

3.4 字符串类型

字符串类型变量主要用于存放文本数据。使用双引号或单引号来表示字符串类型变量，二者可以嵌套使用。

以下为字符串类型变量的声明示例。

```
let text1: string = "good morning";
let text2: string = 'good afternoon';
//字符串 hello "Alina"
let text3: string = 'hello "Alina"';
//字符串 hello 'Rick'
let text4: string = "hello 'Rick'";
```

用双引号或单引号表示的字符串无法跨行，也无法内嵌表达式。要支持跨行或内嵌表达式，使用反引号来表示字符串，示例代码如下。

```
let morning: string = `good
morning`; //跨行字符串
console.log(morning);

let firstFriend: string = "Alina";
let secondFriend: string = "Rick";
//内嵌表达式的字符串示例 1
let hello: string = `hello ${firstFriend} and ${secondFriend}`;
console.log(hello);

let a: number = 1;
let b: number = 2;
//内嵌表达式的字符串示例 2
let result: string = `${a} + ${b} = ${a + b}`;
console.log(result);
```

输出结果如下。

```
> good
> morning
> hello Alina and Rick
> 1 + 2 = 3
```

但并不是所有的字符都可以显示出来（如换行符或制表符就无法显示），有一些字符恰好是定义字符串时的关键字（如单引号和双引号），它们很难直接包含到字符串当中。因此各类编程语言中都引入了转义字符来表示此类字符。在 TypeScript 中，在特定字符前面加上反斜杠“\”表示转义字符，常见的转义字符如下。

- \b：后退符。
- \f：换页符。
- \n：换行符。
- \r：回车符。
- \t：制表符。
- \v：垂直制表符。
- \'：单引号。
- \"：双引号。
- \\：反斜杠。

以下是包含转义字符串的代码示例。

```
let emailMessage: string = "Hi Alina,\n\tPlease help to support for \"TypeScript\"
training, thanks!";
console.log(emailMessage);
```

输出结果如下。

```
> Hi Alina,
>     Please help to support for "TypeScript" training, thanks!
```

如果在一个正常字符前添加反斜杠，TypeScript 会忽略该反斜杠。例如，以下代码的输出结果完全相同。

```
console.log("\o\p\q"); //输出 opq
console.log("opq");    //输出 opq
```

字符串类型变量可以用于逻辑运算，例如，相等判断（运算符为==和===），也可以用于拼接（运算符为+）等。

3.5 枚举类型

有时候，程序需要根据不同的取值来执行不同的代码，如果直接使用数值类型变量或字符串类型变量的值来做判断，代码的可读性会很差，让人难以记住其含义，而这些值也散落在代码各处，很难统一管理和维护，示例代码如下。

```
if(userType==1){
    //...
}
else if(userType==2 || userType==3){
    //...
}
else if(userType==4){
    //...
}
```

此时就适合使用枚举（enum）类型来代替数值类型或字符串类型。枚举类型变量通常用于集中定义和管理一组相关的常量，便于在其他地方引用，从而提高代码的可读性和可维护性。TypeScript 中支持数值枚举和字符串枚举。

3.5.1 数值枚举

数值枚举是数值类型的子类型，是默认的枚举类型，其声明示例如下。

```
enum MonthOfYear {
    January,
    February,
    March,
```

```
    April,
    May,
    ...//省略后续代码
}

let month: MonthOfYear = MonthOfYear.March;
console.log(month);
```

在示例代码中，首先定义一个名为 MonthOfYear 的枚举，MonthOfYear 中集中维护与月份相关的各个枚举成员；然后定义一个名为 month 的变量，它的类型为 MonthOfYear，初始值为 MonthOfYear.March；最后通过 console.log()函数将其输出到控制台，输出结果如下。

```
> 2
```

在没有显式地给各个枚举成员赋值的情况下，枚举中的第一个成员将从 0 开始取值，而下一个成员会在上一个成员取值的基础上加 1。当不在乎各成员的取值时，使用这种自增长的方式可以让代码显得更精简。但我们也可以显式地给各个成员赋值，例如，修改上述的枚举定义。

```
enum MonthOfYear {
    January = 1,
    February = 2,
    March,
    April,
    May,
    ...//省略后续代码
}
```

此时执行示例代码，输出 MonthOfYear.March 的值，会发现该枚举成员的取值是在上一个成员取值的基础上加 1，输出结果如下。

```
> 3
```

对于分支判断，如果使用枚举，可以很好地解决可读性和可维护性的问题，例如，定义以下枚举。

```
enum UserType{
    Admin,
    VIP,
    Normal,
    Guest
}
```

当做分支判断时，就可以写为如下代码。

```
if(userType==UserType.Admin){
    //...
}
else if(userType==UserType.VIP || userType==UserType.Normal){
    //...
}
else if(userType==UserType.Guest){
```

```
    //...
}
```

3.5.2 字符串枚举

字符串枚举的定义方式和数值枚举类似，但区别在于各个成员需要显式地赋值为字符串，示例代码如下。

```
enum MonthOfYear {
    January = "1 月",
    February = "2 月",
    March = "3 月",
    April = "4 月",
    May = "5 月",
    ...//省略后续代码
}

let month: MonthOfYear = MonthOfYear.March;
console.log(month);
```

输出结果如下。

```
> 3 月
```

3.5.3 应慎用的枚举使用方式

虽然善用枚举能够提升代码的可读性和可维护性，但如果误用枚举，则会使得代码的可读性和可维护性都更糟。以下都是 TypeScript 本身支持但应慎用的枚举使用方式。

1. 异构枚举

从技术角度来说，我们可以同时将枚举各成员定义为数值类型和字符串类型，这种混合了两种类型的枚举称为异构枚举，但不推荐这样使用枚举，示例代码如下。

```
enum MonthOfYear {
    January = 1,
    February = "2 月",
    March = 3,
    April = "4 月",
    May = 5,
    ...//省略后续代码
}
```

2. 声明合并

TypeScript 支持将枚举成员先拆分后定义，由于 TypeScript 拥有声明合并的特性，因此它们将合并为一个枚举。例如，以下代码定义了一个名为 Answer 的枚举，把枚举成员 yes 和 no 拆开并单独进行定义。虽然最终两个枚举成员 Answer.no 和 Answer.yes 都可以访问，但从可维护性的角度来看，这样的情况应当避免。

```
enum Answer {
    no = 0
}

enum Answer {
    yes = 1
}

let a1: Answer = Answer.yes;
let a2: Answer = Answer.no;
```

3. 索引查找

要访问具体的枚举成员，通常以“枚举名称.成员名称”的方式实现。TypeScript 还支持索引形式，即以“枚举名称[含有成员名称的字符串变量]”的方式访问具体成员。除非在极其特殊的情况下，否则不推荐使用索引查找。示例代码如下。

```
enum Answer {
    no,
    yes
}

let inputString: string = "yes";
let userAnswer: Answer = Answer[inputString];
console.log(userAnswer);
```

输出结果如下。

```
> 1
```

以上代码定义了一个变量 inputString，其值为 yes，然后通过索引访问具体枚举成员。从功能上来说这没什么问题，但它会绕过 TypeScript 的编译检查，一旦变量值有误，程序将无法正常运行。例如，如果修改上述代码中 inputString 的定义部分，将其改为以下代码。

```
...
let inputString: string = "YES";
...
```

代码看似没有问题，但 yes 变成了 YES，因此无法检索到对应的成员。在编译 TypeScript 代码时无法检测出该错误。一旦运行代码，输出结果如下。

```
> undefined
```

4. 反向映射

对于数值枚举，通过反向映射“枚举名称[枚举成员]”的方式返回枚举成员的名称。除非在极其特殊的情况，否则也不推荐这种使用方式，示例代码如下。

```
enum Answer {
    no,
    yes,
}

let nameOfyes: string = Answer[Answer.yes];
console.log(nameOfyes);
```

输出结果如下。

```
> yes
```

注意，字符串枚举无法使用反向映射，“枚举名称[字符串枚举成员]”的返回结果为 undefined。

3.5.4 常量枚举

如果使用普通的数值枚举或字符串枚举，在编译成 JavaScript 代码后会产生较多代码来支持各项功能，开销较大且可读性较差，而且很可能被人误用。例如，使用索引查找或反向映射会导致可读性进一步变差，出错率进一步提高。

要解决上述问题，使用常量枚举。要定义常量枚举，只需在普通枚举的定义前面加上 const 关键字，示例代码如下。

```
const enum Answer {
    no,
    yes,
}

let actualAnswer: Answer = Answer.yes;
```

此时如果编译这段代码，你可以发现它与普通枚举编译后产生的 JavaScript 代码存在区别。以下是普通枚举编译后产生的 JavaScript 代码。

```
var Answer;
(function (Answer) {
    Answer[Answer["no"] = 0] = "no";
    Answer[Answer["yes"] = 1] = "yes";
})(Answer || (Answer = {}));
var actualAnswer = Answer.yes;
```

以下是常量枚举编译后产生的 JavaScript 代码，整体上更精简。

```
var actualAnswer = 1 /* yes */;
```

如果对常量枚举使用索引查找或反向映射，编译将无法通过，示例代码如下。

```
let inputString: string = "yes";
//编译错误：只有使用字符串文本才能访问常数枚举成员。ts(2476)
let userAnswer: Answer = Answer[inputString];
//编译错误：只有使用字符串文本才能访问常数枚举成员。ts(2476)
let nameOfyes: string = Answer[Answer.yes];
```

3.6　symbol

ECMAScript 2015 引入了一种名为 symbol 的原始类型，不过这种类型不仅与其他原始类型格格不入，而且应用场景很窄，甚至可以说没有太大作用。因此，本节仅简单介绍 symbol 类型。

symbol 类型的变量的值需要通过 Symbol()函数来创建，每一个通过 Symbol()函数创建的值都是**唯一**的，示例代码如下。

```
let sym1: symbol = Symbol();
```

提示： symbol 是 ECMAScript 2015 中的新增语法，因此需要设置编译时的目标 ECMAScript 版本，例如，在编译时使用--target 参数来指定高于 ECMAScript 2015 的 ECMAScript 版本。

也可以向 Symbol()函数传入一个字符串，这个字符串并没有实际意义，只对这个 symbol 值起注释作用。例如，在以下代码中，为每个 symbol 值都传入了说明，虽然说明文字一模一样，但是它们本质上是两个不同的 symbol 值。

```
let sym1: symbol = Symbol("说明");
let sym2: symbol = Symbol("说明");
console.log(sym1==sym2);
```

输出结果如下。

```
> false
```

3.7　undefined、null 和 NaN

在原始类型中有 3 种特殊的值——undefined、null 和 NaN，它们具有一定的相似性，但又各有区别，接下来将分别进行介绍。

3.7.1　undefined

undefined 即缺少初始值，它表示该变量应该有一个值，但是没有为其赋值。在以下情况下，将产生 undefined 值。

- 变量声明后没有赋值，该变量值为 undefined。
- 在调用函数时，没有提供参数值，因此参数值为 undefined。
- 没有给对象的某个属性赋值，因此该属性的值为 undefined。
- 如果函数没有返回值，则默认返回 undefined。

例如，以下代码首先声明一个名为 test 的函数，它拥有一个可选参数 para。接着，声明一个变量 a，但在没有赋值的情况下输出 a 的值，并调用 test()函数，因为没有传入 para 参数，所以函数体将会输出 para 参数的值。最终输出结果均为 undefined。

```
function test(para?:any){
    console.log(para);
}

let a:number;
console.log(a); //输出 undefined
test();         //输出 undefined
```

3.7.2 null

null 即无值，它表示此处不应该有值。null 通常用于引用类型而非原始类型，变量不会自动生成 null 值，需要在代码中明确指定为 null，示例代码如下。

```
let a: number = null;
let b: string = null;
let c: boolean = null;
```

null 和 undefined 都可表示无值：null 通常表示预期中的无值，这是一种正常状态；undefined 通常表示非预期产生的无值，这是一种异常状态。

3.7.3 NaN

NaN 即 Not a Number，表示这个值虽属于数值类型，但不是一个正确的数字。

NaN 通常是在将其他类型的值转为数值类型时产生的；后续将详细介绍。例如，以下代码尝试通过 parseInt()函数将字符串 abc 转换为整数，但 abc 明显不是数字，因此转换成的数字值为 NaN，表示它不是一个正确的数字。

```
let a = parseInt("abc");
console.log(a); //输出 NaN
```

3.8 类型转换

在 TypeScript 中，你可以将一种类型的值转换为其他类型。转换方式有两种：一种是显式转换，即在代码中直接调用转换相关函数；另一种是隐式转换，不直接调用转换相关函数，而用一些其他的运算符进行操作，触发自动转换。本节主要讲述显式转换，隐式转换会在第 4 章中讲述。

3.8.1 将其他类型转换为布尔类型

要将其他类型的值转换为布尔类型，只需要将待转换的值传入 Boolean()函数，示例代码如下。

```
var msg: string = "ok";
var msgToBollean: boolean = Boolean(msg); //得到 true
```

Boolean()函数会判断传入的值是表示空值还是非空值。若表示非空值，返回 true；若表示空值，返回 false。在 TypeScript 中，以下 5 种值在一定程度上都有空值的含义，转换后会返回 false，而对于其他的值都返回 true。

- undefined（无初始值）。
- null（无值）。
- NaN（非正确数字）。
- 0。
- ""（空字符串）。

示例代码如下。

```
console.log(Boolean(undefined)); //输出 false
console.log(Boolean(null));      //输出 false
console.log(Boolean(0));         //输出 false
console.log(Boolean(""));        //输出 false
console.log(Boolean(NaN));       //输出 false
console.log(Boolean(-1));        //输出 true
console.log(Boolean("false"));   //输出 true
```

3.8.2 将其他类型转换为数值类型

将其他类型的值转换为数值类型的函数有以下 3 个。

- parseInt()：将字符串类型的值转换为整型数值。
- parseFloat()：将字符串类型的值转换为浮点型数值。
- Number()：将任意类型的值转换为数值类型的值。

接下来将分别进行介绍。

1. parseInt()

parseInt()函数可以将传给它的代表数字的字符串转换成整数，示例代码如下。

```
let scoreString: string = "100";
let score: number = parseInt(scoreString); //100
```

在转换时，需要注意以下几点。

- 该函数在转换时会忽略前面的空格，会从第一个非空字符串开始解析，如果解析过程中遇到非数字字符，会从这里开始忽略它及它以后的所有字符串，示例代码如下。

```
console.log(parseInt("     100")); //输出 100
console.log(parseInt("100y01"));   //输出 100
```

- 如果待转换的字符串的首个非空格字符串不是数字或正负号，则会返回 NaN，示例代码如下。

```
console.log(parseInt("y100"));  //输出 NaN
```

■ 在转换时会忽略小数点后的数值。

```
console.log(parseInt("100.1")); //输出 100
```

2. parseFloat()

parseFloat()和 parseInt()函数类似，但该函数将传给它的代表数字的字符串转换成浮点数，示例代码如下。

```
let scoreString: string = "99.9";
let score: number = parseFloat(scoreString); //99.9
```

在转换时需要注意以下几点。

■ 与 parseInt()函数类似，parseFloat()函数也会忽略字符串开头的空格，解析过程中如果遇到非浮点数字符（除正负号，小数点，0—9 或科学记数法的指数 e 或 E 字符），会从这里开始忽略它及它以后的所有字符串，示例代码如下。

```
console.log(parseFloat("     -99.9")); //输出-99.9
console.log(parseFloat("99.9y01"));    //输出 99.9
```

■ 字符串中的第二个小数点无效。示例代码如下。

```
console.log(parseFloat("99.9.88"));    //输出 99.9
```

■ 如果没有小数点，或小数点后面的数字为 0，转换出的数值实际上为整数。

3. Number()

Number()函数可以将传给它的任意类型的值转换成数值类型。对于不同的待转换类型，其转换规则略有不同。接下来，将分别进行介绍。

1）将布尔类型转换为数值类型

当将布尔类型转换为数值类型时，true 会转换为 1，false 会转换为 0，示例代码如下。

```
console.log(Number(true));  //输出 1
console.log(Number(false)); //输出 0
```

2）将 undefined、null、""（空字符串）等空值转换为数值类型

null 和""将会被转换为 0，而 undefined 将会被转换为 NaN，示例代码如下。

```
console.log(Number(undefined)); //输出 NaN
console.log(Number(null));      //输出 0
console.log(Number(""));        //输出 0
```

3）将字符串类型转换为数值类型

当进行这种转换时，其规则和使用 parseFloat()函数进行转换类似，区别在于 Number()函数要求字符串的非空字符必须是严格的数字形式，否则会直接返回 NaN，示例代码如下。

```
console.log(Number("99.9    "));   //输出 99.9
```

```
console.log(Number("      -99.9")); //输出-99.9
console.log(Number("99.9y01"));    //输出 NaN
console.log(Number("99.9.88"));    //输出 NaN
```

3.8.3 将其他类型转换为长整型

BigInt()函数可以将传给它的数值类型和字符串类型的值转换为长整型，示例代码如下。

```
let bigint1: bigint = BigInt("124573945793");
let bigint12: bigint = BigInt(1232434531);
```

BigInt()函数要求字符串的非空字符必须是严格的整数形式，否则会在运行时报错。

3.8.4 将其他类型转换为字符串类型

使用以下两种方式可以将其他类型的值转换为字符串类型。

- 通过 String()构造函数产生新的字符串。
- 通过调用其他类型的 toString()方法来进行转换。

接下来，分别进行介绍。

1. 调用 String()

几乎所有类型都可以通过 String()产生新的字符串，示例代码如下。

```
let string1: string = String(99.9);       //得到"99.9"
let string2: string = String(true);       //得到"true"
let string3: string = String(null);       //得到"null"
let string4: string = String(NaN);        //得到"NaN"
let string5: string = String(undefined); //得到"undefined"
```

2. 调用 toString()

调用其他类型的 toString()方法来进行转换，示例代码如下。

```
let number1: number = 99.9;
let boolean1: boolean = true;
let bigint1: bigint = 666n;
let nanNumber: number = NaN;
console.log(number1.toString());    //输出"99.9"
console.log(boolean1.toString());  //输出"true"
console.log(bigint1.toString());    //输出"666"
console.log(nanNumber.toString()); //输出"NaN"
```

注意，null 和 undefined 两种表示无值的类型不具备该方法。

3.9 字面量类型

字面量在代码中表示固定值。在 TypeScript 中，字面量包括字符串、数值、布尔值、长整型值、对象、数组、函数、正则表达式、null 等，例如，以下都是字面量。

```
99.9         //数值字面量
true         //布尔值字面量
"message"    //字符串字面量
[3]          //数组字面量，数组会在后面详细介绍
{a:"hello"}  //对象字面量，对象会在后面详细介绍
```

基于字面量，创建字面量类型，字面量类型可以理解为仅表示固定值的类型，其定义方式如下。

```
let 变量名称:字面量;
```

示例代码如下。

```
//变量 number1 为字面量 99.9 类型
let number1: 99.9 = 99.9;
//变量 boolean1 为字面量 true 类型
let boolean1: true = true;
//变量 bigint1 为字面量 111n 类型
let bigint1: 111n = 111n;
//变量 string1 为字面量"hello"类型
let string1: "hello" = "hello";
```

字面量类型的变量只能被赋予字面量值，如果尝试给以上变量赋其他值，就会引起编译错误，示例代码如下。

```
//编译错误：不能将类型"false"分配给类型"true"。ts(2322)
number1 = 1;
//编译错误：不能将类型"false"分配给类型"true"。ts(2322)
boolean1 = false;
//编译错误：不能将类型"222n"分配给类型"111n"。ts(2322)
bigint1 = 222n;
//编译错误：不能将类型""world""分配给类型""hello""。ts(2322)
string1 = "world";
```

除此之外，我们还可以使用联合字面量类型，使字面量类型支持多个值，各个值用竖线“|”分隔。例如，以下代码将变量 number1 声明为 1、2、3 字面量类型，因此取值只能为 1、2、3 中的一个，如果赋其他值，会引起编译错误。

```
let number1: 1 | 2 | 3;
number1 = 1;
number1 = 2;
number1 = 3;
//编译错误：不能将类型"4"分配给类型"1 | 2 | 3"。ts(2322)
number1 = 4;
```

3.10 变量与常量

在 JavaScript 中，曾以 var 关键字来声明变量，但这种声明方式存在很多问题。从 ECMAScript 6 开始，ECMAScript 中引入了新的 let 关键字（用来声明变量），以及新的 const 关键字（用来声明常量）。在 TypeScript 中，也推荐使用 let 和 const 关键字来进行声明，不再使用落后的 var 关键字（var 关键字存在许多问题，感兴趣的读者可以自行搜索）。接下来，将分别介绍 let 和 const 关键字的用法。

3.10.1 let 关键字

在 TypeScript 中使用 let 关键字声明变量，语法如下。

```
let 变量名称:数据类型;
```

前面的示例都使用 let 关键字来声明变量，因此这里不再讲述其基本用法。接下来，将介绍 let 关键字的一些使用要点。

1. 块级作用域

使用 let 关键字定义的变量具备块级作用域，在作用域外无法使用该变量。

在 TypeScript 中，以左花括号“{”开头、以右花括号“}”结尾形成代码块，将多条语句组合到一个代码块中，将其视作一个整体来组织、管理和运行。

代码块将决定变量的作用域，决定其使用范围究竟是整个 TypeScript 程序、某个类还是某个局部代码块。块级作用域可以简单理解为变量的生效范围在它所定义的代码块中。例如，在以下代码中，变量 b 在 if 代码块中定义，因此它的作用域仅在此代码块中，在代码块之外将无法使用。

```
if (true) {
    let b: number = 30;
    console.log(b);
}
//编译错误：找不到名称"b"。ts(2304)
console.log(b);
```

上层作用域内的变量可以在下层作用域内直接使用。如果在下层作用域中定义了同名变量，在引用此变量时，只会引用下层作用域的变量，上层作用域的同名变量在此作用域内将暂时失效，无法使用或修改，示例代码如下。

```
if (true) {
    //块级作用域 1
    let b: number = 30;

    {
        //块级作用域 2
        //此作用域声明了同名变量 b，因此在此作用域内使用该变量时，只会使用此作用域内的变量 b，上层作
        //用域的变量 b 将会暂时失效
```

```
        let b: number = 20;
        console.log(b); //输出 20
    }

    console.log(b); //输出 30

    {
        //块级作用域 3
        //由于此作用域内没有声明同名变量，因此使用了上层作用域的变量 b，输出 30
        console.log(b);
    }
}
```

2. 全局作用域

全局作用域是最上层的作用域，在以左花括号“{”开头、以右花括号“}”结尾形成的代码块之外声明的变量都位于全局作用域中，在所有作用域都可以访问全局作用域的变量，示例代码如下。

```
//全局作用域变量 a
let a: number = 1;

if (true) {
    console.log(a);
}
```

3. 暂时性死区

在用 let 关键字声明某个变量之前，该变量无法使用，这种机制称为暂时性死区。例如，以下代码将直接引起编译错误。

```
//编译错误：声明之前已使用的块范围变量"a"。ts(2448)
a = 2;
//编译错误：声明之前已使用的块范围变量"a"。ts(2448)
console.log(a);
let a: number = 1;
```

以下代码虽然不会引起编译错误，但在运行时会报错。

```
testLog();
function testLog() {
    console.log(b);
}

let b: number = 2;
```

输出结果如下。

```
> Uncaught ReferenceError: Cannot access 'b' before initialization
```

注意，在下层作用域中声明同名变量，会使得上层作用域的同名变量在整个下层作用域中失效，因此在下层作用域声明该同名变量之前，此变量将由于暂时性死区而无法使用，示例代码如下。

```
let c: number = 1;

function testNumber() {
    //编译错误：声明之前已使用的块范围变量"c"。ts(2448)
    console.log(c);
    let c: number = 2;
}
testNumber();
```

4. 禁止重复声明

在同一个作用域内，同名变量只能声明一次，否则将引起编译错误。

```
//编译错误：无法重新声明块范围变量"a"。ts(2451)
let a: number = 1;
//编译错误：无法重新声明块范围变量"a"。ts(2451)
let a: number = 2;

if (true) {
//不在同一个作用域，因此不会引起错误
    let a: number = 3;
}
```

3.10.2　const 关键字

在 TypeScript 中使用 const 关键字声明常量，语法如下。

```
const 常量名称:数据类型 = 初始值;
```

示例代码如下。

```
const a: number = 1;
const b: boolean = true;
const c: string = "hello";
const d: bigint = 6n;
```

用 const 关键字声明的常量和用 let 关键字声明的变量一样，都具备块级作用域、全局作用域、暂时性死区并且禁止重复声明，但变量和常量有一个关键的区别，即常量只能在声明时赋值，且赋值后不可更改，否则会引起编译错误，示例代码如下。

```
//编译错误：必须初始化 "const" 声明。ts(1155)
const a: number;
const b: string = "hello";
//编译错误：无法分配到 "b" ，因为它是常数。ts(2588)
b = "world";
```

具体该使用 let 关键字还是 const 关键字，应该视当时的情况而定。如果一个变量的值在声明后不允许修改，那么应该使用 const 关键字；如果允许修改但不需要修改，那么也应该使用 const 关键字；在其他情况下，则建议使用 let 关键字。

第 4 章 表达式与运算符

要进行复杂的程序运算，必须使用表达式。表达式由两部分组成：运算符及其连接的数据。每一个表达式都会产生一个结果值，例如，表达式“1 + 2”就使用算术运算符“+”连接左右两侧的数据以形成表达式，该表达式的运算结果值为 3。表达式结果值不仅可以赋给其他变量，还可以用于流程语句的判断，甚至可以用于和其他表达式组成更复杂的表达式。

第 3 章讲解了各种原始类型的数据，它们是组成表达式的关键部分之一。本章将讲解组成表达式的另一个关键部分——运算符。

运算符主要分为以下几类。

- 算术运算符；
- 赋值运算符；
- 字符串运算符；
- 比较运算符；
- 条件运算符；
- 逻辑运算符；
- 类型运算符；
- 位运算符。

接下来将分别进行介绍。

4.1 算术运算符

算术运算符主要用于数值类型和长整型的四则运算，并返回运算结果值。表 4-1 列出了 TypeScript 中的算术运算符。

表 4-1 算术运算符

算术运算符	作用	适用类型	示例表达式
+	对左右两侧的值做加法	数值类型、长整型	x + y
-	对左右两侧的值做减法		x - y
*	对左右两侧的值做乘法		x * y
/	对左右两侧的值做除法		x / y
%	对左右两侧的值做取余运算		x % y
**	对左右两侧的值做取幂运算		x ** y
++	对变量进行递增		xx++, ++xx
--	对变量进行递减		xx--, --xx

关于前 6 种运算符的示例代码如下。

```
let x: number = 7;
let y: number = 4;
let result1: number = x + y;  //11
let result2: number = x - y;  //3
let result3: number = x * y;  //28
let result4: number = x / y;  //1.75
let result5: number = x % y;  //3
let result6: number = x ** y; //2401
```

最后两种运算符比较特殊，虽然它们用在变量前和变量后都能实现自增，但是表达式的返回值不一样：用在变量之前，将返回自增后的值；用在变量之后，将返回自增前的值。示例代码如下。

```
let x: number = 7;
let result: number = x++;
console.log(`第 1 次运算结果：result 为${result}, x 为${x}`);
result = ++x;
console.log(`第 2 次运算结果：result 为${result}, x 为${x}`);
result = x--;
console.log(`第 3 次运算结果：result 为${result}, x 为${x}`);
result = --x;
console.log(`第 4 次运算结果：result 为${result}, x 为${x}`);
```

输出结果如下。

```
> 第 1 次运算结果：result 为 7, x 为 8
> 第 2 次运算结果：result 为 9, x 为 9
> 第 3 次运算结果：result 为 9, x 为 8
> 第 4 次运算结果：result 为 7, x 为 7
```

4.2 赋值运算符

赋值运算符用于将右侧表达式的值赋给左边的变量或常量。表 4-2 列出了 TypeScript 中的赋值运算符。

表 4-2 赋值运算符

赋值运算符	作用	适用类型	示例表达式
=	将右侧表达式的值赋给左侧变量或常量	全部类型	x = y
+=	对左侧变量的值与右侧表达式的值做加法，再将值赋给左侧变量	数值类型、长整型	x += y （等同于 x = x + y）
-=	以左侧变量的值为被减数，以右侧表达式的值为减数，做减法，再将值赋给左侧变量		x -= y （等同于 x = x - y）
*=	对左侧变量的值与右侧表达式的值做乘法，再将值赋给左侧变量		x *= y （等同于 x = x * y）
/=	以左侧变量的值为被除数，以右侧表达式的值为除数，做除法，再将值赋给左侧变量		x /= y （等同于 x = x / y）
%=	以左侧变量的值为被除数，以右侧表达式的值为除数，做取余运算，再将值赋给左侧变量		x %= y （等同于 x = x % y）
**=	以左侧变量的值为底数，以右侧表达式的值为幂，进行幂运算，再将值赋给左侧变量		x **= y （等同于 x = x ** y）

关于每种赋值运算符的示例代码如下。

```
let x: number = 7;
let y: number = 4;
x += y;  //计算 x 加上 y 的和，然后将值赋给 x，最后 x 值为 11
x -= y;  //计算 x 减去 y 的差，然后将值赋给 x，最后 x 值为 7
x *= y;  //计算 x 乘以 y 的积，然后将值赋给 x，最后 x 值为 28
x /= y;  //计算 x 除以 y 的商，然后将值赋给 x，最后 x 值为 7
x %= y;  //计算 x 除以 y 的余数，然后将值赋给 x，最后 x 值为 3
x **= y; //计算 x 的 y 次方，然后将值赋给 x，最后 x 值为 81
```

4.3 字符串运算符

前面提到的运算符“+”和“+=”也可以用于字符串的运算，此时并不是表示相加求和，而是将左右两侧的字符串连接成一个字符串。表 4-3 列出了 TypeScript 中的字符串运算符。

表 4-3 字符串运算符

字符串运算符	作用	适用类型	示例表达式
+	将左右两侧的字符串进行连接	两侧值的其中一个必须为字符串	x + y
+=	将右侧表达式中的字符串与左侧变量中的字符串进行连接，再将值赋给左侧变量	字符串	x += y （等同于 x = x + y）

当把+运算符用于连接字符串时，示例代码如下。

```
let x: string = "Good";
let y: string = "morning";
let z = x + " " + y;
console.log(z); //"Good morning"
```

当把+=运算符用于连接字符串时，示例代码如下。

```
let x: string = "Good";
x += " afternoon";
console.log(x); //"Good afternoon"
```

字符串还可以和其他类型的值相连接。在连接之前，会先将其他类型的值隐式地转换为字符串类型，示例代码如下。

```
let a: string = "1" + 2;             //"12"
let b: string = "Hello " + 2;        //"Hello 2"
let c: string = "Hello " + 3n;       //"Hello 3"
let d: string = "Hello " + true;     //"Hello true"
let e: string = "Hello " + undefined; //"Hello undefined"
let f: string = "Hello " + null;     //"Hello null"
```

以上代码实际等同于以下代码。

```
let a: string = "1" + String(2);
let b: string = "Hello " + String(2);
let c: string = "Hello " + String(3n);
let d: string = "Hello " + String(true);
let e: string = "Hello " + String(undefined);
let f: string = "Hello " + String(null);
```

4.4 比较运算符

比较运算符用于判断左右两侧的值是否满足一定条件，这些条件有等于、不等于、大于、小于、大于或等于、小于或等于这几种。当满足条件时，表达式会返回 true；否则，返回 false。表 4-4 列出了 TypeScript 中的比较运算符。

表4-4 比较运算符

比较运算符	作用	适用类型	示例表达式
==	判断左右两侧的值是否相等	全部类型	x == y
===	判断左右两侧的数据类型和值是否相等 在==和===两种运算符中，建议优先使用===		x === y
!=	判断左右两侧的值是否不相等		x != y
!==	判断左右两侧的数据类型和值是否不相等 在!=和!==两种运算符中，建议优先使用!==		x !== y
>	判断左侧的值是否大于右侧的值		x > y
<	判断左侧的值是否小于右侧的值		x < y
>=	判断左侧的值是否大于或等于右侧的值		x >= y
<=	判断左侧的值是否小于或等于右侧的值		x <= y

以下为关于比较运算符的示例代码。

```
let a: number = 10;
console.log(a == 10);  //true
console.log(a == 20);  //false
console.log(a === 10); //true
console.log(a === 20); //false
console.log(a != 30);  //true
console.log(a != 10);  //false
console.log(a !== 30); //true
console.log(a !== 10); //false
console.log(a > 9);    //true
console.log(a > 10);   //false
console.log(a < 12);   //true
console.log(a < 10);   //false
console.log(a >= 9);   //true
console.log(a >= 11);  //false
console.log(a <= 11);  //true
console.log(a <= 9);   //false
```

该运算符可以用于所有类型，以下是用字符串类型和布尔类型相比较的示例代码。

```
let a: boolean = true;
console.log(a == true);  //true
console.log(a === true); //true
console.log(a != true);  //false
console.log(a !== true); //false
console.log(a > false);  //true，true默认大于false
console.log(a < false);  //false
console.log(a >= false); //true
console.log(a <= false); //false

let b: string = "a"
console.log(b == "a");   //true
console.log(b === "a");  //true
```

```
console.log(b != "a");    //false
console.log(b !== "a");   //false
console.log(b > "b");     //false
//参考字符串在 Unicode 编码表中的先后顺序，排序靠后的字符串大于排序靠前的字符串
console.log(b < "b");     //true
console.log(b >= "b");    //false
console.log(b <= "b");    //true
```

注意，在 TypeScript 中，比较运算符只能用于同类型比较，无法用于异类型比较。异类型比较会引起编译错误。在 JavaScript 中，比较不同类型的数据会触发隐式转换，也许会出现不可预料的结果，因此在 TypeScript 中进行了限制，只能进行同类型比较。

```
//编译错误：此条件将始终返回 "false"，因为类型 "string" 和 "number" 没有重叠。ts(2367)
console.log("1" == 1);
//编译错误：此条件将始终返回 "true"，因为类型 "number" 和 "boolean" 没有重叠。ts(2367)
console.log(1 != true);
//编译错误：运算符">"不能应用于类型"string"和"number"。ts(2365)
console.log("a" > 1);
//编译错误：运算符"<="不能应用于类型"boolean"和"number"。ts(2365)
console.log(true <= 30);
```

注意：在 JavaScript 中，由于比较运算符在比较不同类型时存在隐式转换，因此针对比较相等和比较不相等两种情况，分别提供了两种形式的运算符（==和===，!=和!==）。由于 TypeScript 默认限制了隐式转换，因此在类型已经明确时使用==和===以及使用!=和!==的差别不大。但如果类型不明确（例如，在 TypeScript 中使用了 any 类型，后面会提到），使用==和===以及使用!=和!==就会有明显区别，示例代码如下。

```
let a: any = 1;
let b: any = "1";
console.log(a == b);  //true
console.log(a === b); //false
console.log(a != b);  //false
console.log(a !== b); //true
```

可以看到，a 的值是数值，b 的值是字符串，两者是不同的类型，但当定义为 any 类型时进行比较，用==比较的结果与用===比较的结果不同，用!=的比较结果与用!==比较的结果也不同。由于使用==和!=时，运算符两边的类型不同，因此产生了隐式转换。以上代码等同于以下代码。

```
let a: any = 1;
let b: any = "1";
console.log(String(a) == b); //true
console.log(a === b);         //false
console.log(String(a) != b); //false
console.log(a !== b);         //true
```

任何时候都建议优先使用===和!==运算符，以免出现意外的结果。

4.5 条件运算符

条件运算符是一种根据条件返回不同运算结果的运算符。表 4-5 列出了 TypeScript 中的条件运算符。

表 4-5 条件运算符

条件运算符	作用	适用类型	示例表达式
? :	三元运算符，应用方式为“条件表达式?返回值 1：返回值 2”。 如果条件表达式的最终值为 true，则返回冒号“:”左侧的值；否则，返回右侧的值	全部类型	x ? a : b

示例代码如下。

```
let age : number = 5;
let majority = (age < 18) ? "未成年人":"成年人"; //majority 的值为"未成年人"
```

注意，如果条件表达式的值并非布尔类型，会被隐式转换为布尔类型，示例代码如下。

```
console.log(1 ? "branch1" : "branch2");  //输出 branch1
console.log("" ? "branch1" : "branch2"); //输出 branch2
```

以上代码等同于以下代码。

```
console.log(Boolean(1) ? "branch1" : "branch2");  //输出 branch1
console.log(Boolean("") ? "branch1" : "branch2"); //输出 branch2
```

4.6 逻辑运算符

逻辑运算符用于将多个条件表达式或值组合起来，判断它们整体为 true 还是 false。表 4-6 列出了 TypeScript 中的逻辑运算符。

表 4-6 逻辑运算符

逻辑运算符	作用	适用类型	示例表达式
&&	逻辑与，判断左右两侧的表达式或值是否同时为 true。如果同时为 true，则整体为 true；否则，整体为 false。 当涉及隐式转换时，如果左侧值为 false，则返回左侧值；否则，返回右侧值	全部类型	x && y
||	逻辑或，判断左右两侧的表达式或值是否有一个为 true。如果其中任何一个为 true，则整体为 true；否则，整体为 false。当涉及隐式转换时，如果左侧值为 true，则返回左侧值；否则，返回右侧值	全部类型	x||y
!	逻辑非，取当前布尔值的相反值	全部类型	!x

示例代码如下。

```
let a: number = 10;
//以下语句输出 true: a>1 为 true，a<11 为 true 因此整体为 true
console.log(a > 1 && a < 11);
//以下语句输出 false: a>1 为 true，a<5 为 false 因此整体为 false
console.log(a > 1 && a < 5);
```

```
//以下语句输出 true: a>1 为 true，a<5 为 false，但||只需一边为 true，因此整体为 true
console.log(a > 1 || a < 5);
//以下语句输出 false: a>11 为 false，a<5 为 false，||两边均不是 true，因此整体为 false
console.log(a > 11 || a < 5);
//以下语句输出 false: a>1 为 true，整体取反后为 false
console.log(!(a > 1));
//以下语句输出 true: a>11 为 false，整体取反后为 true
console.log(!(a > 11));
```

注意，以上 3 种运算符都会对其他类型的值进行隐式转换，但转换方式有所不同。对于“!”运算符，无论是在判断还是在返回运算结果值时，都转换为布尔类型，示例代码如下。

```
console.log(!"hello"); //输出 false
```

以上代码等同于以下代码。

```
console.log(!Boolean("hello")); //输出 false
```

然而，对于&&运算符和||运算符，隐式转换更复杂，它只在判断时进行隐式转换，但在返回运算结果时，会按照原来的类型返回，因此会出现以下情况（以下仅是示例，实际开发过程中请勿这样使用）。

```
//以下语句中，0 会隐式转换为 false，"a"会隐式转换为 true，因此返回左侧值 0 并输出 0
console.log(0 && "a");
//以下语句中，0 会隐式转换为 false，"a"会隐式转换为 true，因此返回右侧值"a"并输出“a”
console.log(0 || "a");
//以下语句中，1 会隐式转换为 true，"a"会隐式转换为 true，因此返回右侧值"a"并输出“a”
console.log(1 && "a");
//以下语句中，1 会隐式转换为 true，"a"会隐式转换为 true，因此返回左侧值 1 并输出 1
console.log(1 || "a");
```

如果计算左侧表达式的值后已经能判断整体结果，则不会再执行右侧的代码。例如，以下代码不会在控制台输出 test1 和 test2 字符串，因为根据左侧表达式已经能判断整体结果。

```
true || console.log("test1");
false && console.log("test2");
```

4.7 类型运算符

类型运算符主要用于判断指定值的数据类型。表 4-7 列出了 TypeScript 中的两种类型运算符。

表 4-7 类型运算符

类型运算符	作用	适用类型	示例表达式
typeof	返回表示变量类型的字符串	全部类型	`typeof x`
instanceof	如果左侧的对象是右侧类型的实例，则返回 true。 该运算符主要用于引用类型，无法用于原始类型，后面将详细介绍	引用类型	`x instanceof` 引用类型名称

示例代码如下。

```
console.log(typeof 1);          //输出 number
console.log(typeof 1n);         //输出 bigint
console.log(typeof "hello");    //输出 string
console.log(typeof true);       //输出 boolean
console.log(typeof NaN);        //输出 number
console.log(typeof null);       //输出 object
console.log(typeof undefined);  //输出 undefined
```

4.8　位运算符

位运算符相对比较复杂，它用于 32 位的二进制整数运算。因此要理解位运算符必须先理解整数的二进制形式，表 4-8 列出了十进制整数转换为 32 位的二进制整数后的表现形式。

表 4-8　十进制整数转换为 32 位的二进制整数后的表现形式

十进制整数	32 位的二进制整数
1	0000 0000 0000 0000 0000 0000 0000 0001
2	0000 0000 0000 0000 0000 0000 0000 0010
4	0000 0000 0000 0000 0000 0000 0000 0100
8	0000 0000 0000 0000 0000 0000 0000 1000
16	0000 0000 0000 0000 0000 0000 0001 0000
32	0000 0000 0000 0000 0000 0000 0010 0000
64	0000 0000 0000 0000 0000 0000 0100 0000

位运算符针对二进制整数的各位进行计算。表 4-9 列出了 TypeScript 中的位运算符。

表 4-9　位运算符

位运算符	作用	适用类型	示例表达式
&	按位与。将左右两侧都是 1 的位设置为 1，其余为 0	整数	x & y
|	按位或。将左右两侧有一侧为 1 的位设置为 1，其余为 0		x | y
~	按位非。反转所有位，0 变为 1，1 变为 0		~x
^	按位异或。将左右两侧只有一侧为 1 的位设置为 1，其余为 0		x ^ y
<<	左位移。在右边补 0，向左位移，并移除最左边多出的位		x << y
>>	右位移。在左边补充原来与最左侧相同的位值，向右位移，并移除最右边多出的位		x >> y
>>>	右位移（无正负符号）。在左边补 0，向右位移，并移除最右边多出的位		x >>> 1

位运算符的使用示例如表 4-10 所示。

表 4-10 位运算符的使用示例

表达式	表达式等同于以下二进制形式（省略了左侧的 28 个 0）	表达式计算结果	表达式计算结果等同于以下二进制形式（省略了左侧的 28 个 0）
5 & 1	0101 & 0001	1	0001
5 | 1	0101 | 0001	5	0101
5 ^ 1	0101 ^ 0001	4	0100
~5	~0101	10	1010
5 << 1	0101 << 1	10	1010
5 >> 1	0101 >> 1	2	0010
5 >>> 1	0101 >>> 1	2	0010

4.9 运算符的优先级

所有运算符都拥有各自的优先级，优先级较高的运算符会先生效，优先连接左右两侧的值进行计算，然后优先级较低的运算符生效。如果运算符的优先级相等，则遵循从左到右的原则。

举一个简单的例子，在进行算术运算时，乘除法运算符的优先级高于加减法的优先级，示例代码如下。

```
let a: number = 1 + 2 * 3 + 4; //最终值为 11
```

但如果加入括号，优先级就发生改变，会先计算括号内的内容，然后再计算括号外的内容。

```
let a: number = (1 + 2) * (3 + 4); //最终值为 21
```

所有运算符都拥有各自的优先级。表 4-11 列出了主要运算符的优先级。

表 4-11 主要运算符的优先级

优先级	运算符	描述
1	()	表达式分组
2	.	成员（后面会详细介绍）
2	[]	成员（后面会详细介绍）
2	()	函数调用（后面会详细介绍）
2	new	创建（后面会详细介绍）
3	++	后缀递增
3	--	后缀递减

续表

优先级	运算符	描述
4	++	前缀递增
4	—	前缀递减
4	!	逻辑否
4	typeof	判断类型
5	**	求幂
6	*	乘
6	/	除
6	%	取余
7	+	加
7	−	减
8	<<	左位移
8	>>	右位移
8	>>>	右位移（无正负符号）
9	<	小于
9	<=	小于或等于
9	>	大于
9	>=	大于或等于
9	in	遍历（后面会详细介绍）
9	instanceof	类型断言
10	==	相等
10	===	严格相等
10	!=	不相等
10	!==	严格不相等
11	&	按位与
12	^	按位异或
13	|	按位或
14	&&	逻辑与
15	||	逻辑否
16	? :	条件
17	=	赋值

续表

优先级	运算符	描述
17	+=	赋值
17	-=	赋值
17	*=	赋值
17	%=	赋值
17	&=	赋值
17	^=	赋值
17	|=	赋值
18	yield	暂停函数（后续章节介绍）
19	,	逗号

第 5 章　流程控制

默认情况下，所有代码都是按照从上到下、从左到右的顺序依次执行的，如图 5-1 所示。

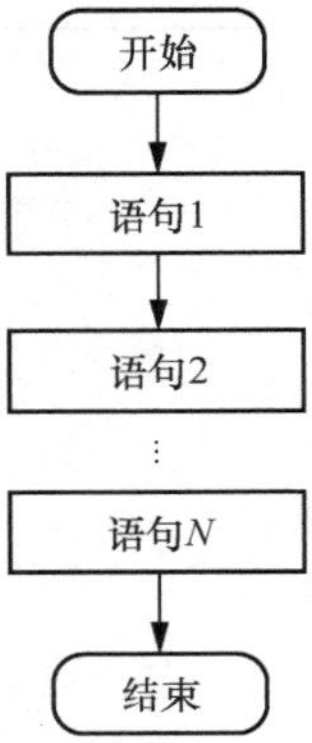

图 5-1　默认执行流程

可以使用以下语句改变原有的执行顺序。

- 选择语句：根据条件判断接下来该执行哪些代码。常见的选择语句有 if、if…else、if…else if 及 switch 等。
- 循环语句：根据条件判断是否反复执行某一段代码。常见的循环语句有 for、while、do…while、for in、for of、foreach 等。

5.1　选择语句

在 TypeScript 中，可以通过选择语句，根据一定条件决定执行哪一段代码。选择语句的执行流程如图 5-2 所示。常见的选择语句有 if、if…else、if…else if 及 switch 等。接下来，将分别进行介绍。

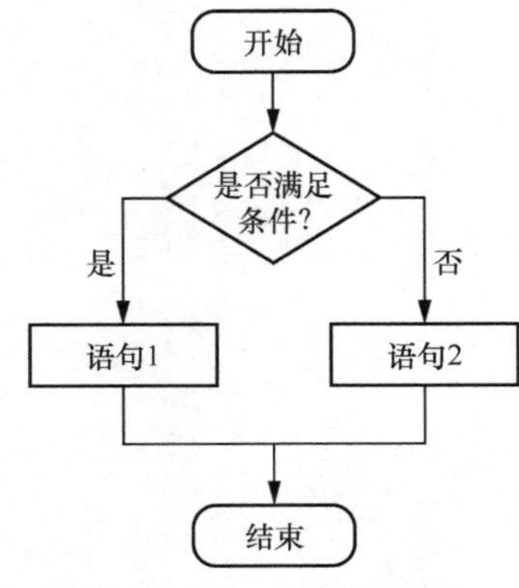

图 5-2　选择语句的执行流程

5.1.1 if/if…else/if…else if 语句

if/if...else/if...else if 是常用的选择语句，表达类似于“如果……则执行……否则……执行”的含义，它包含以下 3 种语句。

- if：如果 if 语句中的条件表达式值为 true，则执行代码。
- if...else：如果上一个 if 或 else if 语句中的条件表达式值为 false，则执行代码。
- if...else if：如果上一个 if 或 else if 语句中的条件表达式值为 false，且当前 else if 语句中的条件表达式值为 true，则执行代码。

if/if...else/if...else if 语句中还可以嵌套 if/if...else/if...else if 语句，形成更复杂的判断。接下来，将详细介绍上述 3 种语句的用法。

1. if 语句

当 if 语句中的条件表达式值为 true 时，if 之后的代码块将被执行；否则，不执行。

语法如下。

```
if (条件表达式) {
    //当条件为 true 时需要执行的代码
}
```

示例代码如下。

```
let score: number = 61;

if (score >= 60) {
    console.log("及格");
}

if (score < 60) {
    console.log("不及格");
}
```

代码执行结果如下。

```
> 及格
```

2. if...else 语句

else 语句不能单独出现，必须配合 if 语句才能使用。当 if 语句中的条件表达式值为 false 时，在 else 之后的代码块将执行。

语法如下。

```
if (条件表达式) {
    //当条件为 true 时需要执行的代码
} else {
    //当条件为false 时需要执行的代码
}
```

示例代码如下。

```
let hour: number = 15;

if (hour < 12) {
    console.log("上午");
}
else {
    console.log("下午");
}
```

代码执行结果如下。

```
> 下午
```

注意：当条件表达式的值不是布尔类型时，将触发隐式转换，将其转换为布尔类型再做判断，示例代码如下。

```
if ("hello") {
    console.log("world");//输出"world"
}
```

以上代码等同于以下代码。

```
if (Boolean("hello")) {
    console.log("world");//输出"world"
}
```

3. if…else if 语句

else if 语句也不能单独出现，必须配合 if 语句才能使用。当上一个 if 或 else if 语句中的条件表达式的值为 false 而当前 else if 的条件表达式值为 true 时，代码块将执行。

在一个连续的选择语句中，if 语句只能在句首使用，else 语句只能在句尾使用，并且它们只能使用一次，而 else if 语句只能在它们之间使用，次数不限。

语法如下。

```
if (条件表达式 1) {
    //当条件表达式 1 为 true 时执行的代码块
} else if (条件表达式 2) {
    //当条件表达式 1 为 false，且条件表达式 2 为 true 时执行的代码块
}
else if (条件表达式 3) {
    //当条件表达式 1、2 均为 false，且条件表达式 3 为 true 时执行的代码块
}
    //...可以追加无数个 else if 语句
else {
    //else 语句不是必需的
    //当以上所有条件表达式均为 false 时执行的代码块
}
```

示例代码如下。

```
let month: number = 8;

if (month <= 3) {
    console.log("第 1 季度");
}
else if (month <= 6) {
    console.log("第 2 季度");
}
else if (month <= 9) {
    console.log("第 3 季度");
}
else {
    console.log("第 4 季度");
}
```

代码执行结果如下。

```
> 第 3 季度
```

4．语句嵌套

当需要同时使用多个判定条件，或逻辑较复杂时，单层的 if...else 语句可能很难理清逻辑，因此我们可以使用语句嵌套的方式，将 if...else 语句写到上一层 if...else if 语句的待执行代码块中。

例如，要实现以下逻辑。

- 如果工作未满 2 年，发 1 倍月薪的年终奖；如果月薪高于 5000 元，则发 1.2 倍月薪的年终奖。
- 如果工作满 2 年但未满 5 年，发 1.5 倍月薪的年终奖；如果月薪高于 10000 元，则发 1.7 倍月薪的年终奖。
- 如果工作满 5 年以上，发 2 倍月薪的年终奖；如果月薪高于 15000 元，则发 2.2 倍月薪的年终奖。

示例代码如下。

```
let year: number = 4;
let salary: number = 12000;
let bonus: number;
if (year < 2) {
    if (salary < 5000) {
        bonus = salary;
    } else {
        bonus = salary * 1.2;
    }
} else if (year >= 2 && year < 5) {
    if (salary < 10000) {
        bonus = salary * 1.5;
    } else {
        bonus = salary * 1.7;
    }
} else {
    //工作满 5 年
    if (salary < 15000) {
```

```
        bonus = salary * 2;
    } else {
        bonus = salary * 2.2;
    }
}
console.log(`年终奖为${bonus}`);
```

输出结果如下。

```
> 年终奖为 20400
```

注意：if...else if 语句嵌套层次不宜过深，否则会降低代码的可读性，如果嵌套达到 3 层，请考虑使用 GOF23 设计模式等方法重构代码。

5.1.2 switch 语句

除以上语句之外，还可以用 switch 语句来选择需要执行的代码块。和 if/if...else/if...else if 语句不同的是，switch 语句的条件表达式的计算结果可以是任何类型的值，而 if/if...else/if...else if 语句的条件表达式的计算结果只能是布尔类型的值。

switch 语句的语法如下。

```
switch(条件表达式) {
    case 值 1:
       //代码块 1
       break;
    case 值 2:
       //代码块 2;
       break;
    ...
    case 值 n:
       //代码块 n
       break;
    default:
       //如果以上条件均不满足，则执行默认代码块
}
```

当执行 switch 语句时，会先计算条件表达式的值，然后与 case 语句上的值进行比较，如果 case 语句的值与条件表达式的值相等，则会执行对应的代码块。

1. 基本运用

以下是 switch 语句的基本运用示例，共有 7 个分支。当待执行的语句只有一行时，省略代码块的花括号（如分支 1～5）；而当待执行的语句具有多行时，则建议使用花括号来标记范围。

```
let today: number = 6

switch (today) {
    case 1:
        console.log("星期一");
        break;
```

```
    case 2:
        console.log("星期二");
        break;
    case 3:
        console.log("星期三");
        break;
    case 4:
        console.log("星期四");
        break;
    case 5:
        console.log("星期五");
        break;
    case 6: {
        console.log("今天是休息日");
        console.log("星期六");
    }
        break;
    case 7: {
        console.log("今天是休息日");
        console.log("星期日");
    }
        break;
}
```

代码执行结果如下。

```
> 今天是休息日
> 星期六
```

2. break 与 default 关键字

break 关键字通常放在每个代码块的末尾，表示结束整个 switch 语句的执行。如果当前 case 语句不带 break 关键字，在执行完当前代码块后，会接着执行后面分支的代码块，直到遇到 break 关键字或者没有后续分支为止。示例代码如下。

```
let a: number = 1;
switch (a) {
    case 1:
        console.log("1");
    case 2:
        console.log("2");
    case 3:
        console.log("3");
    case 4:
        console.log("4");
        break;
    case 5:
        console.log("5");
        break;
}
```

由于分支 1～3 都没带 break 关键字，因此代码从分支 1 开始依次执行，直到分支 4 遇到 break 关键字，才结束整个 switch 语句的执行。代码执行后，输出结果如下。

```
> 1
> 2
> 3
> 4
```

在省略部分分支的 break 关键字时，多个分支还可以共用同一个代码块，示例代码如下。

```
let today: number = 1;
switch (today) {
    case 1:
    case 2:
    case 3:
    case 4:
    case 5:
        console.log("工作日");
        break;
    case 6:
    case 7:
        console.log("休息日");
        break;
}
```

输出结果如下。

```
> 工作日
```

switch 语句条件表达式的值有时并不在任何 case 语句中，为了使用一个默认分支来处理预期外的情况，就需要用 default 关键字。当 default 关键字前面的所有 case 语句均不满足执行条件时，就会执行 default 关键字后的语句。一个 switch 语句中最多只能包含一个 default 关键字。

关于 default 关键字的示例代码如下。

```
let today: number = 996;
switch (today) {
    case 1:
    case 2:
    case 3:
    case 4:
    case 5:
        console.log("工作日");
        break;
    case 6:
    case 7:
        console.log("休息日");
        break;
    default:
        console.log("此星期不存在！");
        break;
}
```

由于 996 无法满足所有 case 语句的条件，因此会执行 default 关键字后的语句，输出结果如下。

```
> 此星期不存在！
```

5.2 循环语句

在遇到一些需要反复执行的计算时，如从 1 开始，依次计算并输出 1+2 的和、1+2+3 的和，一直到 1+⋯+100 的和，如果程序只能按照默认顺序执行，代码的编写将异常烦琐，示例代码如下。

```
let a: number = 1;
a = a + 2;
console.log(a);
a = a + 3;
 console.log(a);
a = a + 4;
console.log(a);
...
a = a + 100;
console.log(a);
```

在 TypeScript 中，通过循环语句，根据一定条件决定是否反复执行某一段代码。循环语句执行流程如图 5-3 所示。常见的循环语句有 for、while、do...while 语句等。接下来，将分别进行介绍。

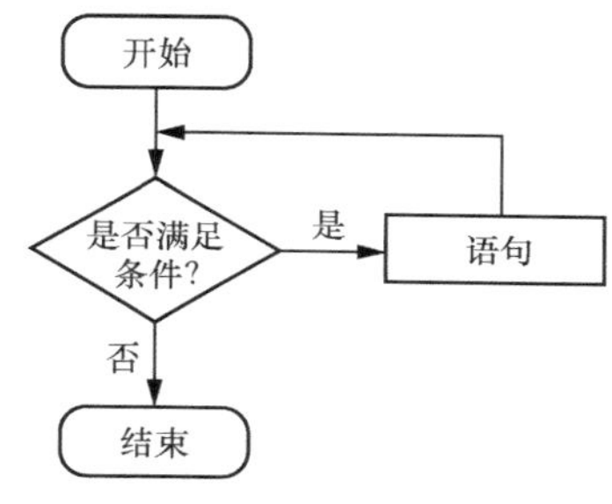

图 5-3 循环语句执行流程

5.2.1 for 语句

for 语句是最常用的循环语句，它的语法如下。

```
for (前置语句; 条件表达式; 后置语句) {
     //要执行的代码块
}
```

for 语句的句首包含 3 个要素。

- 前置语句：在整个循环开始之前执行的代码。
- 条件表达式：如果条件表达式的值为 true，则进行循环；否则，结束整个循环。
- 后置语句：每轮循环后都会执行的代码。

例如，从 1 开始，依次计算并输出 1+2 的和、1+2+3 的和，一直到 1+⋯+100 的和，可以用 for 语句来轻松实现，代码如下。

```
let a: number = 1;
for (let i = 2; i <= 100; i++) {
    a += i;
    console.log(a);
}
```

在本例中，前置语句声明了一个变量 i，初始值为 2，条件表达式是 i<=100，仅当 i 小于或等于 100 时，才会执行循环体，后置语句是 i++，每次循环体执行后 i 的值都会递增 1。代码执

行后，输出结果如下。

```
> 3
> 6
> 10
...
> 4851
> 4950
> 5050
```

要输出从 1900 年到 2000 年的所有闰年，可以用以下循环语句实现。

```
for (let i = 1900; i <= 2000; i++) {
    if (i % 4 == 0) {
        console.log(i);
    }
}
```

在本例中，前置语句声明了一个变量 i，初始值为 1900，条件表达式是 i<=2000，仅当 i 小于或等于 2000 时才会执行循环体，后置语句是 i++，每次循环体执行后 i 的值都会递增 1，输出结果如下。

```
> 1900
> 1904
> 1908
...
> 1992
> 1996
> 2000
```

1. 前置语句

for 循环的前置语句会在整个循环开始之前执行，它通常用于声明循环中会用到的指针变量。实际上，它也可以根据需要来使用，例如，同时初始化多个值。

```
for (let i = 0, text = ""; i < 10; i++) {
    text += i + ";";
}
```

注意，对于在前置语句中声明的变量，作用域只限于循环体中，无法在循环体外使用。例如，以下代码会引起编译错误。

```
for (let i = 0, text = ""; i < 10; i++) {
    text += i + ";";
}
console.log(i);    //编译错误：找不到名称"i"。ts(2304)
console.log(text); //编译错误：找不到名称"text"。你是否指的是"Text"?ts(2552)
```

前置语句并非必需的。如果不需要，留空即可，示例代码如下。

```
let i = 0, text = "";
for (; i < 10; i++) {
    text += i + ";";
}
```

```
console.log(i);    //输出 10
console.log(text); //输出 0;1;2;3;4;5;6;7;8;9;
```

2. 条件表达式

如果条件表达式的计算结果为 true，则进行循环；否则，结束整个循环。通常来说，这里应该填入布尔类型的值，如果填入其他类型的值，则会触发隐式转换，示例代码如下。

```
let text = "hello";
for (let i = 5; text; i++) {
    //每次少截取末尾的一个字符
    text = text.slice(0, text.length - 1);
    console.log(text);
}
```

输出结果如下。

```
> hell
> hel
> he
> h
>
```

以上代码等同于以下代码。

```
let text = "hello";
for (let i = 5; Boolean(text); i++) {
    text = text.slice(0, text.length - 1);
    console.log(text);
}
```

3. 后置语句

后置语句在每轮循环后都会执行，它通常用于修改控制循环过程的指针变量。从理论上来说，后置语句可以是任何语句，示例代码如下。

```
for (let i = 0; i < 4; console.log(i)) {
    i++;
}
```

输出结果如下。

```
> 1
> 2
> 3
> 4
```

后置语句并非必需的。如果不需要，留空即可，示例代码如下。

```
let i = 0
for (; i < 4; ) {
    i++;
}
```

5.2.2 while 语句

while 语句的语法如下。

```
while (条件表达式) {
    //要执行的代码块
}
```

当条件表达式的值为 true 时，会反复执行循环，直到条件表达式的值为 false 为止。注意，如果条件表达式的值不是布尔类型，则会触发隐式转换。

例如，从 1 开始，依次计算并输出 1+2 的和、1+2+3 的和，一直到 1+…+100 的和，也可以用 while 语句来实现，代码如下。

```
let a: number = 1;
let i: number = 2;
while (i <= 100) {
    a += i;
    console.log(a);
    i++;
}
```

但是在实际中并不推荐对上面的示例使用 while 语句，因为当能够确定循环次数且需要声明指针变量并对其自增时，使用 for 语句会有更强的可读性，能够清晰地展示指针变量及其操作。

while 语句通常用于无法预知循环次数的情况，这种情况通常也无法使用指针变量进行辅助，是否跳出循环依赖其他程序或外部 API 产生的结果。在以下代码中，在当前时间到达中午 12 点之前，会一直循环等待，直到中午 12 点之后才会跳出循环。

```
while(new Date().getHours()<=12)
{
    console.log("在下午前一直等待");
}
console.log("下午好");
```

5.2.3 do…while 语句

do…while 语句是 while 语句的变体，在检查条件表达式的值是否为 true 之前，会先执行一次循环体的代码，然后只要条件表达式的值为 true，就会重复执行循环体的代码，直到条件表达式的值为 false 为止。其语法如下。

```
do {
    //要执行的代码块
}
while (条件);
```

例如，从 1 开始，依次计算并输出 1+2 的和、1+2+3 的和，一直到 1+…+100 的和，也可以用 do…while 语句实现，代码如下。

```
let a: number = 1;
let i: number = 2;
do {
    a += i;
    console.log(a);
    i++;
}
while (i <= 100)
```

注意，在第一次判断条件表达式的值之前，循环体至少会执行一次。例如，在以下代码中，即使条件表达式的值为 false，循环体也会执行一次。

```
do {
    console.log("executed!"); //输出"executed!"
}
while (false);
```

5.2.4 break 与 continue 关键字

在 for、while、do...while 语句中，使用以下两个关键字来调整循环过程。

- break 关键字：退出整个循环。
- continue 关键字：跳过当前循环（本轮循环将不再执行 continue 关键字以后的代码），开始下一轮循环。

break 关键字的示例代码如下。

```
for (let i = 1; i <= 3; i++) {
    if (i == 2) { break; }
    console.log(i);
}
```

循环中定义了变量 i，条件表达式为 i<=3，如果没有其他操作，代码执行后将输出 1 到 3 的整数，但当 i==2 时执行 break 语句，终止整个循环，因此输出结果如下。

```
> 1
```

关于 continue 关键字的示例代码如下。

```
for (let i = 1; i <= 3; i++) {
    if (i == 2) { continue; }
    console.log(i);
}
```

当 i==2 时执行 continue 语句，跳过当前循环，开始下一轮循环，因此输出结果如下。

```
> 1
> 3
```

第6章　引用类型

TypeScript 中的数据值分为原始值和引用值两种类型。原始值即最简单的数据，而引用值则是由多个值构成的复合对象。

原始值和引用值的声明方式类似，都需要创建常量或变量，然后对其赋值。其不同之处是，在变量或常量保存之后，可以对这个值进行的操作有所区别，6.1 节将介绍这些区别。

引用值分为多种类型，需要基于不同的场景使用，6.2 节将简要介绍 TypeScript 中的各种引用类型。

6.1　原始值与引用值

TypeScript 中包含以下两种类型的值。

- 原始值：存储在栈（stack）中的数据，它们的值直接存储在变量的存储空间中。
- 引用值：存储在堆（heap）中的对象，存储在变量中的值是一个指针，它指向实际存储对象的内存地址

前面介绍了布尔类型、数值类型、长整型和字符串类型等原始类型，它们的值即原始值。这些原始类型占据的空间通常是固定的，所以可将它们存储在较小的内存区域——栈中，便于迅速查询变量的值。

引用类型通常是由多个原始值组成的复合对象类型，这些类型（数组、函数、对象与类等）将在后面一一介绍。对于引用类型的值，由于它们的大小并不固定，且通常较大，因此不能把它们放在栈中，否则会降低变量查询的速度。栈中只存放了对象在堆中的地址，而对象实际存储在堆中。

原始值与引用值在堆和栈中的存储方式如图 6-1 所示。

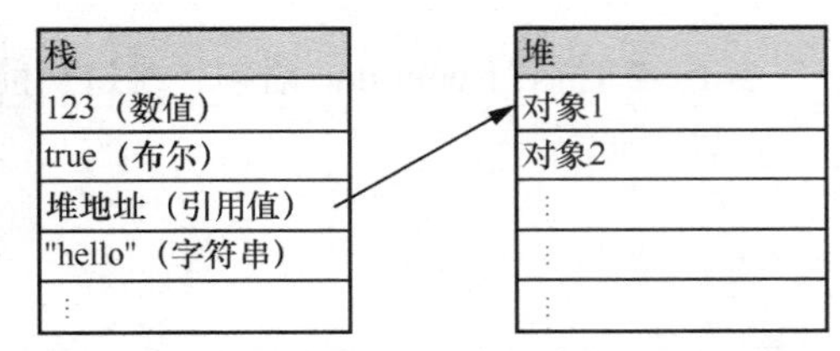

图 6-1　原始值与引用值在堆和栈中的存储方式

接下来，将分别从值的复制、传递和比较这 3 个层面说明原始值和引用值之间的区别。

6.1.1　值的复制

对于原始值，赋值时会在栈中产生一个新的副本，因此复制的值和原来的值之间没有任何联系，它们各自位于不同的栈区。示例代码如下。

```
let number1 = 7;
let number2 = number1; //将 number1 的值复制到 number2
let bool1 = true;
let bool2 = bool1;      //将 bool1 的值复制到 bool2
```

栈
number1: 7
number2: 7
bool1: true
bool2: true
⋮

图 6-2　原始值在栈中的存储方式

这些原始值在栈中的存储方式如图 6-2 所示。

当发生修改时，各变量的栈区独立变化，互不干扰。例如，在以下代码中，对变量 number1 和 bool1 的操作不会影响 number2 和 bool2 的值。

```
number1 = 8;
console.log(number2); // 输出 7
bool1 = false;
console.log(bool2);   //输出 true
```

栈
number1: 8
number2: 7
bool1: false
bool2: true
⋮

图 6-3　原始值修改后在栈中的存储方式

这些原始值修改后在栈中的存储方式如图 6-3 所示。

对于引用值，在赋值时会赋予变量对象的引用（即对象的存储地址），而并非对象本身，因此复制时变量复制了相同的引用地址。例如，以下代码分别创建了名为 object1、object2 的两个字面量对象和名为 array1、array2 的两个数组（关于字面量对象和数组，会在后面详细介绍）。

```
let object1 = { property1: 1 };
let object2 = object1; //将 object1 的引用地址复制到 object2
let array1 = ["a", "b", "c"]
let array2 = array1; //将 array1 的引用地址复制到 array2
```

这些引用值在堆和栈中的存储方式如图 6-4 所示。

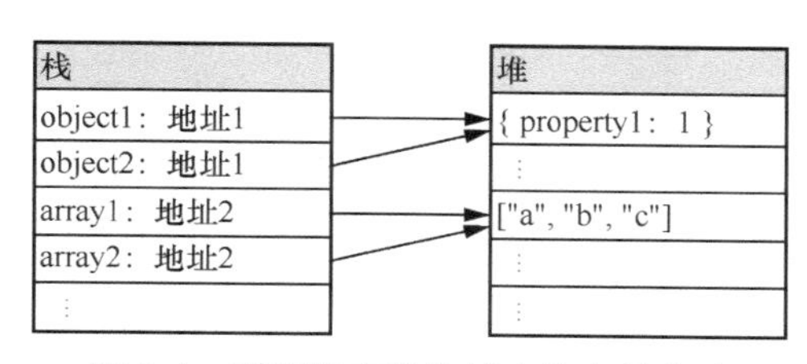

图 6-4　引用值在堆和栈中的存储方式

由于多个变量实际上引用了同一个对象，因此对该对象的修改会在其他相关引用中体现出来，示例代码如下。

```
object1.property1 = 2;
console.log(object2);  //输出{ property1: 2 }
array1[1] = "x";
console.log(array2); //输出["a", "x", "c"]
```

引用值的对象修改后在堆和栈中的存储方式如图 6-5 所示。

但如果重新给引用变量赋新值，引用发生改变，指向另外的堆地址，变量和原有对象不再有任何关系，两者之间互不影响。示例代码如下。

```
object2 = { property1: 3 };
```

```
array2 = ["x", "y", "z"]
console.log(object1); //输出{ property1: 2 }
console.log(array1);  //输出["a", "x", "c"]
```

引用值重新赋值后在堆和栈中的存储方式如图 6-6 所示。

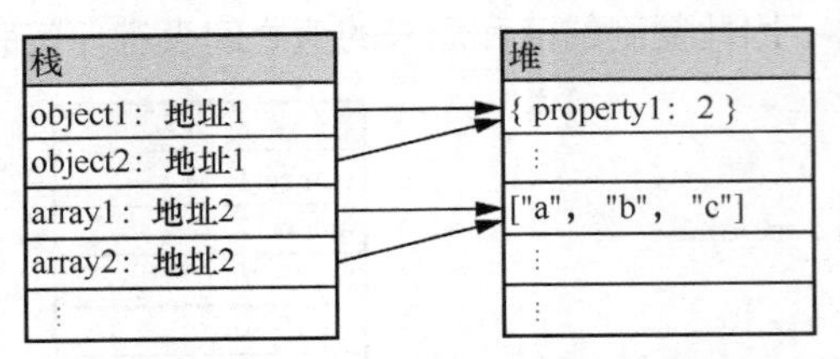

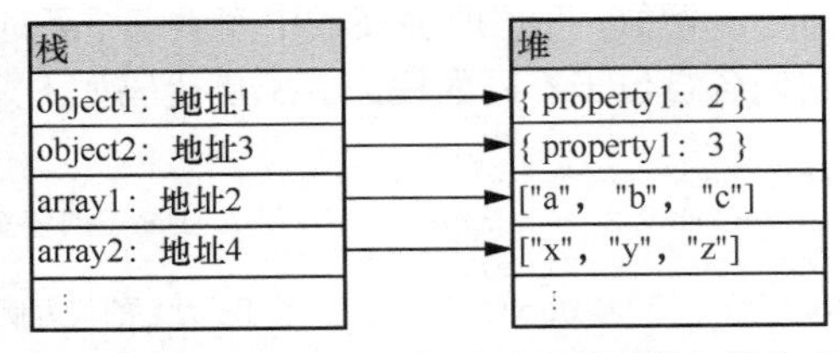

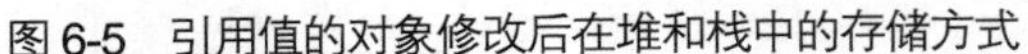
图 6-5　引用值的对象修改后在堆和栈中的存储方式

图 6-6　引用值重新赋值后在堆和栈中的存储方式

6.1.2 值的传递

值的传递和值的复制具有相似的规则。对于原始值，复制各自独立的副本；而对于引用值，复制相同的引用地址。

当把原始值传递给函数的参数时（函数及其参数会在后面详细介绍），参数是全新的副本。在函数中修改参数值，并不会影响原来的值。示例代码如下。

```
let number1 = 7;
function testNumber(para: number) {
    para = 8;
}
testNumber(number1);
console.log(number1);//输出 7

let bool1 = true;
function testBool(para: boolean) {
    bool1 = false;
}
testBool(bool1);
console.log(bool1); //输出 true
```

当把引用值传递给函数时，传递给函数的是对原值的引用，在函数内部可以使用此引用来修改对象本身的值。示例代码如下。

```
let object1 = { property1: 1 };
function testObject(para: any) {
    para.property1 = 2;
}
testObject(object1);
console.log(object1); //输出{ property1: 2 }

let array1 = ["a", "b", "c"]
function testArray(para: string[]) {
    para[1] = "x";
}
```

```
testArray(array1);
console.log(array1); //输出["a", "x", "c"]
```

如果给函数参数赋予新值，引用就会发生改变，指向另外的堆地址，参数和原有对象不再有任何关系，两者之间互不影响。示例代码如下。

```
function testObject2(para: any) {
    para = { property1: 3 };
}
testObject2(object1);
console.log(object1); //输出{ property1: 2 }

function testArray2(para: string[]) {
    para = ["x", "y", "z"];
}
testArray(array1);
console.log(array1); //输出["a", "x", "c"]
```

6.1.3 值的比较

当对原始值进行比较时，会逐字节地比较，以判断它们是否相等。注意，比较的是值本身，而不是值所处的栈的位置。当比较结果为相等时，表示它们在栈中所包含的字节信息是相同的。示例代码如下。

```
let number1 = 7;
let number2 = 7;
//number1 和 number2 的值具有相同的字节信息，比较结果为相等，输出 true
console.log(number1 == number2);

let bool1 = true;
let bool2 = true;
//bool1 和 bool2 的值具有相同的字节信息，比较结果为相等，输出 true
console.log(number1 == number2);
```

原始值的比较方式如图 6-7 所示。

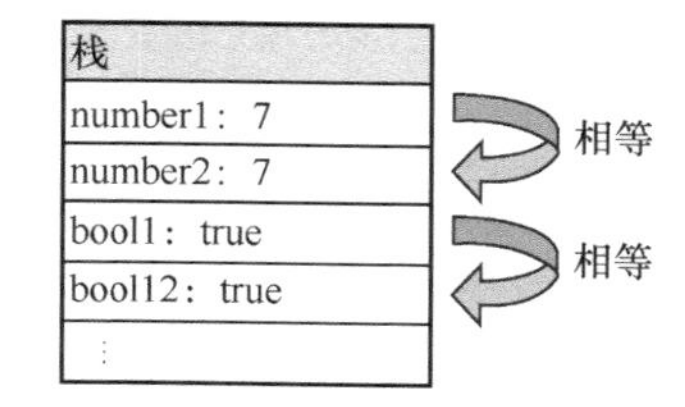

图 6-7 原始值的比较方式

当对引用值进行比较时，比较的是两个引用地址，看它们引用的是否是同一个对象，而不是比较它们的字节信息是否相同。即使两个引用值引用的对象具有相同的字节信息，如果引用的堆地址不同，它们也不是相等的。示例代码如下。

```
let object1 = { property1: 1 };
let object2 = { property1: 1 };
//object1 和 object2 指向不同的对象地址，因此不相等，以下语句输出 false
console.log(object1 == object2);
let object3 = object1;
//object1 和 object3 均指向同一个对象地址，因此相等，以下语句输出 true
console.log(object1 == object3);
object1.property1 = 5;
console.log(object1 == object3); //输出 true
```

```
let array1 = ["a", "b", "c"];
let array2 = ["a", "b", "c"];
//array1 和 array2 指向不同的对象地址，因此不相等，
//以下语句输出 false
console.log(array1 == array2);
let array3 = array1;
//array1 和 array3 均指向同一个对象地址，因此相等，
//以下语句输出 true
console.log(array1 == array3);
array1[1] = "x";
console.log(array1 == array3); //输出 true
```

引用值的比较方式如图 6-8 所示。

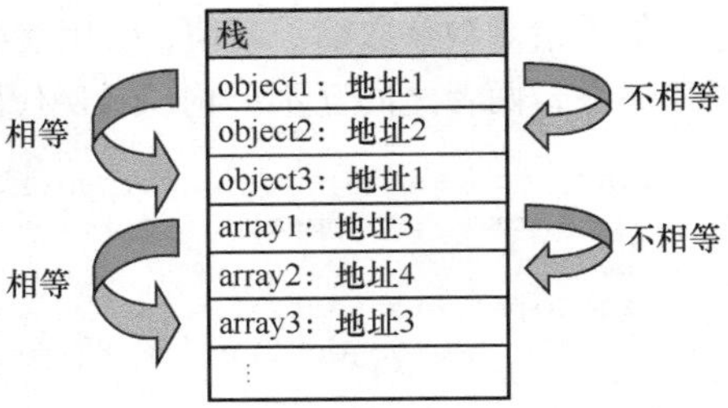

图 6-8 引用值的比较方式

6.1.4 常量的使用

前面提到，使用 const 关键字声明常量，而常量的值是不可改变的。例如，在以下代码中，修改常量的值会引起编译错误。

```
const number1 = 7;
const bool1 = true;
//编译错误：无法分配到 "number1" ，因为它是常数。ts(2588)
number1 = 8;
//编译错误：无法分配到 "bool1" ，因为它是常数。ts(2588)
bool1 = false;
```

然而，严格来说，常量仅能限定栈上的内容不可编辑，但堆上的内容可以编辑。例如，以下代码不会引起编译错误。

```
const object1 = { property1: 1 };
const array1 = ["a", "b", "c"]
object1.property1 = 2;
array1[1] = "x";
```

但如果更改栈上的引用地址，就会引起编译错误，示例代码如下。

```
const object1 = { property1: 1 };
const array1 = ["a", "b", "c"];
// 编译错误：无法分配到 "object1" ，因为它是常数。ts(2588)
object1 = { property1: 1 };
// 编译错误：无法分配到 "array1" ，因为它是常数。ts(2588)
array1 = ["a", "b", "c"];
```

虽然 const 关键字限定了栈上的内容不可编辑，但堆上的内容可以编辑，因此对于引用类型来说，要使堆上的内容不可编辑，需要额外使用 readonly 关键字，后面将会详细介绍。

6.2 引用类型分类

在 TypeScript 中，把引用类型分为以下两个大类。

■ 复合引用类型：包括数组、元组、函数、对象、类的实例等。

■ 内置引用类型：包括 Date（日期）对象、RegExp（正则表达式）对象、Math（数学）对象等。

复合引用类型通常都需要用户自行定义该类型的组成形式。例如，对于数组和元组，需要自行定义其组成类型和长度；对于函数，需要自行定义其参数、行为及返回值；对于对象或类的实例，则需要自行定义它们的成员、结构和行为。示例代码如下。

```
//声明数组
let animals: string[] = ["cat", "dog", "bird"];

//声明元组（固定长度数组）
let sex: [string, string] = ["male", "female"];

//声明函数
function printArrayContent(arr: string[]): void {
    console.log(`共有${arr.length}个元素，分别为${arr}`);
}
//以下语句输出"共有 3 个元素，分别为 cat,dog,bird"
printArrayContent(animals);
//以下语句输出"共有两个元素，分别为 male,female"
printArrayContent(sex);

//声明对象
let person: { name: string, age: number, selfIntroduction: () => void } =
{
    name: "Hello World",
    age: 111,
    selfIntroduction: function () {
        console.log(`My name is ${this.name}, I'm ${this.age} years old.`);
    }
};
//以下语句输出"My name is Hello World, I'm 111 years old."
person.selfIntroduction();

//声明类
class Phone {
    system: string;
    ram: number;
    rom: number;
    constructor(theSystem: string, theRam: number, theRom: number) {
        this.system = theSystem;
        this.ram = theRam;
        this.rom = theRom;
    }
    bootPrompt(distanceInMeters: number = 0) {
        console.log(`System: ${this.system}, RAM: ${this.ram}GB, ROM: ${this.rom}GB`);
    }
}
let androidPhone: Phone = new Phone("Android", 8, 256);
//以下语句输出 System: Android, RAM: 8GB, ROM: 256GB
androidPhone.bootPrompt();
```

对于内置引用类型，通常已经由编程语言定义好该类型的结构、成员和行为，用户直接使用即可。示例代码如下。

```
let currentDate = new Date(2022, 5, 1);
//注意，TypeScript中的月份是从0开始的,0代表1月
//以下语句输出"当前时间为Wed Jun 01 2022 00:00:00 GMT+0800 (中国标准时间)"
console.log('当前时间为${currentDate}');

let patt1 = new RegExp("e");
//检测是否匹配正则表达式，以下输出"true"
console.log(patt1.test("free"));
```

后面将详细介绍各种引用类型。

第 7 章　数组与元组

假设现在有一份待购买的图书列表，如果要存到变量中，用以下方式逐个保存。

```
let item1 = "Seleniun 自动化测试完全指南";
let item2 = "Kubernetes 从入门到实践";
let item3 = "TypeScript 从入门到实践";
...
```

如果这样的列表有 100 条内容，就需要定义 100 个变量，这显然太不方便。如何只在一个地方存放这样的列表，并且可以获得所有内容呢？

答案是使用数组和元素，使用它们可以在一个变量中存储多个值，并且可以通过索引访问这些值。

7.1　数组

在程序设计中，为了方便处理，数组是把具有相同类型的若干元素按有序的形式组织起来的一种形式。它用于在单一变量中存储多个值，并可以进行集中访问或修改。组成数组的各个值称为数组的元素，一个数组可以由零到任意个元素组成。

7.1.1　数组的声明与读写

在 TypeScript 中，数组有以下两种声明方式。它们仅存在编程风格上的差异，可以任选其一。

```
let 变量名称: 类型[];        //默认方式，在类型后面加上方括号[]表示数组
let 变量名称: Array<类型>; //泛型方式
```

在声明数组时，为数组赋初值，示例代码如下。

```
//字符串数组，包含 a、b、c、d 这 4 个元素
let array1: string[] = ["a", "b", "c", "d"];
//数值数组，包含 1、2、3、4、5 这 5 个元素
```

```
let array2: number[] = [1, 2, 3, 4, 5];
//数组没有任何元素，表示空数组
let array3: string[] = [];
```

利用索引来引用某个数组元素，对其进行读写操作。需要注意的是，数组元素的索引从 0 开始，例如，[0]用于取数组中的第一个元素，[1]用于取第二个。示例代码如下。

```
let array1: string[] = ["a", "b", "c", "d"];
//以下语句读取数组中的第一个元素，并将其赋给变量 char
let char = array1[0];
console.log(char);
//以下语句将数组中的第 2 个元素由"b"修改为"x"
array1[1] = "x";
//以下语句输出['a', 'x', 'c', 'd']
console.log(array1);
```

通过数组的 length 属性获取数组的长度，并用它来执行特定的操作，示例代码如下。

```
let array1: string[] = ["a", "b", "c", "d"];
//以下语句输出 4
console.log(array1.length);
//以下语句输出数组的最后一个元素，即 d
console.log(array1[array1.length - 1]);
```

7.1.2 数组的遍历

使用循环语句，以数组的 length 属性作为循环次数遍历数组的各个元素，示例代码如下。

```
//遍历数组，循环体会执行 4 次，分别输出"a", "b", "c", "d"
for (let i = 0; i < array1.length; i++) {
    console.log(array1[i]);
}
```

使用 for...in 循环语句也可以遍历数组中的每个元素，语法如下。

```
for (let 临时存放单个索引的变量名称 in 数组名称) {
    //要执行的代码块
}
```

例如，以下代码遍历并输出每个元素的值。

```
let array1: string[] = ["a", "b", "c", "d"];
for (let x in array1) {
    console.log(array1[x]);
}
```

for...in 循环语句也支持 break 与 continue 关键字，用来跳出整个循环或跳过单个循环。

7.1.3 数组的方法

使用数组的内置方法可以操作数组，这些内置方法可以分为 6 个类别——将数组转换为字符串、添加/移除元素、查找元素位置、数组排序、数组裁剪与合并、数组迭代与筛选。接下来，一一进行介绍。

1. 将数组转换为字符串

表 7-1 列出了将数组转换为字符串的方法。

表 7-1 将数组转换为字符串的方法

类别	方法	作用	是否改变当前数组	返回值
字符串转换	toString()	把数组转换为用逗号分隔的字符串	否	转换后的字符串
	join("分隔字符串")	把数组转换为用自定字符串分隔的字符串	否	转换后的字符串

示例代码如下。

```
let array1: string[] = ["a", "b", "c"];
console.log(array1.toString()); //输出"a,b,c"
console.log(array1.join("-"));  //输出"a-b-c"
```

2. 添加/移除元素

表 7-2 列出了添加/移除元素的方法。

表 7-2 添加/移除元素的方法

类别	方法	作用	是否改变当前数组	返回值
添加元素	push("元素值")	在数组结尾添加新元素	是	新数组的长度
	unshift("元素值")	在数组开头添加新元素	是	新数组的长度
移除元素	pop()	移除数组的最后一个元素	是	被移除的元素
	shift()	移除数组的首个元素	是	被移除的元素

示例代码如下。

```
let array1 = ["b", "c", "d"];
array1.unshift("a"); //数组此时为["a","b","c","d"]
array1.push("e");    //数组此时为["a","b","c","d","e"]
console.log(array1);
array1.shift();      //数组此时为["b","c","d","e"]
console.log(array1);
array1.pop();        //数组此时为["b","c","d"]
console.log(array1);
```

注意，使用 push()和 unshift()方法可以将多个元素值添加到数组中，示例代码如下。

```
let array1 = ["b", "c", "d"];
```

```
//以下代码执行后，数组为['1', '2', '3', 'b', 'c']
array1.unshift("1","2","3");
//以下代码执行后，数组为['1', '2', '3', 'b', 'c', 'd', 'e', 'f', 'g']
array1.push("e","f","g");
```

3. 查找元素位置

表 7-3 中列出了查找元素位置的方法。

表 7-3 查找元素位置的方法

类别	方法	作用	是否改变当前数组	返回值
查找位置	indexOf(元素值)	从前往后在数组中搜索元素值并返回其索引位置（若没有找到，则返回−1）	否	数值，元素所在索引位置
	lastIndexOf(元素值)	从后往前在数组中搜索元素值并返回其索引位置（若没有找到，则返回−1）	否	数值，元素所在倒数索引位置
	findIndex(自定义筛选函数)	返回符合筛选条件的首个元素的索引位置（若没有找到，则返回−1） 自定义筛选函数需接收以下 3 个参数——当前元素值、当前元素索引、数组	否	数值，元素所在倒数索引位置

示例代码如下。

```
let array1: string[] = ["a", "b", "c"];
console.log(array1.indexOf("c"));       //输出 2
console.log(array1.indexOf("d"));       //没找到，输出-1
console.log(array1.lastIndexOf("c")); //输出 2
console.log(array1.lastIndexOf("d"))  //没找到，输出-1
//以下自定义函数用于判断当前元素值是否大于 10
function myFunction(value, index, array) {
    return value > 10;
}
let numbers: number[] = [4, 7, 9, 11, 15, 20];
//首个匹配的值是 11，以下代码输出 3
console.log(numbers.findIndex(myFunction));
let numbers2: number[] = [1, 2, 3];
//没有匹配的值，以下代码输出-1
console.log(numbers2.findIndex(myFunction));
```

4. 数组排序

表 7-4 列出了对数组排序的方法。

表 7-4 数组排序的方法

类别	方法	作用	是否改变当前数组	返回值
排序	sort(自定义排序函数[可选参数])	将数组的元素以字母顺序排序，如果传入了自定义排序函数，则按照函数排序。 自定义排序函数需要接收两个参数——上一元素值与下一元素值。如果第一个参数小于第二个参数，则返回负值；如果它们相等，则返回零；否则，返回正值	是	无
	reverse()	反转数组元素的当前顺序	是	无

示例代码如下。

```
let array1:string[] = ["a","x","c"];
array1.reverse();
console.log(array1); //输出['c', 'x', 'a']
array1.sort();
console.log(array1); //输出['a', 'c', 'x']
```

由于 sort()方法会按字母顺序排序，因此如果将其用于数字排序，结果可能不符合预期效果，示例代码如下。

```
let array2:number[] = [2, 5, 37, 11];
array2.sort();
console.log(array2); //输出[11, 2, 37, 5]
```

出现上述情况的原因在于数字会先转换为字符串，然后再进行排序，而字符串的大小规则为 1xxx<2xxx<3xxx<5xxx，因此会排出 11, 2, 37, 5 这样的顺序。如果要按照数字大小排序，就需要编写自定义排序函数，示例代码如下。

```
function myFunction(value, nextValue){
    return value - nextValue;
}
let array2:number[] = [2, 5, 37, 11];
array2.sort(myFunction);
console.log(array2); //输出[2, 5, 11, 37]
```

5. 数组裁剪与合并

表 7-5 列出了对数组裁剪与合并的方法。

表 7-5　对数组裁剪与合并的方法

类别	方法	作用	是否改变当前数组	返回值
裁剪与合并	splice(开始位置，删除的元素个数，并添加哪些新元素[可选参数，可传入多个])	从指定位置开始，删除指定个数的元素，并在这个位置补充指定的元素值	是	修改后的新数组
	concat(另一个数组变量[可传入多个])	合并两个数组	否	合并后的新数组
	slice(从第几个位置开始)	从指定位置开始，裁剪之后的元素，并返回裁剪的内容	是	裁剪后的新数组
	reduce(自定义合并函数)	从左到右遍历每个元素，根据合并函数的规则将其合并为 1 个值。 自定义合并函数需接收以下参数——正在合并的值、当前元素值、当前元素索引、数组本身	否	合并后的值
	reduceRight(自定义合并函数)	从右到左遍历每个元素，其余同 reduce	否	合并后的值

splice()方法的应用示例如下。

```
let array1 = ["a", "b", "e", "f"];
//以下语句从索引 2 开始,移除 0 个元素，并插入"c"和"d"
array1.splice(2, 0, "c", "d");
//以下语句输出['a', 'b', 'c', 'd', 'e', 'f']
console.log(array1);
//以下语句从索引 3 开始,移除两个元素，不插入任何元素
array1.splice(3, 2);
//以下语句输出['a', 'b', 'c', 'f']
console.log(array1);
```

concat()方法的应用示例如下。

```
let array1 = ["a", "b"];
let array2 = ["c", "d"];
let array3 = array1.concat(array2);


console.log(array1); //原来的数组不会改变，输出['a', 'b']
console.log(array3); //输出['a', 'b', 'c', 'd']

let array4 = array1.concat(array2, array3);
console.log(array4); //输出['a', 'b', 'c', 'd', 'a', 'b', 'c', 'd']
```

slice()方法的应用示例如下。

```
let array1 = ["a","b","c","d","e"];
```

```
let array2 = array1.splice(1); //从索引 1 开始裁剪
console.log(array1); //输出['a']
console.log(array2); //输出['b', 'c', 'd', 'e']
```

reduce()和 reduceRight()只遍历顺序不同而已，其余规则一致，因此只介绍 reduce()即可，应用示例如下。

```
function myFunction(total, value, index, array) {
    return total + value;
}

var array1 = [5, 11, 23, 9];
var sum = array1.reduce(myFunction);
console.log(sum); //输出 48
```

6. 数组筛选与迭代

表 7-6 列出了用于数组筛选与迭代的方法。

表 7-6 用于数组筛选与迭代的方法

类别	方法	作用	是否改变当前数组	返回值
筛选与迭代	forEach(自定义函数)	为每个数组元素调用一次函数。 自定义合并函数需接收 3 个参数——当前元素值、当前元素索引、数组本身	否	无
	map(自定义函数)	为每个数组元素调用一次函数，并返回一个新的数组。 自定义合并函数需接收 3 个参数——当前元素值、当前元素索引、数组本身。 同时自定义函数需要有返回值，该返回值将作为新数组的元素	否	新数组
	filter(自定义筛选函数)	为每个数组元素调用一次筛选函数，筛选出符合指定条件的元素。 自定义筛选函数需接收 3 个参数——当前元素值、当前元素索引、数组本身	否	新数组
	find(自定义筛选函数)	返回符合筛选条件的首个元素。 自定义筛选函数的规则同 filter()方法	否	元素值
	every(自定义筛选函数)	为每个数组元素调用一次筛选函数，判定是否每个元素都符合筛选条件。 自定义筛选函数的规则同 filter()方法	否	布尔值，表示是否符合
	some(自定义筛选函数)	为每个数组元素调用一次筛选函数，判定是否至少有一个元素符合筛选条件。 自定义筛选函数的规则同 filter()方法	否	布尔值，表示是否符合

forEach()方法的应用示例如下。

```
function myFunction(value, index, array) {
    console.log(`当前值为${value},索引号为${index},遍历进度为${index + 1}/${array.length}`);
}
let array1 = ["a", "b", "c"];
array1.forEach(myFunction);
```

输出结果如下。

```
> 当前值为a,索引号为0,遍历进度为1/3
> 当前值为b,索引号为1,遍历进度为2/3
> 当前值为c,索引号为2,遍历进度为3/3
```

map()和 forEach()方法很相似，但它的主要作用是产生新数组。自定义函数必须有返回值，并将该数组作为新数组的元素。例如，以下代码将字符串数组转换为数值数组。

```
function myFunction(value, index, array) {
    return Number(value);
}
let array1:string[] = ["111", "222", "333"];
let array2:number[] = array1.map(myFunction);
console.log(array2); //输出[111, 222, 333]
```

filter()和 find()方法的主要区别在于 filter()方法返回数组，即使符合条件的元素只有一个，也以数组的形式返回，而 find()方法只返回首个匹配元素。它们的应用示例如下。

```
function myFunction(value, index, array) {
    return value > 10;
}
let numbers = [4, 7, 9, 11, 15, 20];

console.log(numbers.filter(myFunction)); //输出[11, 15, 20]
console.log(numbers.find(myFunction));   //输出 11
```

every()和 some()方法的主要区别在 every()判断各个元素是否全部满足条件，some()判断各个元素是否部分满足条件。它们的应用示例如下。

```
function myFunc(value, index, array) {
    return value > 10;
}
let numbers1 = [9, 10, 11];
let numbers2 = [100, 200, 30];
let numbers3 = [1, 2, 3];

console.log(numbers1.every(myFunc)); //部分满足，every 输出 false
console.log(numbers1.some(myFunc));  //部分满足，some 输出 true

console.log(numbers2.every(myFunc)); //全部满足，every 输出 true
console.log(numbers2.some(myFunc));  //全部满足，some 输出 true

console.log(numbers3.every(myFunc)); //全不满足，every 输出 false
console.log(numbers3.some(myFunc));  //全不满足，some 输出 false
```

7.1.4　只读数组

第 6 章提到，const 关键字只能限定栈上的内容不可编辑，而数组是引用类型，其数据存储在堆上，因此 const 关键字无法有效地限定数组为只读数组。要限定数组只能读取不可编辑，就需要使用 readonly 关键字。

声明方式有以下两种，它们仅在编程风格上有一些差异，可以任选其一。

```
let 变量名称:readonly 类型[] = [初始值 1,初始值 2,...,初始值 n];
let 变量名称:ReadonlyArray<类型> = [初始值 1,初始值 2,...,初始值 n];
```

示例代码如下，其中定义一个名为 array1 的只读数组。对数组进行编辑，会引起编译错误。

```
let array1: readonly string[] = ["a", "b", "c"];
//可以读取，以下代码输出"b"
console.log(array1[1]);
//编译错误：类型"readonly string[]"上不存在属性"push"。ts(2339)
array1.push("d");
//编译错误：类型"readonly string[]"中的索引签名仅允许读取。ts(2542)
array1[1] = "x";
```

7.1.5　多维数组

在 TypeScript 中，我们可以定义多维数组，多维数组即数组的元素也是数组。例如，以下代码分别定义了一个二维字符串数组和一个三维数值数组。

```
let array1: string[][] = [["a", "b"], ["x", "y"]];
let array2: number[][][] = [[[1, 2], [7, 8]], [[100, 101], [700, 701]]];
```

在编程中通常并不建议使用多维数组，因为这会大大降低代码的可读性和可维护性。

7.2　元组

元组是 TypeScript 独有的新类型，通常用于表示长度较固定的数组，并可分别指定每个元素的类型。在 JavaScript 中并没有元组这一概念，TypeScript 的元组编译成 JavaScript 的元组后，代码类型依然是数组，元组更多是在编译过程中起限定作用的，是一种“语法糖”。

7.2.1　元组的声明和读写

元组的声明方式如下。

```
let 变量名称: [类型 1,类型 2,...,类型 n] = [值 1,值 2,...,值 n];
```

以下为元组的声明示例，其中，tuple1 拥有两个元素，每个元素均为数值类型，而 tuple2 拥有 3 个元素，每个元素的类型都不相同。

```
let tuple1: [number, number] = [100, 200];
let tuple2: [string, number, boolean] = ["a", 1, true];
```

元组的读写方式与数组完全一致，这里不再讲述。但注意，在修改元组值的时候，其值必须完全等于元组的长度，且对应位置的元素也不能指定为其他类型，例如，除第 1 行之外，以下代码均会引起编译错误。

```
let tuple2: [string, number, boolean] = ["a", 1, true];


//编译错误：不能将类型"[string, number]"分配给类型"[string, number, boolean]"。源具有两个
//元素，但目标需要 3 个。ts(2322)
tuple2 = ["a", 1];;
//编译错误：不能将类型"[string, number, true, number]"分配给类型"[string, number, boolean]"。
//源有 4 个元素，但目标仅允许 3 个。ts(2322)
tuple2 = ["a", 1, true, 3];
//编译错误：长度为 "3"的元组类型 "[string, number, boolean]"在索引 "3"处没有元素。ts(2493)
let x = tuple1[3];

//编译错误：不能将类型"number"分配给类型"string"。ts(2322)
tuple2 = [1,1,1];
//编译错误：不能将类型"number"分配给类型"string"。ts(2322)
tuple2[0] = 2;
```

同样地，元组也可以设置为只读元组，只需使用 readonly 关键字即可，语法如下。

```
let 变量名称: readonly [类型 1,类型 2,...,类型 n] = [值 1,值 2,...,值 n];
```

7.2.2 可选元素与剩余元素

在声明元组时，将元组尾部的一些元素声明为可选元素，对这些元素可以不设初始值。可选元素的声明方式如下，只需在类型列表中为可选元素加上问号（?）即可。

```
let 变量名称: [类型 1,类型 2,...,可选类型 1?,可选类型 2?,...] = [初始值列表];
```

可选元素不是必需的，这意味着即使元组缺少可选元素的值，也不会引起编译错误，例如，以下代码均可正常编译。

```
let tuple1: [number, number, string?, number?] = [100, 200];
tuple1 = [100, 200, "a"];
tuple1 = [100, 200, "a", 400];
```

设置可选元素依然会限定元组的最小长度及最大长度。如果元组尾部的元素数量不确定，可以使用剩余元素表示。剩余元素的声明方式如下，只需在元组类型声明尾部加上“...类型[]”即可。

```
let 变量名称: [类型 1,类型 2,...,类型 n,...类型[]] = [初始值列表];
```

示例代码如下。其中，除首个元素是数值外，尾部可以传入任意数量的剩余元素。

```
let tuple1: [number, ...string[]] = [1];
tuple1 = [1, "a"];
tuple1 = [1, "a", "b", "c"];
```

可选元素和剩余元素可以混合使用，但可选元素必须位于中间，剩余元素必须位于最后。

```
let tuple1: [number, boolean?, ...string[]] = [1];
tuple1 = [1, true];
tuple1 = [1, true, "a", "b", "c"];
```

7.2.3 元组的方法

由于元组的本质是数组，仅在编译前加了一些限定，因此数组的所有方法均可在元组上使用，这里不再讲述每种方法。

对于元组来说，任何方法都需要慎用，甚至建议不使用任何方法，因为使用这些方法会使元组绕过编译检查。

例如，以下代码原本通过整体赋值或索引赋值进行编辑，无法绕过关于元组长度限定和类型限定的编译检查。

```
let tuple2: [string, number, boolean] = ["a", 1, true];
//编译错误：不能将类型"[string, number, true, number]"分配给类型"[string, number, boolean]"。
//源具有 4 个元素，但目标仅允许 3 个。ts(2322)
tuple2 = ["a", 1, true,4];
//编译错误：不能将类型"number"分配给类型"string"。ts(2322)
tuple2[0] = 2;
```

如果使用元组的方法进行编辑，就可以绕过这些规则，示例代码如下。

```
let tuple2: [string, number, boolean] = ["a", 1, true];
//以下代码将执行成功，执行后元组为 ["a", 1, true,4]
tuple2.push(4);
//以下 2 句代码将执行成功，执行后元组为 [2, 1, true,4]
tuple2.shift();
tuple2.unshift(2);
```

7.2.4 将元组转换为数组

由于元组本身是数组的子类型，因此可以将元组的值赋给数组，然后作为数组直接使用。但需要注意，这并不是推荐的用法，因为按数组使用后，也会绕过编译检查。例如，在以下代码中，当将元组作为数组使用时，可以动态地添加第三个元素的值，这不会引起编译错误，但作为元组使用时，长度是固定的，会引起编译错误。

```
let array1:number[];
let tuple1:[number,number] = [1,2]
array1 = tuple1;
array1[2] = 3;
//编译错误：不能将类型"3"分配给类型"undefined"。ts(2322)
tuple1[2] = 3;
```

元组的值可以赋给数组，但数组的值不能赋给元组，否则会引起编译错误。

```
let array1:number[] = [1,2];
let tuple1:[number,number];
//编译错误：不能将类型"number[]"分配给类型"[number, number]"。目标仅允许两个元素，但源中的元素
//可能不够。ts(2322)
tuple1 = array1;
```

第 8 章　函数

函数是一个封装过的、可重复使用的代码块，它可以由事件触发或者被调用。一个函数主要由参数、函数体代码、返回值组成，它可以通过传入不同的参数值执行不同的代码，并返回相应的处理结果。

函数最明显的特性就是可以重复使用。只需将某些经常使用的代码封装到函数中，通过声明函数名称就可以调用函数来执行这部分代码。这样一来，不必重复编写代码就能实现复用，后续如果要修改代码中的逻辑，只需要集中修改和维护这一个函数即可。

函数是一种引用类型的对象，每个函数都是 Function 类型的实例。本章将详细介绍函数的用法。

8.1　函数的声明与调用

函数可以用 function 关键字通过多种形式声明。接下来，将分别介绍这些声明方式，以及对应的调用方式。

8.1.1　以普通方式声明与调用

普通方式的声明语法如下，这是最常用的方式。

```
function 函数名称(参数 1:类型,参数 2: 类型,...,参数 n:类型):返回值类型 {
    // 函数体代码
    // 如果有返回值，则需要写"return 返回值;"语句
}
```

调用语法如下。

```
函数名称(参数值 1,参数值 2,...,参数值 n)
```

在进行声明时，只有函数名称是必需的，参数及其类型、返回值类型都是可选的。该形式的

声明示例及调用示例如下。

```
function sum(num1: number, num2: number): number {
    return num1 + num2;
}
let num3: number = sum(1, 3); //num3 的值为 4
//以下函数没有参数，并省略返回值类型
function sayHelloWorld() {
    console.log("Hello World!");
}
sayHelloWorld();                //输出"Hello World!"
```

在本例中先定义了一个 sum()函数，它接收两个数值类型参数，对它们求和并作为返回值返回。在为变量 num3 赋值时调用了 sum()函数，传入了 1 和 3，返回值为 4，并将该返回值赋给变量 num3。然后，定义了一个名为 sayHelloWorld 的参数，它没有参数声明，因此调用时也无须传入参数，直接调用就会输出“Hello World!”字符串。

对于以普通方式声明的函数，作用域会提升到当前作用域的顶端，因此函数可以在声明语句出现之前就调用。示例代码如下。

```
let num3: number = sum(1, 3); //num3 的值为 4

function sum(num1: number, num2: number): number {
    return num1 + num2;
}
```

8.1.2 通过表达式声明与调用

函数也可以通过表达式声明，将其值赋给变量或常量，语法如下。

```
let 变量名称 = function(参数 1:类型,参数 2:类型,...,参数 n:类型):返回值类型 {
    // 函数体代码
}
```

调用语法如下。

```
变量名称(参数值 1,参数值 2,...,参数值 n)
```

这种方式声明的函数实际上是**匿名函数**，即没有函数名称的函数，存放在变量中的函数不需要函数名，它们始终使用变量名来调用。在声明时，除参数及其类型之外，返回值类型也是可选的。该方式的声明示例及调用示例如下。

```
let multiplication = function (num1: number, num2: number): number { return num1 *
num2; };
let num3: number = multiplication(4, 3); //num3 的值为 12
//以下函数没有参数，但有返回值
let circumference = function (): number { return 3.14159 };
let num4: number = circumference();       //num3 的值为 3.14159
```

注意，通过表达式声明的函数的作用域和变量的一致，因此不存在提升的情况，只能在声明之后调用，否则会引起编译错误。示例代码如下。

```
//编译错误：声明之前已使用的块范围变量"multiplication"。ts(2448)
let num3: number = multiplication(4, 3);
let multiplication = function (num1: number, num2: number): number { return num1 *
num2; };
```

1. 箭头函数

ECMAScript 6 新增了胖箭头（=>）语法来声明函数表达式，因此你也可以将以表达式声明的 function 语句部分替换为箭头函数语句，其语法如下。

```
let 变量名称 = (参数 1:类型,参数 2:类型,...,参数 n:类型):返回值类型 => {
    // 函数体代码
}
```

在声明时，除参数及其类型之外，返回值类型也是可选的。前面的表达式声明也可以使用箭头函数实现，代码如下。

```
let multiplication = (num1: number, num2: number): number => { return num1 * num2; };
let num3: number = multiplication(4, 3); //num3 的值为 12

//以下函数没有参数，但有返回值
let circumference = (): number => { return 3.14159 };
let num4: number = circumference(); //num3 的值为 3.14159
```

箭头函数简洁的语法非常适合嵌入函数的场景。例如，对于前面提到的数组的方法 findIndex()，需要编写自定义筛选函数，如果用箭头函数来进行声明，函数将显得非常精简。

```
//使用匿名函数之前
//以下自定义函数用于判断当前元素值是否大于 10
function myFunction(value, index, array) {
    return value > 10;
}
let numbers: number[] = [4, 7, 9, 11, 15, 20];
//首个匹配的值是 11，以下代码输出 3
console.log(numbers.findIndex(myFunction));

//使用匿名函数之后
let numbers: number[] = [4, 7, 9, 11, 15, 20];
console.log(numbers.findIndex((value, index, array) => { return value > 10; }));
```

箭头函数在只有单个参数时可以省略圆括号，而在只有单条执行语句时可以省略花括号。如果单条执行语句是表达式，还可以省略 return 关键字，直接将其作为返回值返回，示例代码如下。

```
let square = a => a * a;
let num1 = square(2); //num1 的值为 4
```

箭头函数和以 function 关键字声明的函数在用法上是类似的，很多可以使用 function 关键字声明的地方可以使用箭头函数。但箭头函数毕竟是简化版，有局限性，例如，箭头函数不能使用 this、arguments 等内置函数对象。

2. Function()构造函数

我们还可以使用 Function()构造函数来创建函数，具体语法如下。

```
let 变量名称 = new Function("参数1","参数2",...,"参数N","函数体代码");
```

声明及调用示例如下。

```
let sum = new Function("num1", "num2", "return num1+num2;");
let num3 = sum(1,3); //num3 的值为 4
```

不推荐使用这种方式声明函数，原因如下。

- 这种方式会绕过 TypeScript 的编译检查。
- 这种创建方式会造成两次解释：第一次，将它的声明语句当作常规 ECMAScript 代码进行解释与执行；第二次，把解释传给构造函数的字符串，这会影响性能。

8.1.3 特殊的声明与调用方式

还有一些比较特殊的声明与调用形式，下面将进行简单介绍。

1. 自调用函数

函数表达式可以“自调用”，只需在声明匿名函数时将声明语句包含在圆括号中，并且在表达式后补上另一个圆括号即可。例如，在以下代码中，函数在声明后会立即自动执行。

```
(function () {
    console.log(`Hello World!`);
})();

(function (name:string) {
    console.log('Hello ${name}!');
})("Rick");
```

代码执行后输出结果如下。

```
> Hello World!
> Hello Rick!
```

2. 参数函数

函数可以作为另一个函数的参数值传递给另一个参数。

例如，以下代码定义一个 SplitNameAndSayHello()函数，它不仅接收一个名为 name、类型为 string 的参数，还接收一个名为 func、类型为特定函数格式的参数，并在函数体代码中调用这个传入的参数函数。

```
function SplitNameAndSayHello(name: string, func: (firstName: string) => void) {
//以下代码以空格为分隔符，将字符串分隔为字符串数组，并取第一个值
```

```
let names = name.split(" ");
    let firstName = names[0];
    func(firstName);
}
//以下代码执行后输出 Hello Real
SplitNameAndSayHello("Real Zhao", SayHelloToSomeone);

function SayHelloToSomeone(firstName: string) {
    console.log(`Hello ${firstName}!`);
}
```

参数函数通常用于需要传入自定义函数的内置方法，或者用于指定回调函数。

3. 递归函数

递归函数是一种在函数体代码中直接或间接调用自身的函数。递归函数通常只需少量代码就可以进行复杂的计算。

例如，通过递归函数，求自然数 1, 2, 3, …, n 的和，代码如下。

```
let n = 100;
let result = sum(n); //result=5050, 即 1+2+3+…+100 的和为 5050
function sum(n: number) {
    if (n == 1) return 1;
    return sum(n - 1) + n;
}
```

通过递归求解 x^y，代码如下。

```
let x = 5, y = 3;
let result = power(x, y); //result=125，即 5 的 3 次方为 125
function power(x: number, y: number) {
    if (y <= 1) return x;
    else return x * power(x, y - 1);
}
```

递归函数必须要有退出条件，否则会一直递归执行，直到运行报错，引起调用栈溢出，示例代码如下。

```
function consoleLog() {
    consoleLog();
}
consoleLog();
```

运行代码后，报错如下。

```
> Uncaught RangeError: Maximum call stack size exceeded
```

8.2 函数的参数与返回值

参数与返回值是函数的重要组成部分，它们将决定函数的调用形式。在 TypeScript 中，你可以定义多种参数，并对返回值进行约束。接下来，将详细介绍。

8.2.1 普通参数与类型推导

在 TypeScript 中，通过“参数名称:参数类型”的方式为函数指明参数。如果传入的参数值不符合函数参数声明的类型，则会引起编译错误[①]，示例代码如下。

```
function sum(num1: number, num2: number): number {
    return num1 + num2;
}
//编译错误：类型"string"的参数不能赋给类型"number"的参数。ts(2345)
let num3: number = sum("a", "b");
```

在函数声明时，若省略参数类型，参数类型将默认为 any 类型（任意类型）。示例代码如下。

```
//编译错误：num1 和 num2 隐式具有 "any"类型，但可以从用法中推断出更好的类型。ts(7044)
function sum(num1, num2): number {
    return num1 + num2;
}
let num3 = sum(1, 2);
//由于参数已经变为 any 类型，因此以下代码中传入的字符串不会引起编译错误
let num4 = sum("a", "b");
```

注意： any 类型会绕过编译检查，因此不推荐省略参数类型。

在 Visual Studio Code 中，如果不确定一个函数的参数类型，通过以下步骤进行自动推导。

（1）将光标移动到参数上，会出现“快速修复”选项，选择“快速修复”选项，如图 8-1 所示。

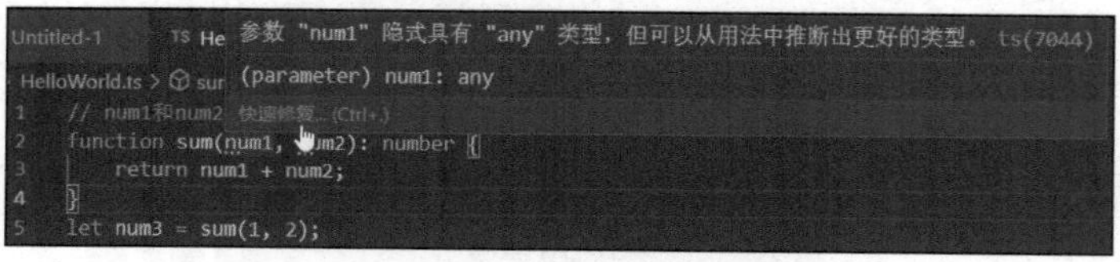

图 8-1 选择“快速修复”选项

（2）选择“从使用情况推导所有类型”选项，如图 8-2 所示。

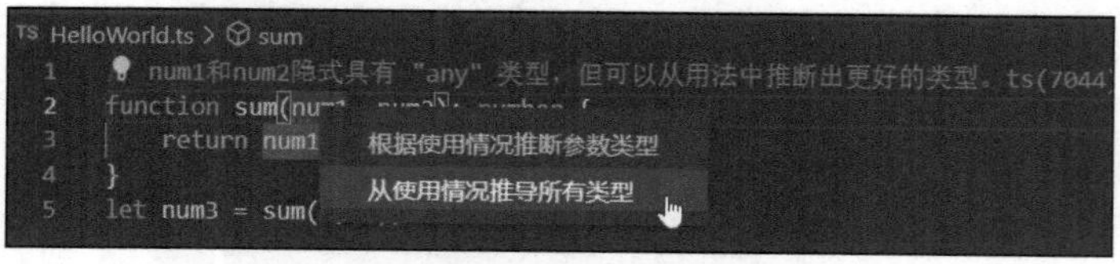

图 8-2 选择“从使用情况推导所有类型”选项

① 代码注释中的编译错误提示是 IDE 中的提示。

（3）Visual Studio Code 会自动为函数的参数加上类型声明，如图 8-3 所示。

```
TS HelloWorld.ts > ⊙ sum
1  // num1和num2隐式具有 "any" 类型，但可以从用法中推断出更好的类型。ts(7044)
2  function sum(num1: number, num2: number): number {
3      return num1 + num2;
4  }
5  let num3 = sum(1, 2);
```

图 8-3 自动为函数的参数加上类型声明

8.2.2 可选参数

默认情况下，函数声明中定义了多少个参数，在调用时就需要传入多少个，而且类型必须符合参数定义，否则会引起编译错误，示例代码如下。

```
function sum(num1: number, num2: number): number {
    return num1 + num2;
}
//编译错误：应有 2 个参数，但获得 1 个。ts(2554)
let num3 = sum(1);
//编译错误：应有 2 个参数，但获得 3 个。ts(2554)
let num4 = sum(1,2,3);
```

然而，在一些情况下，某些参数可能并不是必需的，因此就需要定义可选参数。在 TypeScript 中，通过在参数后面添加问号将参数定义为可选参数。在调用函数时，可选参数的值可传可不传，示例代码如下。

```
function sum(num1: number, num2?: number, num3?: number): number
{
    let result = num1;
    if (num2) result += num2;
    if (num3) result += num3;
    return result;
}
let num3 = sum(1);        //值为 1
let num4 = sum(1, 2);     //值为 3
let num5 = sum(1, 2, 3); //值为 6
```

若未向可选参数传递值，则参数值默认为 undefined，示例代码如下。建议做判空处理，只有当可选参数有值时才进行处理。在上一个示例中，通过 if 语句对 num2 和 num3 进行判空处理，如果有值，才会相加。

```
function sum(num1: number, num2?: number, num3?: number): number
{
    console.log(num2); //输出 undefined
    console.log(num3); //输出 undefined
}
sum(1);
```

注意，可选参数必须在必选参数之后定义，否则会引起编译错误，示例代码如下。

```
//编译错误：必选参数不能位于可选参数后。ts(1016)
function sum(num1?: number, num2: number): number {
    return num1 + num2;
}
```

8.2.3 默认参数

前一节已经提到，若未向可选参数传递值，则参数值默认为 undefined。此时建议做判空处理，但这样稍显复杂。在 TypeScript 中，你可以将参数定义为默认参数，为参数设置默认值。之后调用函数时，如果向此参数传入值，则使用传入的值；如果未传值，此参数则会使用预先定义的默认值。

默认参数是通过在参数定义后加上“= 默认值”设置的，示例代码如下。

```
function sum(num1: number, num2: number = 2, num3: number = 3): number
{
    return num1 + num2 + num3;
}

let num4 = sum(1);          //1+2(默认值)+3(默认值)等于 6
let num5 = sum(1, 4);       //1+4+3(默认值)等于 8
let num6 = sum(1, 4, 5);    //1+4+5 等于 10
```

注意，不能将一个参数同时定义为默认参数和可选参数，否则将引起编译错误，示例代码如下。

```
//编译错误：参数不能包含问号和初始化表达式。ts(1015)
function sum(num1, num2? = 2, num3? = 3): number
{
    return num1 + num2 + num3;
}
```

如果一个参数为默认参数，即使定义参数时没有指明类型，TypeScript 也会将其推导为默认值的类型。

```
//num1 为 any 类型,因为 num2 和 num3 有数值默认值，所以被推导为数值类型
function sum(num1, num2 = 2, num3 = 3): number
{
    return num1 + num2 + num3;
}
//由于第一个参数为 any 类型，以下代码不会引起编译错误
sum("a",2,3);
//以下代码会引起编译错误，因为 num2 和 num3 被推导为数值类型
//编译错误：类型"string"的参数不能赋给类型"number"的参数。ts(2345)
sum(1,"b","c");
```

8.2.4 剩余参数

如果传给函数的参数个数不确定，甚至没有上限，用可选参数或默认参数就不合适。在 TypeScript 中，我们可以定义剩余参数，以便接收不限个数的参数。剩余参数必须定义在函数参

数列表的末尾，可以以数组或元组的形式定义，调用时函数一个个依次传入，然后以数组或元组的形式在函数体中使用。

1. 数组型剩余参数

当定义数组型剩余参数时，参数的定义方式为“...参数名称:参数类型[]”。在调用时，传入任意个数的剩余参数，然后以数组的形式在函数体代码中使用，示例代码如下。

```
function print(memo: string, ...numbers: number[]): void {
    let printNumberList = "";

    if (numbers.length == 0)
        console.log(`${memo}: 未传入剩余参数`);
    else {
        for (let i = 0; i < numbers.length; i++) {
            printNumberList += numbers[i] + ";"
        }
        console.log(`${memo}: ${printNumberList}`);
    }
}
print("传入的参数有");                  //输出"传入的参数有: 未传入剩余参数"
print("传入的参数有", 1, 2);            //输出 "传入的参数有: 1;2;"
print("传入的参数有", 1, 2, 3, 4, 5); //输出 "传入的参数有: 1;2;3;4;5;"
```

如果用数组实现前面的求和代码，就可以传入任意个数的参数，代码如下。

```
function sum(...numbers:number[]): number
{
    let result = 0;
    for(let i=0;i<numbers.length;i++)
    {
        result+=numbers[i];
    }
    return result;
}

let num1 = sum(1);      //值为1
let num2 = sum(1,2);    //值为3
let num3 = sum(1,2,3); //值为6
```

2. 元组型剩余参数

当定义元组型剩余参数时，参数定义方式为“...参数名称:[类型1,类型2,...,类型n]”。在调用时，你必须传入满足元组定义个数和类型的参数，然后以元组的形式在函数体代码中使用，示例代码如下。

```
function printTuple(...numbers: [number, string]): void {
    let printNumberList = "";
```

```
    for (let i = 0; i < numbers.length; i++) {
        printNumberList += numbers[i] + ";"
    }
    console.log(`传入的参数有${printNumberList}`);
}

printTuple(1,"a"); //输出"传入的参数有1;a;"
```

注意，如果传入的参数不满足元组定义个数和类型，会引起编译错误[①]，示例代码如下。

```
function printTuple(...numbers: [number, string]): void {
    let printNumberList = "";

    for (let i = 0; i < numbers.length; i++) {
        printNumberList += numbers[i] + ";"
    }
    console.log(`传入的参数有${printNumberList}`);
}

//编译错误：没有需要 1 参数的重载，但存在需要 0 或 2 参数的重载。ts(2575)
printTuple("a");
//编译错误：类型"string"的参数不能赋给类型"number"的参数。ts(2345)
printTuple("a", 1);
//编译错误：应有 0-2 个参数，但获得 3 个。ts(2554)
printTuple(1, "a", 2);
```

元组本身也支持可选元素与剩余元素，因此元组型剩余参数还可以用以下方式定义，代码如下。

```
function printTuple(...numbers: [number, boolean?, ...string[]]): void
{
    let printNumberList = "";

    for (let i = 0; i < numbers.length; i++) {
        printNumberList += numbers[i] + ";"
    }
    console.log(`传入的参数有${printNumberList}`);
}

printTuple(1);                          //输出"传入的参数有1;"
printTuple(1, true);                    //输出"传入的参数有1;true;"
printTuple(1, true, "a", "b", "c"); //输出"传入的参数有1;true;a;b;c;"
```

8.2.5 返回值

一个函数可以具有返回值，并可以在声明函数时定义返回值类型，返回值使用 return 语句返回。例如，在以下代码中，函数声明的返回值类型为 number，返回值为数组的长度。

```
function getArrayLength(array1: string[] = []): number {
    return array1.length;
}
let arrayLength = getArrayLength(["a", "b"]); //值为2
```

① 编译错误提示是 IDE 中输出的信息。

当程序执行到 return 语句时，会结束函数的执行，这意味着 return 语句之后的代码不会执行。示例代码如下。

```
function sum(num1: number, num2: number): number {
    return num1 + num2;
    console.log("Hello World"); //这句代码永远不会被执行
}
```

在一个函数中可以有多条 return 语句。例如，以下代码根据分数返回不同的评级字符串。

```
function getExamResult(score: number): string {
    if (score > 90)
        return "优秀";
    else if (score > 75)
        return "良好";
    else if (score > 60)
        return "及格";
    else
        return "不及格";
}

let res1 = getExamResult(99); //值为"优秀"
let res2 = getExamResult(55); //值为"不及格"
```

如果声明时的返回值类型和 return 语句的实际返回值类型不符，会引起编译错误，示例代码如下。

```
function test(): number {
    //编译错误：不能将类型"string"分配给类型"number"。ts(2322)
    return "a";
}
```

一个函数可以没有返回值，当没有返回值时，在函数声明中可将返回值声明为 void 类型，表示该函数没有返回值，示例代码如下。

```
function sayHello(): void {
    console.log("Hello World")!
}
```

部分情况下，有的函数没有返回值，返回值声明为 void 类型，但它有一些分支可能提前结束函数的执行。此时，你依然可以使用 return 语句，只是 return 语句后不跟返回值，示例代码如下。

```
function sayHello(name: string = ""): void {
    //如果 name 为空，则跳出函数
    if (name=="") {
        return;
    }
    //如果 name 为空，则以下代码不会执行
    console.log("Hello World")!
}
```

推导返回值类型

TypeScript 能够根据函数体代码中的 return 语句自动推导出返回值类型，因此返回值类型声

明可以省略。但基于可读性及编译检查考虑，建议实际编程中，不省略返回值类型。

例如，以下代码声明了一个 test()函数，它没有显式指定返回值类型，但编译时会自动将其当作返回数值类型的函数。因此调用此函数声明变量时，如果变量无法接收数值类型，就会引起编译错误。

```
//以下函数根据 return 语句的内容，推导出函数的返回值类型为 number
//以下函数声明等同于 function test(num:number):number {...}
function test(num:number) {
    return num;
}

//由于函数的返回值类型为 number，因此不能将其值赋给 string 类型的变量
//编译错误：不能将类型"number"分配给类型"string"。ts(2322)
let a:string = test(1);
```

当函数有多个不同类型的返回值时，编译时也能自动推导出返回值的类型。例如，以下代码根据 num 参数的值返回不同类型的值。

```
//以下函数声明等同于 function test(num: number): number | true | "a" {...}
function test(num: number) {
    if (num == 1)
        return "a";
    else if (num == 2)
        return true;
    else
        return num;

}
```

8.3　函数的调用签名与重载

调用签名描述了函数的参数个数、类型及返回值类型，它不仅可以用于表示函数的类型，还可以用于声明重载函数。下面将分别介绍调用签名和重载函数。

8.3.1　调用签名

调用签名表示函数的类型，它能够描述函数的参数及返回值，其语法如下。

```
let 变量名称:(参数 1:类型,参数 2:类型,...,参数 n:类型) => 返回值类型;
```

提示： 调用签名的参数也可以是可选参数或剩余参数。

例如，在以下代码中，通过调用签名，将变量 func 声明为(num1: number, num2: number) => number 类型，之后在为变量赋值时，它必须初始化为符合该调用签名的函数。

```
let func: (num1: number, num2: number) => number;

func = function (num1: number, num2: number): number {
```

```
    return num1 + num2
};
let result1 = func(1, 2); //值为3

//如果在调用签名处指明了类型，那么具体函数中可以不用指明类型
//编译时会自动将参数及返回值推导为调用签名的类型
//num1 和 num2 会自动推导为 number，返回值也会自动推导为 number
func = function (num1, num2) { return num1 - num2 };
let result2 = func(3, 1); //值为2

//参数名称与调用签名中的参数名称不需要保持一致
//只要参数顺序和类型与调用签名保持一致就可以通过编译
func = function (a, b) { return a * b };
let result3 = func(2, 3); //值为6
```

如果被赋值的函数不符合调用签名，则会引起编译错误，示例代码如下。

```
let func: (num1: number, num2: number) => number;

//编译错误：不能将类型"(num1: number, num2: number) => string"分配给类型"(num1: number,
//num2: number) => number"
//编译错误：不能将类型"string"分配给类型"number"。ts(2322)
func = function (num1, num2) { return "a"; }

//编译错误：不能将类型"(num1: string, num2: number) => string"分配给类型"(num1: number,
//num2: number) => number"
//参数"num1"和"num1"的类型不兼容
//不能将类型"number"分配给类型"string"。ts(2322)
func = function (num1: string, num2) { return num1 + num2; };

//编译错误：不能将类型"(num1: any, num2: any, num3: any) => any"分配给类型"(num1: number,
//num2: number) => number"。ts(2322)
func = function (num1, num2, num3) { return num1 + num2 + num3 };
```

注意，如果实际函数的参数类型与调用签名匹配，但参数个数比调用签名少或者定义为可选参数或默认参数，则不会引起编译错误，示例代码如下。

```
let func: (num1: number, num2: number) => number;

//以下函数不会引起编译错误
func = function (num1) { return num1; };
func = function (num1?, num2?) { return num1 + num2; }
func = function (num1 = 0, num2 = 0) { return num1 + num2; }
```

8.3.2 重载函数

同时拥有多个调用签名的函数即为重载函数，这些签名拥有不同的参数个数和类型，可以执行不同的代码逻辑。

TypeScript 的重载功能并不完善。在其他语言中，每个重载签名下都可以拥有单独的函数体。在 TypeScript 中，所有重载签名共用一个函数体，需要自行在函数体中用代码分支来判断。

下面分别介绍重载函数的两种声明形式。

1. 以普通形式声明重载函数

重载函数的普通声明形式如下。

```
function 函数名(参数 a1:类型,参数 a2: 类型,...,参数 an:类型):返回值类型;
function 函数名(参数 b1:类型,参数 b2: 类型,...,参数 bn:类型):返回值类型;
...
function 函数名(参数 z1:类型,参数 z2: 类型,...,参数 zn:类型):返回值类型 {
    //函数体代码
    // 如果有返回值，则需要写"return 返回值;"语句
}
```

该声明语句分为以下两个部分。

- 没有函数体的函数声明：它们都是重载签名，当调用该函数时，只能以符合这些签名之一的形式来调用函数。重载签名至少要定义两个，否则以重载方式声明函数没有任何意义，不如直接定义非重载函数。
- 最后一个拥有函数体的函数声明：它并非重载签名，而是针对所有重载签名的具体实现，它的对应位置的参数类型和返回值类型必须能兼容前面所有重载签名中的类型，否则会引起编译错误。

例如，以下代码定义了一个 combine()函数，该函数拥有 3 个重载签名，其参数和返回值分别为布尔类型的值、字符串类型的值、数值类型的值，而该函数的重载实现部分的参数和返回值都定义成 any，以兼容前面所有签名的类型，然后通过类型运算符判断传入的参数值类型，并针对不同类型的值进行处理。

```
function combine(a: boolean, b: boolean): boolean;
function combine(a: string, b: string): string;
function combine(a: number, b: number): number;
function combine(a: any, b: any): any {
    if (typeof a == "boolean" && typeof b == "boolean") {
        return a || b;
    }
    else {
        return a + b;
    }
}
```

上述函数拥有 3 个不同类型的参数和返回值的重载签名，因此用对应的 3 种方式调用，示例代码如下。

```
let value1 = combine(1,2);          //value1 为 number 类型，值为 3
let value2 = combine("a","b");      //value2 为 string 类型，值为"ab"
let value3 = combine(true,false); //value3 为 boolean 类型，值为 true
```

在 Visual Studio Code 中，输入该函数名称，Visual Studio 会列出 3 种允许的调用方式，如图 8-4 所示。

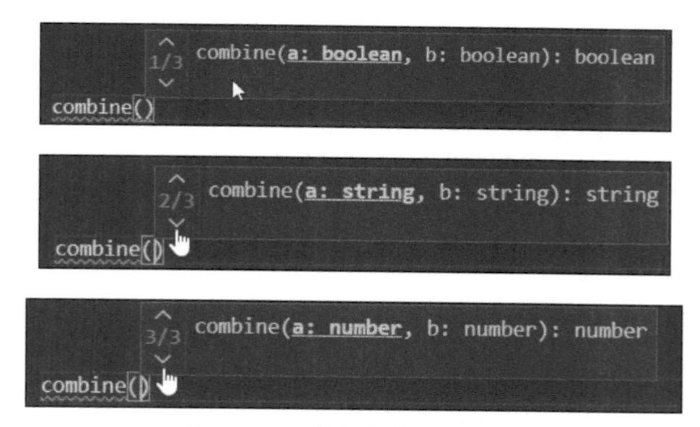

图 8-4 3 种允许的调用方式

当调用重载函数时，只能以符合重载签名的方式调用，而不能以具体重载实现函数的方式调用。例如，上述代码中实现的重载函数的参数均为 any，返回值也为 any，但它并非函数签名，并不表示该函数真正支持 any 类型。

以下代码向函数传入了长整型参数，虽然满足 any 类型，但前面的函数重载签名只支持布尔类型、字符串类型和数值类型，因此调用时会引起编译错误。

```
//编译错误：没有与此调用匹配的重载。 ts(2769)
let value4 = combine(1n,2n);
```

2. 以表达式形式声明重载函数

前面介绍的调用签名实际上是简写形式的签名，其语法如下。

```
let 变量名称:(参数 1:类型,参数 2: 类型,...,参数 n:类型) => 返回值类型;
```

将它写为完整形式，语法如下。这种形式的写法和 8.1 节中的写法是完全等效的，只是写法不同。

```
let 变量名称:{
(参数 1:类型,参数 2: 类型,...,参数 n:类型) : 返回值类型
};
```

何时应当使用简写形式的调用签名？何时应当使用完整形式的调用签名？如果函数只有一个调用签名，则建议使用简写形式；如果函数需要重载，就需要使用完整形式的调用签名。

前面的示例函数 combine()也可以以表达式的形式声明，代码如下。

```
//以下为调用签名部分
let combine: {
    (a: boolean, b: boolean): boolean
    (a: string, b: string): string
    (a: number, b: number): number
};
```

```
//以下为具体实现函数部分
//实现函数的参数与返回值类型必须兼容所有签名中对应位置的类型，否则会引起编译错误
combine =
    function (a: any, b: any): any {
        if (typeof a == "boolean" && typeof b == "boolean") {
            return a || b;
        }
        else {
            return a + b;
        }
    }
```

其调用规则也和前面介绍的重载函数的规则一致，只能以符合 3 种调用签名之一的形式来调用函数，否则会引起编译错误。示例代码如下。

```
let value1 = combine(1, 2);          //value1 为 number 类型，值为 3
let value2 = combine("a", "b");      //value2 为 string 类型，值为"ab"
let value3 = combine(true, false); //value3 为 boolean 类型，值为 true

//以下代码将引起编译错误
//编译错误：没有与此调用匹配的重载。 ts(2769)
let value4 = combine(1n, 2n);
```

8.4 函数的内置属性

在函数中有一些可使用的内置属性，通过这些属性可以获得与函数相关的一部分信息。下面将分别介绍这些内置属性。

8.4.1 arguments

通过 arguments 属性获取函数在调用时的参数值，这个参数可以用数组的形式访问。例如，arguments.length 代表传入参数的个数，arguments[0]代表第 1 个参数，arguments[1]代表第 2 个参数。

使用 arguments 的示例代码如下，为了表现出对不同参数的影响，test()函数中分别定义了 4 个参数——一个必选参数，一个默认参数，一个可选参数和一个剩余参数。

```
function test(num1: number, num2: number = 0, num3?: number, ...restParas: string[]) {
    console.log("共传入了多少个参数: " + arguments.length);
    for (let i = 0; i < arguments.length; i++) {
        console.log(`第${i + 1}个参数值为${arguments[i]}`);
    }
}

test(1);
test(1, 2);
test(1, 2, 3);
test(1, 2, 3, "a", "b", "c");
```

输出结果如下，可以看到 arguments 的参数数量只与实际传入多少个参数值有关，与函数定义了多少个参数无关。

```
> 共传入了多少个参数：1
> 第 1 个参数值为 1
> 共传入了多少个参数：2
> 第 1 个参数值为 1
> 第 2 个参数值为 2
> 共传入了多少个参数：3
> 第 1 个参数值为 1
> 第 2 个参数值为 2
> 第 3 个参数值为 3
> 共传入了多少个参数：6
> 第 1 个参数值为 1
> 第 2 个参数值为 2
> 第 3 个参数值为 3
> 第 4 个参数值为 a
> 第 5 个参数值为 b
> 第 6 个参数值为 c
```

在实际编程中并不推荐使用 arguments 属性，因为这种方式的可读性和可维护性较差，只有在极其特殊的情况下才会使用。

8.4.2 caller

caller 是 ECMAScript 5 新增的一个属性，调用方式为“函数名称.caller”，该属性引用可调用当前函数的函数。如果在全局作用域中调用该函数，则会返回 null。示例代码如下。

```
function test()
{
    console.log(test.caller);
}

function outerFunc()
{
    test();
}

test();        //由于在全局作用域中调用，没有上层函数，因此输出 null
outerFunc();   //输出"ƒ outerFunc() { test(); }"
```

由于通过这种方式调用 caller 属性需要有函数名称，但部分函数是使用表达式形式声明的，因此还可以使用 arguments.callee.caller 属性来获取调用当前函数的函数，示例代码如下。

```
let test = function () {
    console.log(arguments.callee.caller);
}

let outerFunc = function () {
    test();
}
```

```
test();        //由于在全局作用域中调用，没有上层函数，因此输出 null
outerFunc();   //输出"f () { test(); }"
```

8.4.3　this

this 是函数在运行时，在函数体内部自动生成的一个对象，它只能在函数体内部使用。this 并不是变量，它属于关键词。this 的值通常是调用该函数的上下文对象，是该函数的“拥有者”。

在不同的场合下，this 的值各不相同，下面将详细介绍。

1. 直接调用函数时的 this

当函数直接被调用时，属于全局性调用，某个全局性对象拥有并调用了这个函数，因此 this 将指向这个全局性对象 globalThis（后面会详细介绍）。

基于不同的运行环境，全局对象 globalThis 会有所区别。示例代码如下。

```
function test() {
    console.log(`${this.name}`);
    console.log(`${this}`);
}

globalThis.name = "Alina";
test();
```

浏览器运行环境中的全局对象是 window，因此 globalThis 对象将指向 window 对象，输出结果如下。

```
> Alina
> [object Window]
```

可以看到在函数体中通过 this 成功读取全局对象及其属性。

Node.js 运行环境中的全局对象是 global，因此 globalThis 对象将指向 global 对象，输出结果如下。

```
> Alina
> [object global]
```

2. 以对象方法的形式调用函数时的 this

当函数作为某个对象的方法时，该对象将称为函数的拥有者，通过该对象调用函数时，this 将指向这个对象。

以下代码声明一个名为 person 的对象，该对象拥有一个名为 name 的字符串类型的属性和一个名为 selfIntroduction () => void 类型的方法，声明之后分别为 name 属性和 selfIntroduction()方法赋值，selfIntroduction()方法指向 introduction()方法。

```
function introduction() {
    console.log(`Hello ${this.name}`);
}

let person: { name: string, selfIntroduction: () => void } = { name: "",
selfIntroduction: null };
person.name = "Rick";
person.selfIntroduction = introduction;

//以下代码输出"Hello undefined"，因为当前全局对象中还没有定义 name 属性
introduction();
//以下代码输出"Hello Rick"
person.selfIntroduction();
```

可以看到，调用者不同，this 对象也不同。当在全局作用域中调用 introduction()方法时，this 指向 globalThis 对象（浏览器运行环境中 globalThis 对象指向 window 对象，Node.js 运行环境中 globalThis 对象指向 global 对象），通过 person 对象调用 introduction()方法时，this 指向调用者 person 对象本身，因此 this.name 将使用 person 对象的 name 属性，输出"Hello Rick"。

3．箭头函数中的 this

箭头函数中的 this 是一个特例，在箭头函数中，this 引用的是声明箭头函数时的上下文对象，而非实际调用箭头函数时的上下文对象。

如果将上一个示例中的 selfIntroduction()方法改为箭头函数，结果将变得不同。修改后的代码及运行结果如下。

```
let person: { name: string, selfIntroduction: () => void } = { name: "", selfIntro
duction: null };
person.name = "Rick";
person.selfIntroduction = () => { console.log(`Hello ${this.name}`); };

//以下代码输出"Hello undefined"，因为当前全局对象中没有定义 name 属性
person.selfIntroduction();
```

4．约束或禁用 this

当函数的拥有者不是全局对象时，你可以限定函数中 this 的类型。具体方式是在声明函数时，把首个参数声明为“this: 类型描述”，如果还有其他参数，则必须放到 this 参数后面。例如，在以下代码中，sum()函数的声明中包含 this 参数，其类型为{num1:number}，sum()函数的拥有者是 sumCalculator 对象，因此 this 指向 sumCalculator 对象，这就要求 sumCalculator 对象至少拥有一个 num1 属性。

```
function sum(this: { num1: number }, num2) {
    return this.num1 + num2;
}

let sumCalculator = { num1: 1, selfIntroduction: sum };
let result = sumCalculator.selfIntroduction(2); //result 值为 3
```

如果 sumCalculator 对象不具有 num1 属性，则会引起编译错误，示例代码如下。

```
let num = { selfIntroduction: sum };
//类型为"{ selfIntroduction: (this: { num1: number; }, num2: any) => any; }"
//的 "this" 上下文不能分配给类型为"{ num1: number; }"的方法的 "this"
let result = num.selfIntroduction(2); //result 值为 3
```

函数也可以禁用 this，只需要将函数的首个参数声明为“this:void”即可，这样在函数体中就不允许使用 this，否则会引起编译错误。示例代码如下。

```
function sum(this: void, num2) {
    //编译错误：类型"void"上不存在属性"num1"。ts(2339)
    return this.num1 + num2;
}
```

8.5 函数的内置方法

函数主要有 3 个内置方法——call()、apply()和 bind()。它们主要用于改变 this 的默认指向，只是侧重点各不相同，接下来将分别介绍。

8.5.1 apply()和 call()

apply()方法和 call()方法的作用完全一致，都会调用指定函数，并为该函数指定一个 this 对象（而不是默认以函数的拥有者作为 this），但区别在于向 apply()方法传入参数值数组，而 call()方法中以逗号分隔传入的多个参数。它们的调用方式如下。

```
函数名称.apply(要当作 this 的对象,参数数组);
函数名称.call(要当作 this 的对象,参数 1,参数 2,...,参数 n);
```

示例代码如下。

```
let person1 = { name: "张三" };
let person2 = { name: "李四" };

function travel(from: string, to: string) {
    console.log(`${this.name}将从${from}出发到${to}旅游`);
}

//由于 this 是全局对象，全局对象尚未定义 name 属性，因此以下代码输出"undefined 将从广州出发到上海旅游"
travel("广州", "上海");
//以下代码输出"张三将从广州出发到上海旅游"
travel.apply(person1, ["广州", "上海"]);
//以下代码输出"李四将从广州出发到上海旅游"
travel.call(person2, "广州", "上海");
```

8.5.2 bind()

bind()是 ECMAScript 5 新增的一个方法，此方法的作用是根据当前函数创建一个新的函数实例，并为这个新的函数实例指定一个 this 对象，它的调用方式如下。

```
函数名称.bind(要当作 this 的对象)
```

示例代码如下。

```
let person1 = { name: "张三" };

function travel(from: string, to: string) {
    console.log(`${this.name}将从${from}出发到${to}旅游`);
}

let person1Traval = travel.bind(person1);
//以下代码输出"张三将从广州出发到上海旅游"
person1Traval("广州", "上海");
//bind 只返回新的函数实例，不会改变旧的函数实例，以下代码依旧输出"undefined 将从广州出发到上海旅游"
travel("广州", "上海");
```

注意：无论是 apply()、call()还是 bind()方法，所传入的 this 只对当前函数有效，对函数中以正常形式调用的其他函数没有影响，示例代码如下。

```
let person1 = { name: "张三" };

function travel(from: string, to: string) {
    console.log(`${this.name}将从${from}出发到${to}旅游`);
    travel2();
}

function travel2() {
    console.log(`旅行人是${this.name}`);
}

let person1Traval = travel.bind(person1);
person1Traval("广州", "上海");
travel.apply(person1, ["广州", "上海"]);
travel.call(person1, "广州", "上海");
```

输出结果如下。

```
> 张三将从广州出发到上海旅游
> 旅行人是 undefined
> 张三将从广州出发到上海旅游
> 旅行人是 undefined
> 张三将从广州出发到上海旅游
> 旅行人是 undefined
```

如果要使函数体内调用的其他函数具有相同的 this，那么需要以 apply()、call()或 bind()方法的形式调用其他函数，示例代码如下。

```
let person1 = { name: "张三" };

function travel(from: string, to: string) {
    console.log(`${this.name}将从${from}出发到${to}旅游`);
    travel2.call(this);
```

```
}

function travel2() {
    console.log(`旅行人是${this.name}`);
}

let person1Traval = travel.bind(person1);
person1Traval("广州", "上海");
travel.apply(person1, ["广州", "上海"]);
travel.call(person1, "广州", "上海");
```

输出结果如下。

```
> 张三将从广州出发到上海旅游
> 旅行人是张三
> 张三将从广州出发到上海旅游
> 旅行人是张三
> 张三将从广州出发到上海旅游
> 旅行人是张三
```

第 9 章　接口与对象

对象是一种结构化的类型，它可以将多个变量聚合在一起，形成整体性的描述。就如其名称“对象”一样，它能描述现实世界中某些真实存在的对象，将它们所拥有的不同特点及行为以属性和方法的形式进行描述，并在代码中实现，我们可以读写对象的属性，也可以调用它的方法来模拟其行为。

接口是 TypeScript 引入的新类型，它是对象拥有的属性或方法的说明，仅用于表示对象的类型，描述对象的结构，但并不会实现对象的具体功能。接口的代码不会编译为 JavaScript 代码，它只具有编译、检查的作用，用来检查对象的类型是否正确、是否具备约定的属性和方法。

下面将详细介绍对象的使用方法，以及如何用接口来约束对象。

9.1　对象的声明

对象的基本声明方式如下。

```
let 对象名称 = {
    属性名称 1: 属性值 1,
    属性名称 2: 属性值 2,
    ...
    方法名称 1: 函数声明或引用函数名称 1,
    方法名称 2: 函数声明或引用函数名称 2,
    ...
}
```

对象可以是任何可整体描述的事物，如汽车、动物、手机、椅子都可以当作对象来描述。以手机为例，手机拥有系统、内存、尺寸、型号等属性，拥有开机、发短信、打电话等方法，因此我们不仅可以使用对象对其进行描述，还可以通过“对象名称.属性名称”读写它的属性，并以“对象名称.方法名称”调用它的方法，代码如下。

```
let myPhone = {
    system: "iOS 15",
```

```
    ram: 8,
    size: 6.4,
    model: "8 plus",
    turnOn: function {
        console.log(`${this.system}欢迎界面`);
    },
    sendMessage: function (receiver: string, message: string): void {
        console.log(`发送短信中...接收人：${receiver}；短信内容：${message}`);
    },
    makeCall: function (receiver: string): void {
        console.log(`拨打电话中...接听人：${receiver}`);
    }
}

//以下代码输出"该手机的内存大小为8GB，尺寸为6.4，型号为8 plus"
console.log('该手机的内存大小为${myPhone.ram}GB，尺寸为${myPhone.size}，型号为${myPhone.model}');
//以下代码输出"iOS 15欢迎界面"
myPhone.turnOn();
//以下代码输出"发送短信中...接收人：12333333；短信内容：今天天气很好！"
myPhone.sendMessage("12333333", "今天天气很好！");
//以下代码输出"拨打电话中...接听人：1233333"
myPhone.makeCall("1233333");
```

9.1.1 使用对象类型字面量声明对象

在TypeScript中，使用对象类型字面量表示对象的类型，描述对象的内部结构，语法如下。

```
{
    属性名称1: 属性类型,
    属性名称2: 属性类型,
    ...
    方法名称1: 函数调用签名,
    方法名称2: 函数调用签名,
    ...
}
```

示例代码如下。

```
let person1: { firstName: string, lastName: string, selfIntroduction: () => void };

person1 = {
    firstName: "Rick",
    lastName: "Zhang",
    selfIntroduction: function () {
        console.log('My name is ${this.firstname} ${this.lastName}');
    }
}

//编译错误：类型"{ firstName: string; }缺少以下属性：lastName, selfIntroduction。 ts(2739)
person1 = {
    firstName: "error"
}
```

以上代码声明一个 person1 变量，其类型为{firstName: string, lastName: string, selfIntroduction: ()=>void}，因此为其赋值的对象的值也必须符合对象类型字面量中定义的结构。第一次为 person1 变量赋值的对象的值符合该结构，因此可以赋值成功；第二次为 person1 变量赋值的对象的值不符合该结构，因此会引起编译错误。

1. 重载方法

当使用对象类型字面量来表示对象的类型时，方法可以声明为重载方法。重载方法有两种声明形式，一种是使用重载签名，另一种是使用同名方法。如果对象类型字面量包含重载方法，那么赋值的具体对象中必须具有针对所有重载方法的单个具体实现方法，它的对应位置的参数类型和返回值类型必须能兼容前面所有重载签名中的类型；否则，会引起编译错误。

使用重载签名的示例代码如下。

```
let combineCaculator: {
    name: string,
    combine: {
        (a: boolean, b: boolean): boolean
        (a: string, b: string): string
        (a: number, b: number): number
    }
}
```

以上代码声明一个名为 combineCaculator 的变量，它拥有一个名为 name、类型为字符串的属性，还拥有一个 combine()方法，该方法拥有 3 个重载签名，其参数分别为布尔类型、字符串类型，返回值为数值类型。

使用同名方法的示例代码如下，其作用等同于上个示例的代码，TypeScript 会自动将同名方法识别为重载方法。

```
let combineCaculator: {
    name: string,
    combine(a: boolean, b: boolean): boolean,
    combine(a: string, b: string): string,
    combine(a: number, b: number): number
}
```

无论使用哪种重载方法声明形式，后续在为对象赋值时，该方法的重载实现部分的参数和返回值都需要兼容前面的重载方法的类型。例如，定义成 any，以兼容前面所有签名的类型，然后通过类型运算符判断传入的参数值类型，并针对不同类型分别进行处理，代码如下。

```
combineCaculator = {
    name: "Combine Caculator",
    //以下为具体实现部分
    //实现函数的参数与返回值类型必须兼容所有签名中对应位置的类型，否则引起编译错误
    combine: function (a: any, b: any): any {
        if (typeof a == "boolean" && typeof b == "boolean") {
            return a || b;
        }
```

```
        else {
            return a + b;
        }
    }
}
```

上述方法拥有 3 个类型参数和返回值均不同的重载方法，因此用对应的 3 种方式来调用，示例代码如下。

```
//value1 为 number 类型，值为 3
let value1 = combineCaculator.combine(1, 2);
//value2 为 string 类型，值为"ab"
let value2 = combineCaculator.combine("a", "b");
//value3 为 boolean 类型，值为 true
let value3 = combineCaculator.combine(true, false);
```

2. 其他应用场景及局限

除在声明变量时使用对象类型字面量之外，你还可以在许多涉及类型的场景下使用对象类型字面量。例如，在以下代码中，将对象类型字面量用于声明函数和数组中。

```
function introduction(person: { firstName: string, lastName: string }) {
    console.log(`My name is ${person.firstName} ${person.lastName}`);
}

let array1: { firstName: string, lastName: string }[] =
    [{ firstName: "Rick", lastName: "Zhong" },
    { firstName: "Alina", lastName: "Zhao" }];
```

但不难发现，使用对象类型字面量来声明对象有诸多不便，当多处代码要使用同一种对象类型字面量时，就会出现很多冗长且重复的类型代码。要改善这样的情况，就需要使用类型别名或接口。

9.1.2　使用类型别名声明对象

通过使用类型别名，你可以给已有的类型起一个新的名称，该名称可以作为类型关键字使用。类型别名可以起到简化代码的作用，适用于各种对象类型。其定义方式如下。

```
type 类型别名 = 类型描述;
```

例如，以下代码定义一个名为 Person 的对象类型，该类型别名可以在各个场景下复用。

```
type Person = {
    firstName: string,
    lastName: string
}

function introduction(person: Person) {
    console.log(`My name is ${person.firstName} ${person.lastName}`);
}
```

```
let array1: Person[] =
    [{ firstName: "Rick", lastName: "Zhong" },
{ firstName: "Alina", lastName: "Zhao" }];
```

类型别名不仅可用于对象类型，还可以用于任何类型，后面将详细介绍。

9.1.3 使用接口声明对象

和类型别名类似，接口用于描述对象类型的结构，但接口只能用于描述对象类型，不能用于描述非对象类型，并且接口拥有继承和扩展的特性，更适合面向对象编程。如果要描述对象类型的结构，推荐优先使用接口而非类型别名。下面将统一使用接口来声明对象。

结构的定义语法如下。

```
interface 接口名称 {
    属性名称 1: 属性类型,
    属性名称 2: 属性类型,
    ...
    方法名称 1: 函数调用签名,
    方法名称 2: 函数调用签名,
    ...
}
```

示例代码如下。

```
interface Person {
    firstName: string,
    lastName: string
}

function introduction(person: Person) {
    console.log(`My name is ${person.firstName} ${person.lastName}`);
}

let array1: Person[] =
    [{ firstName: "Rick", lastName: "Zhong" },
{ firstName: "Alina", lastName: "Zhao" }];
```

9.2 属性或方法的修饰符

在对象类型中，不仅可以为每个属性指定名称及类型，还可以用修饰符为此属性赋予特定的性质。属性修饰符主要有 3 种——可选修饰符、只读修饰符和索引签名。接下来，将一一介绍。

9.2.1 可选修饰符

默认情况下，对象类型字面量或接口中定义了多少个属性和方法，在使用它创建具体对象时就需要传入多少个属性和方法，而且类型必须符合其定义，否则会引起编译错误，示例代码如下。

```
interface CalculationOf2Numbers {
    num1: number,
    num2: number,
    calculate: () => number
}

let calculator: CalculationOf2Numbers;

//编译错误：类型"{ num1: number; }"缺少类型"CalculationOf2Numbers"中的以下属性：num2,
//calculatets(2739)
calculator = { num1: 1 };
```

但在一些情况下，某些属性或方法可能并不是必需的，因此就需要使用可选修饰符。在 TypeScript 中，通过在属性或方法后添加问号将其定义为可选的，然后在创建具体对象或赋值时，这些可选属性或方法可有可无。例如，以下代码均能正确编译。

```
interface CalculationOf2Numbers {
    num1: number,
    num2?: number,
    calculate?: () => number
}

let calculator: CalculationOf2Numbers;
calculator = { num1: 1 };
calculator = { num1: 1, num2: 2 };
calculator = {
    num1: 1,
    calculate: function () {
        return this.num1;
    }
};
calculator = {
    num1: 1,
    num2: 2,
    calculate: function () {
        return this.num1 + this.num2;
    }
};
```

9.2.2 只读修饰符

对象的属性和方法默认情况下是支持读写的。第 6 章提到，const 关键字只能限定栈上的内容不可编辑，而对象是引用类型，其数据存储在堆上，因此 const 关键字只能限定引用的对象地址不变，但无法限定堆上的属性和方法不变。例如，在以下代码中，虽然 calculator 的引用对象不可更改，但其属性值可以随意修改。

```
interface CalculationOf2Numbers {
    num1: number,
```

```
    num2: number,
    calculate: () => number
}

const calculator: CalculationOf2Numbers = { num1: 1, num2: 2, calculate: function ()
{ return this.num1 + this.num2; } };

//以下代码会引起编译错误
//编译错误：无法分配到 "calculator" ，因为它是常数。ts(2588)
calculator = { num1: 3, num2: 4, calculate: function () { return 1; } }

//以下代码可以正确编译
calculator.num1 = 3;
calculator.num2 = 4;
calculator.calculate = function () { return 1; };
```

要限定对象的属性和方法不可编辑，就需要在属性声明或方法声明的前面加上 readonly 关键字。例如，在以下代码中，对只读属性或方法进行编辑会引起编译错误。

```
interface CalculationOf2Numbers {
    readonly num1: number,
    readonly num2: number,
    readonly calculate: () => number
}

const calculator: CalculationOf2Numbers = { num1: 1, num2: 2, calculate: function
() { return this.num1 + this.num2; } };

//编译错误：无法分配到 "num1" ，因为它是只读属性。ts(2540)
calculator.num1 = 3;
//编译错误：无法分配到 "num2" ，因为它是只读属性。ts(2540)
calculator.num2 = 4;
//编译错误：无法分配到 "calculate" ，因为它是只读属性。ts(2540)
calculator.calculate = function () { return 1; };
```

9.2.3 索引签名

在 TypeScript 中，如果实际赋值的对象的属性与方法比接口中定义的属性与方法多，那么将该对象的值赋给该接口类型会引起编译错误。例如，在以下代码中，接口中只定义了 name 和 age 属性，但实际赋值的对象还有 height 属性，这会引起编译错误。

```
interface Person {
    name: string,
    age: number
}

let person1: Person = { name: "Kiddy", age: 17 };
//编译错误：不能将类型"{ name: string; age: number; height: number; }"分配给类型"Person"。
//对象文字可以只指定已知属性，并且"height"不在类型"Person"中。ts(2322)
let person2: Person = { name: "Shark", age: 15, height: 180 };
```

要解决这个问题，用前面提到的可选修饰符“?”将 height 作为可选参数加入接口定义中。但这只适用于已知有哪些可选属性或方法的情况，如果遇到完全不确定有哪些可选属性或方法的情况应该怎么办呢？这时就需要用到索引签名。通过索引签名，让接口支持任意数量的可选属性。索引签名的定义方式如下。

```
interface 接口名称 {
    ...
    [索引名称:索引类型]:属性类型;
    ...
}
```

TypeScript 只支持两种类型的索引——字符串索引和数值索引。如果使用字符串索引，则表示这些任意数量的可选属性名称只能是字符串（数字也是字符串）；如果使用数值索引，则表示这些任意数量的可选属性名称只能是数字。

1. 字符串索引

以下代码定义了一个字符串索引，这意味着属性名称可以是任意字符串，它支持存储 any 类型的值，因此支持任意类型的可选属性和方法。

```
interface Person {
    name: string,
    age: number,
    [index: string]: any
}

let person1: Person = { name: "Kiddy", age: 17 };
let person2: Person = { name: "Shark", age: 15, height: 180 };
let person3: Person = { name: "Annie", age: 10, height: 120, sex: "male" };
let person4: Person = { name: "Aiken", age: 25, height: 174, sayHello: function ()
{ console.log("hello!") } };
```

2. 数值索引

如果定义为数值索引，则属性名称只能由数字组成；否则，会引起编译错误，示例代码如下。

```
interface Person {
    name: string,
    age: number,
    [index: number]: any
}

let person1: Person = { name: "Kiddy", age: 17 };
let person2: Person = { name: "Shark", age: 15, 1: 180 };
let person3: Person = { name: "Annie", age: 10, 1: 120, 2: "male" };
let person4: Person = { name: "Aiken", age: 25, 1: 174, 3: function () { console.log
("hello!") } };

//编译错误：不能将类型"{ name: string; age: number; sex: string; }"分配给类型"Person"
//对象文字可以只指定已知属性，并且"sex"不在类型"Person"中。ts(2322)
```

```
let person5: Person = {name:"Error", age:16, sex:"male"};
```

3. 索引与已有属性的关系

严格来说，索引表示所有属性或方法不仅包含未定义的属性或方法，还包含已定义的所有属性和方法。例如，之前定义的 Person 接口拥有 name 和 age 两个属性，这意味着如果定义字符串索引，name 和 age 这两个名称会匹配字符串索引。因此在定义字符串索引时，其属性类型至少需要包含 name 和 age 的属性类型，否则会引起编译错误。

以下代码定义了一个属性类型为字符串的字符串索引，但字符串索引除包含未定义的属性之外，还包含 name 和 age 这两个已定义的属性。如果索引的属性类型定义为 string，就无法包含 age 的 number 类型，因此会引起编译错误。

```
interface Person {
    name: string,
    //编译错误：类型"number"的属性"age"不能赋给"string"索引类型"string"。ts(2411)
    age: number,
    [index: string]: string
}
```

要解决这个问题，参考前面的示例，将索引的属性类型定义为 any 类型。但 any 类型不仅包含 string 类型和 number 类型，还支持其他类型。如果能确定所有属性仅为 string 类型和 number 类型，则可以将索引的属性类型定义为 string | number（联合类型，可以用“|”连接多个类型，后面会详细介绍），这样所有未定义的属性的值既可以为 number 类型也可以为 string 类型，同时这种类型包含已定义的 name 属性和 age 属性的类型，不再引起编译错误，代码如下。

```
interface Person {
    name: string,
    age: number,
    [index: string]: string | number
}
```

4. 其他支持索引的类型

除对象之外，其他引用类型也支持带有索引的接口，例如，数组支持数值索引，代码如下。

```
interface StringArray {
    [index: number]: string
}

let array1: StringArray = ["x", "y", "x"];
```

以上代码声明了一个 StringArray 接口，它拥有数值索引，属性类型为字符串，该接口和字符串数组匹配，因此可以将数组的值赋给该接口类型的变量。

9.3 接口的合并

一个接口可以与另一个接口合并，形成新的接口类型。新的接口拥有参与合并的所有接口的属性及方法。在 TypeScript 中，主要有 3 种接口合并方式——接口继承、交叉类型、声明合并。

9.3.1 接口继承

在声明新接口时，从另一个接口或多个接口继承。新接口拥有被继承接口的所有属性和方法。继承接口的语法如下。

```
interface 接口名称 extends 被继承接口 1,被继承接口 2,...,被继承接口 n {
    属性名称 1: 属性类型,
    属性名称 2: 属性类型,
    ...
    方法名称 1: 函数调用签名,
    方法名称 2: 函数调用签名,
    ...
}
```

示例代码如下。

```
interface Animal {
    name: string,
    age: number,
    eat: (food: string) => void
}

interface Bird extends Animal {
    wings: string,
    fly: () => void
}

interface Eagle extends Bird {
    attack: (target: Animal) => void
}

let eagle1: Eagle = {
    age: 1,
    name: "Hedwig",
    wings: "Eagle wings",
    eat: function (food: string) { console.log(`${this.name}正在吃${food}`); },
    fly: function () { console.log("飞行中"); },
    attack: function (target: Animal) { console.log(`${this.name}正在攻击${target.name}`) }
}
```

以上代码先声明了一个 Animal 接口（表示动物），它拥有 name 和 age 属性，以及一个 eat()方法。然后，声明了一个 Bird 接口，该接口继承自 Animal 接口，因此它也具有 Animal 接口的属性和方法。同时，Bird 接口还定义了自己的 wings 属性和 fly()方法。最后，声明了一个 Eagle

接口，它继承自 Bird 接口。这意味着它具有 Bird 和 Animal 接口的所有属性与方法。同时，它还定义了自己的 attack()方法，在代码末尾声明了一个 Eagle 类型的变量 eagle1，并把该变量指定为一个符合 Eagle 接口结构的对象。

9.3.2 交叉类型

通常来说，通过接口继承，你就可以实现接口功能的合并，但也可以使用 TypeScript 的交叉类型做到这一点（但推荐优先使用接口继承），交叉类型还会在后面详细介绍，这里只简要介绍如何用它来合并接口。

交叉类型使用“&”符号来连接多个类型。例如，以下代码先分别声明了一个 Colorful 接口和一个 Circle 接口，它们拥有各自的属性和方法。然后，声明了一个名为 ColorfulCircle 的类型别名，它的具体类型是 Colorful 接口和 Circle 接口的交叉类型，因此 ColorfulCircle 将具有两个接口的所有属性和方法。最后，声明了一个 ColorfulCircle 类型的变量 circle1，并把该变量指定为一个符合 ColorfulCircle 类型结构的对象。

```
interface Colorful {
    color: string
}
interface Circle {
    radius: number,
    rollling: () => void
}

type ColorfulCircle = Colorful & Circle;
let circle1: ColorfulCircle = {
    color: "red",
    radius: 5,
    rollling: function () { console.log("圆环滚动中！") }
}
```

9.3.3 声明合并

声明合并是指当声明多个同名接口时，它们将自动合并为一个接口，并同时拥有所有接口声明中的全部属性和方法。

例如，以下代码先声明了两个接口，第一个接口拥有一个 name 属性，第二个接口拥有一个 introduction()方法，但它们都具有同样的接口名称 Person，因此它们将被合并为同一个接口。这个接口拥有所有的属性和方法。然后，定义了一个 Person 类型的变量 person1，并把该变量指定为一个符合 Person 类型结构的对象。

```
interface Person {
    name: string
}

interface Person {
```

```
    introduction: () => void
}

let person1: Person = {
    name: "Shank",
    introduction: function () {
        console.log(`My name is ${this.name}`);
    }
}
```

9.3.4　接口合并时的冲突

在以上3种接口合并方式中，如果合并时存在名称相同但类型不同的属性或方法，就可能造成冲突，引起编译错误。为保证代码的可读性和可维护性，所有的冲突都应当尽可能在编码时避免。

1. 接口继承的属性冲突

当使用继承接口时，如果继承接口和被继承接口拥有同名属性，但类型不匹配，在声明时就会直接引起编译错误。例如，在以下代码中，Animal 接口拥有一个 string 类型的 name 属性，WhiteMouse 接口继承自 Animal 接口，但它拥有一个 number 类型的 name 属性，因此将引起编译错误。

```
interface Animal {
    name: string,
}

//编译错误：接口"WhiteMouse"错误扩展接口"Animal"。属性"name"的类型不兼容。不能将类型"number"
//分配给类型"string"。ts(2430)
interface WhiteMouse extends Animal {
    name: number,
}
```

注意，如果被继承接口的属性兼容继承后的接口的属性，则不会引起编译错误。例如，在以下代码中，Animal 接口拥有一个 string | number 类型的 name 属性，WhiteMouse 接口继承自 Animal 接口，它拥有一个 number 类型的 name 属性，由于被继承接口 Animal 的 name 属性能够兼容 number 类型，因此不会引起编译错误。

```
interface Animal {
    name: string | number,
}

interface WhiteMouse extends Animal {
    name: number,
}
```

2. 接口继承的方法冲突

当使用继承接口时，如果继承接口和被继承接口拥有同名方法，但参数个数、参数类型、返回值有不匹配项，就会引起编译错误。例如，在以下代码中，Animal 接口拥有一个传入 string 类型 food 参数的 eat()方法，Tiger 接口继承了 Animal 接口，但它传入 Animal 类型 food 参数的 eat()方法，因此将引起编译错误。

```
interface Animal {
    eat: (food: string) => void
}

//编译错误：接口"Tiger"错误扩展接口"Animal"。属性"eat"的类型不兼容。
//不能将类型"(food: Animal) => void"分配给类型"(food: string) => void"
//不能将类型"string"分配给类型"Animal"。ts(2430)
interface Tiger extends Animal {
    eat: (food: Animal) => void
}
```

注意，如果继承接口的方法兼容被继承接口的方法（和属性的兼容顺序正好相反），则不会引起编译错误。例如，在以下代码中，Tiger 接口继承了 Animal 接口，但它传入 Animal | string 类型 food 参数的 eat()方法，由于继承接口的方法兼容被继承接口的方法，因此不会引起编译错误。

```
interface Animal {
    eat: (food: string) => void
}

interface Tiger extends Animal {
    eat: (food: Animal | string) => void
}
```

3. 交叉类型的属性冲突

当使用交叉类型时，如果存在同名属性，但类型不匹配，合并后的属性的类型是 never（表示不存在符合的值）。通常在声明时这不会引起编译错误，但在赋值时由于没有匹配 never 类型的值，因此将引起编译错误。例如，在以下代码中，接口 A 的 name 属性为 string 类型，接口 B 的 name 属性为 number 类型，将它们交叉为 C 类型。由于 name 属性不同，交叉后成为 never 类型，因此将无法为其赋值。

```
interface A {
    name: string
}

interface B {
    name: number
}

type C = A & B;

//编译错误：不能将类型"string"分配给类型"never"。ts(2322)
let object1: C = { name: "a" }
//编译错误：不能将类型"string"分配给类型"never"。ts(2322)
let object1: C = { name: 1 }
```

4. 交叉类型的方法冲突

当使用交叉类型时，如果存在同名方法，但参数个数、参数类型或返回值不匹配，那么合并后的方法也将成为一种奇怪的类型。它通常不会在声明时引起编译错误，但在赋值时会失去预期的编译检查效果。示例代码如下。

```
interface A {
    sum: (a: number, b: number) => number
}

interface B {
    sum: (a: string, b: string, c: string) => string
}

type C = A & B;

let object1: C = {
    //类型为(property) sum: ((a: number, b: number) => number) & ((a: string,  b: string,
    //c: string) => string)
    //编译检查通过
    sum: function(): any {
        return "";
    }
}
```

应尽可能避免出现这种冲突。

9.4 特殊对象类型

在 TypeScript 中，定义了几种特殊的对象类型——object、Object 和{}，它们有相似的名字或概念，但又各有区别，接下来将分别介绍。注意，在实际使用时，只建议使用 object，Object 和{}不建议使用。

9.4.1 object

object（首字母小写）类型是 TypeScript 新增的类型，用于表示非原始类型。在 TypeScript 中，原始类型有 number、string、boolean、bigint、symbol。因此，object 类型表示除此以外的全部类型。

以下赋值代码会引起编译错误。

```
let a: object;
//编译错误：不能将类型"number"分配给类型"object"。ts(2322)
a = 1;
//编译错误：不能将类型"bigint"分配给类型"object"。ts(2322)
a = 1n;
//编译错误：不能将类型"boolean"分配给类型"object"。ts(2322)
a = true;
```

```
//编译错误：不能将类型"string"分配给类型"object"。ts(2322)
a = "";
//编译错误：不能将类型"symbol"分配给类型"object"。ts(2322)
a = Symbol();
```

以下为正确的赋值代码。

```
let a: object;
a = { name: "hello" };
a = [0, 1, 2, 3];
a = function () { console.log("hello") };
a = new Date(); //时间对象，它是一种内置对象，后面将详细介绍
```

注意，当对象为 object 类型时，因为 object 类型是一种泛指的类型，并不是具体的类型，因此无法得知它支持哪些属性或方法，需要将其转换为具体的类型才能操作。

```
let a: object = [1, 2, 3, 4];
let b: object = { name: "rex" };
let c: object = function () { console.log("hello world!") }

//以下使用方式将引起编译错误
//编译错误：类型"object"上不存在属性"length"。ts(2339)
console.log(a.length);
//编译错误：类型"object"上不存在属性"name"。ts(2339)
console.log(b.name);
//编译错误：此表达式不可调用。类型 "{}" 没有调用签名。ts(2349)
c();

//以下是正确的使用方式
console.log((a as number[]).length);
console.log((b as { name: string }).name);
(c as () => void)();
```

object 类型可用于参数传递过程中的处理。假设某函数要求能传入任意的非原始类型，则可以将其定义为 object 类型，而非 any 类型，示例代码如下。

```
function handleObject(obj: object) {
    //...
}
```

9.4.2 Object 和{}

Object 和{}类型都是 TypeScript 中不推荐使用的类型，这里只做简单介绍。这两种类型主要用于 JavaScript，TypeScript 中只保留了它们的功能。

Object 类型的字面意义是对象类型，{}类型的字面意义是没有属性或方法的初始空对象类型，但它们不仅可以初始化为非原始类型，还可以初始化为原始类型。这是一个让人迷惑的设计，同时通常会引起误操作（这也是 TypeScript 中又引入 object 类型来表示非原始类型的原因）。示例代码如下。

```
let a: Object; //或者 let a: {};
a = 1;
```

```
a = 1n;
a = true;
a = "";
a = Symbol();
a = { name: "hello" };
a = [0, 1, 2, 3];
a = function () { console.log("hello") };
a = new Date();
```

与{}类型相比，Object 类型还支持各种方法（如 Object.create()、Object.setPrototypeOf()方法等），这些方法通常用于原型和继承的处理，但在 TypeScript 中已经有比较完善的接口及类，它们可以处理继承关系，因此无须再使用这些落后的方式。感兴趣的读者可以自行研究。

第 10 章　类

类（class）是对象（object）的模板，通过类创建对象。在类中定义对象的具体属性和方法，然后通过类的构造函数，依照模板产生一个或多个新的对象。

在基于类的面向对象编程中，对象依靠类来产生。这种编程方式具备 3 个特性。

- 封装：将事物抽象为类，仅暴露对外的接口，而隐藏内部实现和内部数据。
- 继承：一个类能够继承另一个基础类，它具备另一个类的所有功能，在无须修改原来的类的情况下就可以对这些功能进行扩展。
- 多态：不同的子类对同一个行为可以拥有不同的运作方式，通过父类接口调用不同的子类对象，以便使用不同的运作方式执行某个行为。

在 ECMAScript 6 发布之前并没有类这个概念，要实现类似类的行为，就需要使用原型来模拟实现类的设计模式。但原型的使用方式并不符合人的思维，会降低代码的可维护性和可读性，增加出错的概率。ECMAScript 6 引入了类的概念，使得 TypeScript 从代码层面可以正式支持面向对象编程，但它只是语法糖，原理仍然是基于原型的实现，但代码更清晰明了，易于维护。

本章将详细介绍类的应用。

10.1 类的声明

在使用类之前，需要先声明类的结构，再基于此结构创建该类的一个或多个实例对象。

10.1.1 基本声明语法

TypeScript 使用 class 关键字来声明类，基本声明语法如下。

```
class 类名 {
    //属性
    属性名称 1: 属性类型;
    属性名称 2: 属性类型;
```

```
    ...
    //构造函数
    constructor(参数列表...) {
        //构造实例对象时的初始化代码
    }
    //方法
    方法名称 1(参数列表...): 返回值类型 {
        //方法代码块
    }
    方法名称 2(参数列表...): 返回值类型 {
        //方法代码块
    }
    ...
}
```

类的声明示例如下。

```
class Person {
    name: string;
    age: number;
    constructor(initName: string, initAge: number) {
        this.name = initName;
        this.age = initAge;
    }
    introduction(): void {
        console.log(`My name is ${this.name}, I'm ${this.age} years old.`)
    }
}
```

代码声明了一个 Person 类，它拥有一个 string 类型的 name 属性和一个 number 类型的 age 属性，并且拥有一个 introduction()方法，用于输出简短的自我介绍。同时，类中指定了构造函数，它拥有 initName 和 initAge 两个参数。当调用构造函数时，会将这两个参数值分别赋给新对象的 name 属性和 age 属性。

10.1.2 创建实例对象

类是对象的模板，并不是实际对象。只有实例化该类，才能产生以该类为模板的新对象。实例化时会调用类的构造函数来产生新对象。在 TypeScript 中，使用 new 关键字来实例化新的对象，语法如下。

```
let 对象名称 = new 类名(构造函数的参数...);
```

构造函数用于描述如何构造实例对象。当使用“new 类名（构造函数的参数...）”语句时，会调用该类的构造函数来实例化新对象。

以前面声明的 Person 类为例，Person 类拥有一个构造函数，该函数拥有两个参数（initName 和 initAge）。在向构造函数传递具体参数值之后，构造函数会产生一个新的对象，并将这两个参数值分别赋给新对象的 name 属性和 age 属性，然后返回这个新的对象。Person 类实例化对象的示例代码如下。

```
let person1: Person = new Person("Rick", 24);
//以下代码输出My name is Rick, I'm 24 years old.
person1.introduction();

let person2: Person = new Person("Shark", 31);
//以下代码输出My name is Shark, I'm 31 years old.
person2.introduction();
```

一个类只支持一个构造函数。如果构造实例对象时不需要特殊处理，也可以不用编写构造函数，TypeScript会自动生成一个无参数且函数体为空的构造函数，用于实例化该类。

例如，对于以下类，没有编写构造函数，但由于TypeScript会默认生成一个无参数构造函数，因此也可以用它实例化新对象。

```
class Animal {
    type: string;
}

let animal1: Animal = new Animal();
animal1.type = "primate"
```

注意：声明类时，类的作用域不会提升到当前作用域的顶端，因此无法在类的声明语句出现之前就使用，否则会引起编译错误，示例代码如下。

```
//编译错误：类"Animal"用于其声明前。ts(2449)
let animal1: Animal = new Animal();

class Animal {
    type: string;
}
```

10.2 类的成员

类的成员即类的各个组成部分，在TypeScript中，类的成员包括属性、方法、构造函数、存取器和索引成员等。接下来，将分别介绍。

10.2.1 属性

在类中可以定义属性，并在实例化对象后读写属性的值，示例代码如下。

```
class Guest {
    name: string;
}

let guest1: Guest = new Guest();
guest1.name = "Shark";
```

当为实例化后的对象的属性赋值时，该值必须要符合属性的类型，否则会引起编译错误，示例代码如下。

```
//编译错误：不能将类型"number"分配给类型"string"。ts(2322)
guest1.name = 1;
```

1. 属性的初始值

在类中，通过“属性名称：属性类型=属性值”为属性指定初始值。例如，在以下代码中，为 Guest 类的 name 属性指定了初始值，之后在实例化类的对象时，对象的 name 属性将具备该初始值。

```
class Guest {
    name: string = "unknown";
}

let guest1: Guest = new Guest();
console.log(guest1.name); //输出"unknown"
```

除在属性定义部分指定初始值之外，还可以在构造函数中指定初始值，示例代码如下。

```
class Guest {
    name: string;

    constructor() {
        this.name = "unknown";
    }
}

let guest1: Guest = new Guest();
console.log(guest1.name); //输出"unknown"
```

2. 只读属性

通过 readonly 关键字将类的属性设置为只读属性，示例代码如下。

```
class Guest {
    readonly authority: string = "GuestUser";
}
```

一旦为只读属性指定初始值，就无法再次赋值。例如，以下代码将引起编译错误。

```
let guest1: Guest = new Guest();
//编译错误：无法分配到 "authority" ，因为它是只读属性。ts(2540)
guest1.authority = "AdminUser";
```

通过构造函数为只读属性指定初始值，示例代码如下。

```
class Guest {
    readonly authority: string;

    constructor() {
        this.authority = "GuestUser"
    }
}
```

但是，无法在非构造函数中为只读属性赋值，例如，以下代码将引起编译错误。

```
class Guest {
    readonly authority: string;

    init(){
        //编译错误：无法分配到 "authority" ，因为它是只读属性。ts(2540)
        this.authority = "GuestUser"
    }
}
```

10.2.2 方法

当以函数作为类或对象的成员时，这种函数通常称为方法。前面已经有一些定义并使用方法的示例，这里不再讲述，而介绍使用方法的一些要点。

在类或对象的方法中，如果要使用其他实例成员，必须加上 this 关键字。This 关键字表示调用当前类的实例对象，“this.成员名称”则表示调用当前实例对象的成员。

例如，以下代码在各个方法中使用 name 属性及 reName()方法时，都加上了 this 关键字。

```
class Person {
    name: string;

    constructor(initName: string) {
        this.reName(initName);
    }

    reName(targetName: string) {
        this.name = targetName;
    }

    hiddenIdentity() {
        this.reName("");
    }
}
```

如果不使用 this 关键字，将无法找到各个成员，从而引起编译错误，示例代码如下。

```
class Person {
    name: string;

    constructor(initName: string) {
        //编译错误：找不到名称"reName"。你的意思是实例成员"this.reName"?ts(2663)
        reName(initName);
    }

    reName(targetName: string) {
        //编译错误：找不到名称"name"。你的意思是实例成员"this.name"?ts(2663)
        name = targetName;
    }
```

```
    hiddenIdentity() {
        //编译错误：找不到名称"reName"。你的意思是实例成员"this.reName"?ts(2663)
        reName("");
    }
}
```

方法中的参数名称可以和成员属性的名称相同，但它们实际上是不同的变量，它们的使用方式有所区别。例如，在以下代码中，Person 类中定义了一个 name 属性，而 reName()方法中定义了一个名为 name 的参数，在它的方法体中将 name 参数的值赋给了 name 属性（注意，当使用属性时必须加上 this 关键字）。

```
class Person {
    name: string;

    reName(name: string) {
        this.name = name;
    }
}

let person1: Person = new Person();
person1.reName("Rick");
```

方法可以声明为重载方法。例如，以下代码中的 CombineCaculator 类拥有一个 combine()方法，该方法拥有 3 个重载签名，其两个参数和一个返回值分别为布尔类型、字符串类型、数值类型的值。而方法的重载实现部分的参数类型和返回值类型都定义成 any，以兼容前面所有签名的参数和返回值类型。然后，通过类型运算符判断传入的参数值的类型，并针对不同类型进行处理。

```
class CombineCaculator {
    combine(a: boolean, b: boolean): boolean;
    combine(a: string, b: string): string;
    combine(a: number, b: number): number;
    combine(a: any, b: any): any {
        if (typeof a == "boolean" && typeof b == "boolean") {
            return a || b;
        }
        else {
            return a + b;
        }
    }
}
```

上述方法拥有 3 个参数和返回值类型均不同的重载方法，因此在实例化 CombineCaculator 类的对象后，用对应的 3 种方式调用，示例代码如下。

```
let combineCaculator1 = new CombineCaculator();
//value1 为 number 类型，值为 3
let value1 = combineCaculator1.combine(1, 2);
//value2 为 string 类型，值为"ab"
let value2 = combineCaculator1.combine("a", "b");
```

```
//value3 为 boolean 类型，值为 true
let value3 = combineCaculator1.combine(true, false);
```

10.2.3　构造函数

构造函数与普通方法非常相似，但它们存在一些区别。首先，构造函数无法像普通方法那样可以随时调用，它主要用于创建新对象，只有在实例化对象时才会调用。其次，构造函数不能定义返回值的类型，因为构造函数的返回值是以该类为模板的新实例对象。

构造函数的参数列表与普通方法的相同，它也可以指定默认参数、可选参数和剩余参数，示例代码如下。

```
class Task {
    taskName: string;
    prority: number;
    infomations: string[]

    constructor(taskName: string = "default task", prority?: number, ...infomations:
    string[]) {
        this.taskName = taskName;
        this.prority = prority;
        this.infomations = infomations;
    }
}

let task1: Task = new Task("Fuction1 Coding", 1, "需要单元测试", "需要重构", "用指定算
法实现");
```

构造函数也支持重载。例如，在以下代码中，Task 类的构造函数拥有 3 个重载签名，其参数数量和类型各有区别，而构造函数的重载实现部分的参数数量及类型均能兼容前面所有的重载签名，然后通过类型运算符判断传入的参数值的类型，并针对不同类型进行处理。

```
class Task {
    taskName: string;
    prority: number;
    dueDate: Date;

    constructor(taskName: string);
    constructor(taskName: string, prority: number);
    constructor(taskName: string, dueDate: Date);
    constructor(taskName: string, prorityOrdueDate?: number | Date) {
        this.taskName = taskName;
        if (prorityOrdueDate) {
            if (typeof prorityOrdueDate == "number")
                this.prority = prorityOrdueDate;
            else
                this.dueDate = prorityOrdueDate;
        }
    }
}
```

Task 类拥有 3 个参数类型不同的构造函数，因此用对应的 3 种方式来实例化 Task 类的对象，示例代码如下。

```
let task1 = new Task("coding task");
let task2 = new Task("design task", 1);
let task3 = new Task("testing task", new Date(2022, 12, 31));
```

10.2.4 存取器

在类中可以定义属性，但有时并不会直接读写这些属性，而会通过一些自定义逻辑产生最终写入或读取的值。此时就将对属性的逻辑处理封装到存取器中，而从外部读写时，直接使用存取器名称即可。

存取器分为读方法（使用 get 关键字）与写方法（使用 set 关键字）两部分。读方法不接受任何参数，写方法只接受一个参数。存取器的声明语法如下。

```
class 类名 {
    ...
    get 存取器名称1()
    set 存取器名称1(参数名称:参数类型)
    get 存取器名称2()
    set 存取器名称2(参数名称:参数类型)
    ...
}
```

关于存取器的示例代码如下。

```
class Person {
    _name: string;
    get name() {
        return this._name;
    }
    set name(value: string) {
        this._name = value;
    }
}
```

在 Person 类中定义一个存取器 name，它同时支持读和写，读取时会返回_name 属性的值，写入时会将_name 属性设置为传入的值。

存取器的操作方式和普通属性没有差别，你可以用属性的操作方式进行读写，相比调用方法来说更简便。例如，以下代码通过 name 存取器为 person1 对象的_name 属性写入了一个字符串“Rick”，然后读取 name 存取器，输出该字符串。

```
let person1: Person = new Person();
person1.name = "Rick";
//以下代码输出"Rick"
console.log(person1.name);
//编译错误：不能将类型"number"分配给类型"string"。ts(2322)
person1.name = 1;
```

存取器通常不会用于以上代码所示的简单封装，而用于一些复杂逻辑的封装，通过这些逻辑产生最终写入或读取的值。例如，以下代码声明了一个 ExamResult 类，用于处理考试评级，_level 属性用于存放考试评级，isCheat 属性表示是否作弊。在 level 读存取器中，如果 isCheat==true，则直接返回 E 评级；否则，返回实际评级。在 level 写存取器中，不仅可以直接传入评级字符串，还可以传入一个分数，通过分数的范围产生评级字符串并将其值赋给_level 属性。

```
class ExamResult {

    _level: string;
    isCheat: boolean = false;

    get level() {
        if (this.isCheat)
            return "E"
        else
            return this._level;
    }

    set level(value: string | number) {
        if (typeof value == "string") {
            this._level = value;
        }
        else {
            if (value > 90) this._level = "A";
            else if (value > 75) this._level = "B";
            else if (value > 60) this._level = "C"
            else this._level = "D";
        }
    }
}

let exam1: ExamResult = new ExamResult();
exam1.level = 99;
console.log(exam1.level); //输出"A"
exam1.isCheat = true;
console.log(exam1.level); //输出"E"
```

只读存取器/只写存取器

存取器可以定义为只读存取器或只写存取器。对于只读存取器，只定义 get()方法，不定义 set()方法；而对于只写存取器，只定义 set()方法，不定义 get()方法。

以下代码在 Person 类中定义了一个只读存取器 name，因此该存取器只能读取值而不能写入值，在实例化对象后，如果对该存取器进行写入操作，会引起编译错误。

```
class Person {
    _name: string;
    get name() {
        return this._name;
    }
}
```

```
let person1: Person = new Person();
//编译错误：无法分配到 "name" ，因为它是只读属性。ts(2540)
person1.name = "Rick";
```

以下代码在 Person 类中定义了一个只写存取器 name，在实例化对象时，不仅可以对其进行写入操作，还也可以进行读取操作，这不会引起编译错误，但读取出的值为“undefined”。

```
class Person {
    _name: string;
    set name(value: string) {
        this._name = value;
    }
}

let person1: Person = new Person();
person1.name = "Rick";
console.log(person1.name); //输出 undefined
```

10.2.5 索引成员

在 TypeScript 中，当类的对象的属性与方法比类中定义的属性与方法多时，如果对类中未定义的成员进行操作，就会引起编译错误，示例代码如下。类中只定义了 name 和 age 属性，但实例化对象后，对对象的 height 属性进行了操作，因此会引起编译错误。

```
class Person {
    name: string;
    age: number;
}

let person1: Person = new Person();
person1.name = "Kiddy";
person1.age = 17;
//编译错误：类型"Person"上不存在属性"height"。ts(2339)
person1.height = 180;
```

要解决这个问题，你可以用前面提到的可选修饰符（?）将 height 属性作为可选参数加入类的成员定义中，但这只适用于已知有哪些可选属性或方法的情况。在完全不确定有哪些可选属性或方法时该怎么办呢？这就需要用到索引签名，通过索引签名，让类支持任意数量的可选属性。索引签名的定义方式如下。

```
class 类名 {
    ...
    [索引名称:索引类型]:属性类型;
    ...
}
```

TypeScript 中只支持两种类型的索引——字符串索引和数值索引。以下代码是关于字符串索引的使用示例。定义了字符串索引后，你就可以使用任意成员的名称，示例中的索引支持存储 any 类型，因此可以支持任意类型的可选属性和方法。

```
class Person {
    name: string;
    age: number;
    [index: string]: any
}

let person1: Person = new Person();
person1.name = "Kiddy";
person1.age = 17;
//以下代码可以正常编译
person1.height = 180;
person1.company = "Newbility Inc."
person1.introduction = function () {
    console.log(`My name is ${this.name}`);
}
```

10.3 类的继承

继承是面向对象编程的特性之一。在 TypeScript 中，类和类之间可以继承，被继承的类称为父类，继承它的类称为子类，子类将继承父类中的所有成员，并可以定义自己独有的成员。

通过继承，能够提高代码的可复用性，并且使代码更易于组织。本节将详细介绍类的继承。

10.3.1 简单的继承

类使用 extends 关键字来继承另一个类，语法如下。

```
class 类名 extends 被继承的类名 {
    //该类的各个成员
    ...
}
```

继承的示例代码如下。

```
class Animal {
    _name: string;
    constructor(name: string) {
        this._name = name;
    };
    get name() {
        return this._name;
    }
    moveTo(localtion: string) {
        console.log(`Walking to ${localtion}.`);
    }
}

class Cat extends Animal {
    mewing(times: number) {
```

```
        for (let i = 0; i < times; i++) {
            console.log("meow!");
        }
    }
}
```

以上代码声明了一个 Animal 类，作为父类，它拥有一个_name 属性、一个构造函数、一个只读的 name 存取器，以及一个 moveTo()方法。Cat 类继承了 Animal 类，因此拥有父类的所有成员，同时它还定义了新的成员——mewing()方法。

由于 Cat 类没有指定构造函数，因此它将默认继承父类的构造函数，在实例化 Cat 类的对象时也需要传入 name 参数。实例化后既可以使用从父类继承下来的各个成员（name 存取器和 moveTo()方法），也可以调用自己的成员（mewing()方法），示例代码如下。

```
let cat1 = new Cat("kiddy");
console.log(cat1.name); //输出 kiddy
cat1.moveTo("desk");    //输出 Walking to desk.
cat1.mewing(3);         //输出"meow!""meow!""meow!"
```

注意，类只支持从单个类继承，这意味着一个类不能同时继承两个及以上的类，否则会引起编译错误，示例代码如下。

```
class A { }
class B { }
//编译错误：类只能扩展一个类。ts(1174)
class C extends A, B { }
```

虽然 TypeScript 不支持同时继承多个类，但允许依次继承各个类，例如，以下代码可以正常执行，不会引起编译错误。

```
class A { }
class B extends A { }
class C extends B { }
```

10.3.2 重写父类成员

虽然子类继承了父类的成员，但在某些情况下，子类可能需要修改或扩展父类的某些成员，以满足子类的特定需求，这就需要重写父类的成员。

重写父类成员的方式很简单，只需要在子类中定义一个与父类中的成员同名的成员即可，之后在实例化子类时，使用该成员，使用子类中的代码。

1. 重写方法和存取器

要重写方法或存取器，只需要在子类中定义同名方法或存取器即可，且重写后的成员的参数和返回值必须和父类一致。例如，在以下代码中，父类 Animal 拥有只读存取器 name 及 moveTo()方法，Bird 类继承了 Animal 类，重写了 name 存取器（在返回_name 属性时增加了 bird 后缀）和 moveTo()方法（将输出语句中的单词 Walking 改为 Flying），并利用 set 关键字使 name 存取器支持写入。

```
class Animal {
    _name: string;
    constructor(name: string) {
        this._name = name;
    };
    get name() {
        return this._name;
    }
    moveTo(localtion: string) {
        console.log(`Walking to ${localtion}.`);
    }
}

class Bird extends Animal {
    get name() {
        return this._name + " bird";
    }
    set name(value: string) {
        this._name = value;
    }
    moveTo(localtion: string) {
        console.log(`Flying to ${localtion}.`);
    }
}
```

重写方法和存取器后，实例化子类的对象，再调用 name 存取器和 moveTo()方法，会执行子类中定义的代码逻辑，示例代码如下。

```
let bird1: Bird = new Bird("Polly"); //输出"Polly bird"
console.log(bird1.name);
bird1.name = "Starling"
bird1.moveTo("a tree");              //输出"Flying to a tree."
```

2. 重写构造函数

在 TypeScript 中还支持重写构造函数。

重写构造函数与重写方法和存取器有以下两点区别。

- 构造函数的参数数量及类型不需要和父类中的保持一致，可以重新定义。
- 重写后的构造函数必须使用“super(参数列表)”的形式，调用一次父类的构造函数。

例如，以下代码定义了一个 User 类，它拥有一个 name 属性及一个带 name 参数的构造函数，Administrator 类继承了 User 类，并新增了一个成员 authority，同时子类中重写了构造函数，需要分别传入 name 和 authority 两个参数。在执行构造函数代码时，会先以“super(参数列表)”的形式传入 name 参数来调用父类构造函数，然后再为 authority 属性赋值。

```
class User {
    name: string;
    constructor(name: string) {
        this.name = name;
    };
}
```

```
class Administrator extends User {
    authority: string;
    constructor(name: string, authority: string) {
        super(name);
        this.authority = authority;
    };
}
```

之后在实例化 Administrator 类的对象时，需要用重写后的构造函数实例化新对象。示例代码如下。

```
let admin1: Administrator = new Administrator("Duke", "Admin");
console.log(admin1.name);       //输出"Duke"
console.log(admin1.authority); //输出"Admin"
```

如果要重写构造函数，则必须以“super(参数列表)”的形式调用父类构造函数；否则，会引起编译错误。示例代码如下。

```
class Administrator extends User {
    authority: string;
    //编译错误：派生类的构造函数必须包含 "super" 调用。ts(2377)
    constructor(name: string, authority: string) {
        this.authority = authority;
    };
}
```

在通过 this 关键字使用任何成员之前，你必须先以“super(参数列表)”的形式调用父类构造函数，否则会引起编译错误。示例代码如下。

```
class Administrator extends User {
    authority: string;
    constructor(name: string, authority: string) {
        //这句代码未使用 this 关键字，因此不会引起编译错误
        name = `${name} : ${authority}`;
        //以下代码将引起编译错误
        //编译错误：访问派生类的构造函数中的 "this" 前，要先调用 "super"。ts(17009)
        this.authority = authority;
        super(name);
    };
}
```

即使父类没有显式定义构造函数，TypeScript 也将默认它有一个无参数构造函数，因此继承该类后，子类依然要使用“super()”的形式调用父类构造函数，否则会引起编译错误。示例代码如下。

```
class baseClass { }

class ChildClass extends baseClass {
    constructor() {
        super();
    }
}
```

3. 重写成员的兼容性

如果重写成员后，子类和基类拥有名称相同但类型不同的成员，就可能造成冲突，引起编译错误。为保证代码的可读性和可维护性，所有的冲突都应尽可能在编码时避免。

1）属性冲突。

如果子类和父类拥有同名但类型不同的属性，在声明时就会直接引起编译错误。例如，在以下代码中，Animal 类拥有一个 string 类型的 name 属性，WhiteMouse 类继承了 Animal 类，但它将 name 属性重写为 number 类型，因此将引起编译错误。

```
class Animal {
    name: string;
}

//类型"WhiteMouse"中的属性"name"不可以分配给基类型"Animal"中的同一属性
//编译错误：不能将类型"number"分配给类型"string"。ts(2416)
class WhiteMouse extends Animal {
    name: number;
}
```

注意，如果父类的属性兼容子类的属性，则不会引起编译错误。例如，在以下代码中，Animal 类拥有一个 string | number 类型的 name 属性，WhiteMouse 类继承了 Animal 类，并将 name 属性重写为 number 类型，由于父类的 name 属性能够兼容 number 类型，因此不会引起编译错误。

```
class Animal {
    name: string | number;
}

class WhiteMouse extends Animal {
    name: number;
}
```

2）方法冲突。

如果子类和父类拥有同名方法，但它们的参数个数、参数类型、返回值中有不匹配项，就会引起编译错误。例如，在以下代码中，Animal 类拥有一个传入 string 类型 food 参数的 eat()方法，Tiger 类继承了 Animal 类，但它重写了 eat()方法，传入参数变成了 Animal 类型，因此将引起编译错误。

```
class Animal {
    name: string;
    eat(food: string) { console.log(`Eating ${food}`) }
}

//编译错误：类型"Tiger"中的属性"eat"不可分配给基类型"Animal"中的同一属性
//不能将类型"(food: Animal) => void"分配给类型"(food: string) => //void"
//不能将类型"string"分配给类型"Animal"。ts(2416)
class Tiger extends Animal {
    eat(food: Animal) { console.log(`Eating ${food.name}`) }
}
```

注意，如果子类的方法兼容父类的方法（和属性的兼容顺序正好相反），则不会引起编译错误。例如，在以下代码中，Tiger 类继承了 Animal 类的接口，但它将 eat()方法的参数类型重写成 Animal | string 类型，由于子类的方法兼容父类的方法，因此不会引起编译错误。

```
class Animal {
    name: string;
    eat(food: string) { console.log(`Eating ${food}`); }
}

class Tiger extends Animal {
    eat(food: Animal | string) {
        console.log('Eating
        ${(typeof food == "string") ? food : food.name}`);
    }
}
```

10.3.3 复用父类成员

虽然在子类中可以重写父类的存取器或方法，但是这并不意味着父类的存取器或方法就此消失，而表示在类的外部调用同名存取器或方法时，将使用在子类中重写后的存取器或方法。但在类的内部，你依然可以通过“super.存取器名称”和“super.方法名称(参数列表)”的形式调用重写的父类成员。在实例化子类对象后，子类的成员和父类的存取器或方法实际上也拥有各自独立的内存空间，它们只被隐藏，并没有真正被覆盖。

有时，在重写某个存取器或方法时，并不需要完全改写它们的逻辑，而在原来已有的逻辑上扩展一部分新的逻辑，因此使用 super 关键字来引用父类存取器或方法。例如，以下代码声明了一个 Animal 类，它将被 Bird 类继承，并且 name 存取器和 moveTo()方法将被 Bird 类重写。在重写的成员中，会根据 canFly 属性是否为 true 执行不同的代码分支。如果 canFly 为 true，则运行新的代码逻辑；如果 canFly 为 false，则会通过“super.存取器名称”和“super.方法名称(参数列表)”的形式调用重写前的父类成员的代码逻辑。

```
class Animal {
    _name: string;
    constructor(name:string) {
        this._name=name;
    };
    get name() {
        return this._name;
    }
    moveTo(localtion: string) {
        console.log('Walking to ${localtion}.');
    }
}

class Bird extends Animal {
    canFly: boolean = false;
    get name() {
```

```
        if (this.canFly) {
            return this._name + " bird";
        }
        else {
            return super.name;
        }
    }
    moveTo(localtion: string) {
        if (this.canFly) {
            console.log(`Flying to ${localtion}.`);
        }
        else {
            super.moveTo(localtion);
        }
    }
}
```

之后再实例化两个 Bird 类的实例对象，一个将 canFly 设置为 false，另一个将 canFly 设置为 true，然后调用 name 存取器和 moveTo()方法，可以发现它们分别执行了不同的代码逻辑。

```
let bird1: Bird = new Bird("penguin");
bird1.canFly = false;
console.log(bird1.name);    //输出"penguin animal"
bird1.moveTo("a iceberg"); //输出"Walking to a iceberg."

let bird2: Bird = new Bird("swallow");
bird2.canFly=true;
console.log(bird2.name);    //输出"swallow bird"
bird2.moveTo("a tree");     //输出"Flying to a tree."
```

10.4　继承接口与抽象类

类不仅可以继承另一个类，还可以继承接口和抽象类。接口和抽象类都不能直接实例化，其中的成员定义必须由继承它的子类来实现。接口用于描述对象类型的结构，其中的成员只拥有类型定义而没有具体实现。在抽象类中指定某些成员只有定义，具体逻辑需要由继承它的子类来实现，而指定另一些成员拥有具体实现，子类继承后可以共用。

10.4.1　继承接口

类继承接口需要使用 implements 关键字，其语法如下。

```
class 类名称 implements 接口名称 1, 接口名称 2,...,接口名称 n {
    //类的成员以及接口的成员
}
```

例如，以下代码声明了一个 IUser 接口，它拥有两个待实现成员——name 字段和 login()方法。GuestUser 继承了该接口，并实现了这两个接口成员，NormalUser 也继承了 IUser 接口，但区别在于，NormalUser 将 name 字段以存取器的方式实现。

```
interface IUser {
    name: string,
    login: (pwd: string) => boolean;
}

class GuestUser implements IUser {
    name: string;
    login(pwd: string) {
        return true;
    }
    authority: string = "guest";
}

class NormalUser implements IUser {
    _name: string;
    get name() {
        return this.name;
    }
    set name(value: string) {
        this._name = value;
    }
    login(pwd: string) {
        return pwd == "123456";
    }
    authority: string = "normal";
}
```

继承接口后，接口中的成员在类中必须拥有具体实现代码，否则会引起编译错误。例如，以下代码中的 AdminUser 继承了 IUser 接口，但没有实现任何成员，因此引起了编译错误。

```
//类"AdminUser"错误实现接口"IUser"
//类型"AdminUser"缺少类型"IUser"中的属性 name 和 login
class AdminUser implements IUser {

}
```

和继承类不同，接口支持多继承，这意味着一个类可以同时继承并实现多个接口，示例代码如下。

```
interface Checkable {
    check: () => void;
}

interface Clickable {
    click: (x: number, y: number) => void;
}

class Checkbox implements Checkable, Clickable {
    check() {
        console.log("this checkbox has been checked!")
    }
    click(x: number, y: number) {
        console.log(`click location ${x},${y}`)
    }
}
```

注意：接口中可以指定可选成员，类在继承该接口后可以不实现已指定的可选成员，但这也意味着可选成员并不属于类的成员，因此不可以使用。例如，在以下代码中，接口 A 中定义了一个可选成员 y，类 B 继承了接口 A，但只实现了成员 x，因此该类只有成员 x，并没有成员 y。如果尝试操作类 B 的实例对象的 y 成员，将会引起编译错误。

```
interface A {
    x: string;
    y?: number;
}

class B implements A {
    x: string;
}

let b:B=new B();
b.x = "abc";
//编译错误：类型"B"上不存在属性"y"。ts(2339)
b.y = 1;
```

10.4.2 继承抽象类

和接口不同，抽象类既可以拥有成员定义，又可以拥有具体实现。在 TypeScript 中，用 abstract 关键字来声明抽象类。那些仅拥有定义而没有具体实现的成员也需要加上 abstract 前缀，表示它是抽象成员。抽象类不能实例化，只能实例化继承了抽象类的普通子类。

抽象类的声明语法如下。

```
abstract class 类名 {
    //定义抽象成员
    abstract 属性名称 1: 属性类型;
    abstract 属性名称 2: 属性类型;
    abstract 方法名称 1(参数列表...): 返回值类型 { /*方法代码块*/ }
    abstract 方法名称 2(参数列表...): 返回值类型 { /*方法代码块*/ }
    ...
    //抽象类中也可以定义拥有具体实现的成员
    属性名称 3: 属性类型;
    属性名称 4: 属性类型;
    方法名称 3(参数列表...): 返回值类型 { /*方法代码块*/ }
    方法名称 4(参数列表...): 返回值类型 { /*方法代码块*/ }
}
```

例如，以下代码声明了 Person 抽象类，它拥有一个抽象属性 age、一个抽象只读存取器 name 和一个抽象方法 myLocation()。同时，它还定义了一个拥有具体实现的方法 selfIntroduction()，在该方法中使用了各个成员。

```
abstract class Person {
    abstract age: number;
    abstract get name();
    abstract myLocation();
```

```
    selfIntroduction() {
        console.log(`My name is ${this.name}, I'm ${this.age} years old. I live in
        ${this.myLocation()}`);
    }
}
```

下面编写代码，继承 Person 抽象类。以下代码声明了一个 ChinesePerson 类，它继承了 Person 抽象类，并实现了它的 3 个成员——属性 age、只读存取器 name 和 myLocation()方法，然后实例化 ChinesePerson 类的对象，调用 selfIntroduction()方法，最终顺利输出各个成员的值。

```
class ChinesePerson extends Person {
    //实现抽象类 Person 中的 age 属性
    age: number;
    familyName: string;
    givenName: string;
    province: string;
    city: string;
    constructor(familyName: string, givenName: string, age: number, province: string,
    city: string) {
        super();
        this.familyName = familyName;
        this.givenName = givenName;
        this.age = age;
        this.province = province;
        this.city = city;
    }
    //实现抽象类 Person 中的 name 存取器
    get name() {
        return this.familyName + this.givenName;
    }

    myLocation() {
        return `${this.city}, ${this.province}`;
    }
}

let person1: ChinesePerson = new ChinesePerson("Zhou", "Jun", 28, "ChengDu", "SiCh
uan");
person1.selfIntroduction(); //输出
"My name is ZhouJun, I'm 28 years old. I live in SiChuan, ChengDu"
```

使用抽象类的注意事项

注意，抽象类本身不能实例化，必须由普通类继承该抽象类，然后才可以实例化普通类的对象。如果直接实例化抽象类，将引起编译错误。示例代码如下。

```
//编译错误：无法创建抽象类的实例。ts(2511)
let person1: Person = new Person();
```

抽象类和普通类的继承不同，继承抽象类后，所有的抽象成员必须在子类中拥有具体实现，否则也会引起编译错误。示例代码如下。

```
//编译错误：非抽象类"AmericanPerson"不会实现继承自"Person"类的抽象成员"age"、"myLocation"、
//"name"。ts(2515)
class AmericanPerson extends Person { }
```

抽象成员（有 abstract 前缀的成员）不可以拥有具体实现，否则也会引起编译错误。示例代码如下。

```
abstract class A {
    //编译错误：属性"a"不能具有初始化表达式，因为它标记为摘要。ts(1267)
    abstract a: number = 10;
    //编译错误：抽象访问器不能有实现。ts(1318)
    abstract set b(value: number) { this.a = value; }
    //编译错误：抽象访问器不能有实现。ts(1318)
    abstract get b() { return 1; }
    //编译错误：方法"c"不能具有实现，因为它标记为抽象。ts(1245)
    abstract c() { }

    d: number = 20;
    set e(value: number) { this.d = value; }
    get f() { return 1; }
    g() { }
}
```

10.5　成员的可访问性

在 TypeScript 中，类的成员拥有 3 个级别的可访问性——public、protected 和 private。这 3 个级别的关键字可以以前缀的形式添加到类的各成员上，它们将决定一个成员是否可以在类以外的代码中调用，以及是否可以由子类的代码调用。本节将分别介绍各个级别的可访问性。

10.5.1　public

public 是所有成员的默认可访问性级别，通常不需要增加此前缀。

当成员的可访问性为 public 时，则意味着该成员既可以在类以外的代码中调用，也可以由该类或其子类的代码调用，示例代码如下。由于 public 是默认级别，因此以下代码中的 public 前缀都可以省略。

```
class Person {
    public age: number = 12;
    public get name() { return "Kiddy"; }
    public location() { return "SiChuan" }

}

//在类以外的代码中访问各个 Public 级别的成员
let person1: Person = new Person();
person1.age = 17;
console.log(person1.name);
console.log(person1.location());
```

```
//在子类中访问各个 Public 级别的成员
class Talker extends Person {
    public selfIntroduction() {
        console.log(`My name is ${this.name}, I'm ${this.age} years old. I live in
        ${this.location()}`)
    }
}
```

10.5.2 protected

protected 级别的成员为受保护的成员，它们不能在类以外的代码中访问，只能在它所在类或者所在类的子类中访问。

例如，以下代码将 Person 类的 3 个成员改为 protected 级别，在类以外的代码中访问它们将引起编译错误。

```
class Person {
    protected age: number = 12;
    protected get name() { return "Kiddy"; }
    protected location() { return "SiChuan" }
}

//在类以外的代码中访问各个 protected 级别的成员
let person1: Person = new Person();
//编译错误：属性"age"受保护，只能在类"Person"及其子类中访问。ts(2445)
person1.age = 17;
//编译错误：属性"name"受保护，只能在类"Person"及其子类中访问。ts(2445)
console.log(person1.name);
//编译错误：属性"location"受保护，只能在类"Person"及其子类中访问。ts(2445)
console.log(person1.location());
```

虽然不能在外部访问 protected 级别的成员，但在子类中访问各个 protected 级别的成员是允许的。示例代码如下。

```
class Talker extends Person {
    public selfIntroduction() {
        console.log(`My name is ${this.name}, I'm ${this.age} years old. I live in
        ${this.location()}`)
    }
}

let talker1: Talker = new Talker();
talker1.selfIntroduction(); //输出"My name is Kiddy, I'm 12 years old. I live in SiChuan"
```

10.5.3 private

private 级别的成员为私有成员，只可以在其所在类中访问，在类以外的代码和子类中均无法访问。

例如，以下代码将 Person 类的 3 个成员都改为 private 级别的成员，因此无论是在类以外的代码中访问各个 private 级别的成员，还是在子类中访问各个 private 级别的成员，都会引起编译错误。

```
class Person {
    private age: number = 12;
    private get name() { return "Kiddy"; }
    private location() { return "SiChuan" }
}

//在类以外的代码中访问各个 private 级别的成员
let person1: Person = new Person();
//编译错误：属性"age"为私有属性，只能在类"Person"中访问。ts(2341)
person1.age = 17;
//编译错误：属性"name"为私有属性，只能在类"Person"中访问。ts(2341)
console.log(person1.name);
//编译错误：属性"location"为私有属性，只能在类"Person"中访问。ts(2341)
console.log(person1.location());

//在子类中访问各个 Public 级别的成员
class Talker extends Person {
    public selfIntroduction() {
        //编译错误：属性"age"为私有属性，只能在类"Person"中访问。ts(2341)
        //编译错误：属性"name"为私有属性，只能在类"Person"中访问。ts(2341)
        //编译错误：属性"location"为私有属性，只能在类"Person"中访问。ts(2341)
        console.log(`My name is ${this.name}, I'm ${this.age} years old. I live in
        ${this.location()}`)
    }
}
```

由于 private 级别的成员只能在其所在类对应的代码中使用，因此如果将 selfIntroduction()方法搬到 Person 类中，就可以正常访问这些 private 级别的成员。例如，以下代码可以正常编译、执行。

```
class Person {
    private age: number = 12;
    private get name() { return "Kiddy"; }
    private location() { return "SiChuan" }

    public selfIntroduction() {
        console.log(`My name is ${this.name}, I'm ${this.age} years old. I live in
        ${this.location()}`)
    }
}
```

前面介绍了存取器的概念。在使用存取器时，通常会将封装的属性设置为 private，以避免该属性被外部代码直接调用。只允许外部代码经过存取器来访问该属性。示例代码如下。

```
class Person {
    private _name: string;
    public get name() {
        return this._name;
    }
    public set name(value: string) {
        this._name = value;
    }
}
```

注意：虽然private级别的成员无法在类以外的代码中访问，但通过一些方法可以绕过这一层检查，例如，以下代码通过索引的形式访问对象的属性，这种方式将绕过编译检查，直接访问private属性。在实际项目中应避免使用这类用法。

```
class A {
    private b: number = 12;
}

let a: A = new A();
console.log(p1["b"]); //输出12
```

10.5.4 可访问性的兼容性

在定义存取器时，如果同一个存取器的get部分与set部分的可访问性不一致，将引起编译错误。示例代码如下。

```
class User {
    private _name: string;

    //编译错误：get访问器必须具有与get访问器相同的可访问性。ts(2808)
    public set name(value: string) { this._name = value; }
    protected get name() { return this._name; }
}
```

当子类在重写父类的成员时，如果同名可访问性不同，也会引起编译错误。示例代码如下。

```
class A {
    private a: string;
    protected b: number;
    public c: boolean;
}

//编译错误：类"B"错误扩展基类"A"。ts(2415)
class B extends A {
    public a: string;
    private b: number;
    protected c: boolean;
}
```

但是，在重写父类成员时子类的可访问性不同，TypeScript允许一个例外：将基类的protected级别的成员提升为public级别的成员。例如，以下代码能够正常编译、执行。

```
class User {
    protected name: string;
    protected sayHello() { }
}
class Guest extends User {
    public name: string;
    public sayHello() { }
}
```

10.6 静态成员

前面所定义的类的成员都是动态成员，它们属于类的实例，只有在实例化该类的具体对象后才能使用这些成员。在 TypeScript 中，还可以为类定义静态成员，它们不属于类的实例，而属于类本身，需要通过类的名称直接访问这些成员。

10.6.1 静态成员的声明与访问

在 TypeScript 中，使用 static 定义静态成员，静态成员只能通过“类名称.成员名称”的形式访问。

例如，以下代码声明了一个 Logger 类，它拥有一个静态属性 version 和一个静态方法 writeLog()。无须实例化该类，直接通过类名的形式就可以使用这些成员，如 Logger.version 和 Logger.writeLog。

```
class Logger {
    static version = "1.0";
    static writeLog(logContent: any) {
        console.log(logContent);
    }
}

console.log(Logger.version);      //输出1.0
Logger.version = "2.0";
Logger.writeLog("error occars."); //输出error occars
```

由于静态成员属于类本身，并不属于类的实例，因此无法通过实例化该类后产生的对象访问这些静态成员。例如，以下代码将引起编译错误。

```
let logger = new Logger();
//编译错误：属性"version"在类型"Logger"上不存在。你的意思是改为访问静态成员
// "Logger.version"吗?ts(2576)
logger.version = "3.0";
//编译错误：属性"writeLog"在类型"Logger"上不存在。你的意思是改为访问静态成员
// "Logger.writeLog"吗?ts(2576)
logger.writeLog("this is a log");
```

也可以使用 public、protected、private 等关键字控制静态成员的可访问性，这里不再讲述。

10.6.2 静态成员的继承

与动态成员类似，静态成员也可以继承，子类将继承父类的除 private 级别的成员以外的所有静态成员。

例如，在以下代码中，Logger 类的两个静态成员都可以由 DBLogger 继承，然后再通过子类

的名称使用这些静态成员，如 DBLogger.version 和 DBLogger.writeLog。

```
class Logger {
    static version = "1.0";
    static writeLog(logContent: any) {
        console.log(logContent);
    }
}

class DBLogger extends Logger { }

console.log(DBLogger.version);      //输出 1.0
DBLogger.writeLog("error occars.") //输出"error occars."
```

注意，如果更改父类的静态属性，那么子类的静态属性也将一并更改；而如果更改子类的静态属性，父类的静态属性不受影响。例如，以下代码先将 Logger 类的 version 属性更改为 2.0，DBLogger 类的 version 属性也会变为 2.0，如果更改 DBLogger 类的 version 属性为 3.0，Logger 类的 version 属性依然为 2.0。

```
Logger.version = "2.0";
console.log(Logger.version);    //输出 2.0
console.log(DBLogger.version); //输出 2.0

DBLogger.version = "3.0";
console.log(Logger.version);    //输出 2.0
console.log(DBLogger.version); //输出 3.0
```

10.6.3 静态代码块

由于静态成员的使用并不需要实例化该类，因此构造函数无法用于初始化静态成员。如果要初始化静态成员的值，先简单赋值然后直接使用默认值即可。不过，对于初始化计算较复杂的情况，就需要借助静态代码块。

静态代码块以“static { 代码块 }”的形式定义，它将会在首次使用静态成员之前执行，且只执行一次。

例如，以下代码声明了一个 ThreadClass 类，它拥有一个静态属性 maxThreadCount。maxThreadCount 属性根据允许的平台而不同，因此这里定义了一个静态代码块，根据当前运行代码的平台是 Node.js 还是浏览器，决定 maxThreadCount 属性的初始值。最后一句输出了 maxThreadCount 属性的值，在 Node.js 环境下输出值为 10，在浏览器环境下输出值为 1。

```
class ThreadClass {
    static maxThreadCount: number;
    static {
        if (globalThis.toString() == "[object Window]")
            ThreadClass.maxThreadCount = 1;
        else
            ThreadClass.maxThreadCount = 10;
    }
}
```

```
//以下代码在Node.js环境下将输出10，在浏览器环境下将输出1
console.log(ThreadClass.maxThreadCount);
```

10.7 其他应用与注意事项

除上述使用方式外，类还可以用于初始化、赋值等。

10.7.1 类的初始化顺序

在某些情况下，代码的执行顺序会让人疑惑。例如，对于以下代码，读者可以先试着自行推出输出结果。

```
class A {
    name = "A";
    constructor() {
        console.log("this is " + this.name);
    }
}
class B extends A {
    name = "B";
}
let b = new B();
```

执行代码后，输出结果是“this is A”。这着实让人疑惑，this 看上去应该指向的是类 B 的实例，但 this 的 name 属性返回了字符串“A”。

如果理解 TypeScript 中类的实例化顺序，就知道原因了。类的实例化顺序如下。

（1）初始化父类属性，赋予默认值。

（2）执行父类构造函数。

（3）初始化子类属性，赋予默认值。

（4）执行子类构造函数。

由于父类的构造函数是实例化的第二步，在执行 console.log("this is " + this.name)时，只有父类属性被初始化，并被赋予了默认值，因此输出结果为“this is A”。

那么子类的构造函数去哪里了呢？不妨这么理解，虽然类 B 继承了类 A，没有重写类 A 的构造函数，但它隐式拥有自己的构造函数，因此以上示例代码中类 B 实际上等同于以下代码。

```
class B extends A {
name = "B";
    constructor() {
        super();
    }
}
```

10.7.2 参数属性

TypeScript 还支持参数属性，目的是使属性定义更便于使用。但它会破坏代码结构，降低代码的可读性。因此这里只做简单介绍，但并不推荐使用。

例如，以下代码在 Task 类中定义了 taskName、Priority 和 informations 这 3 个属性，这些属性可以通过构造函数传入具体值。可以看出，这种写法并不方便，对于每一个属性，都需要在构造函数中指定值。

```
class Task {
    public taskName: string;
    protected prority: number;
    private infomations: string[];

    constructor(taskName: string, prority: number, infomations: string[]) {
        this.taskName = taskName;
        this.prority = prority;
        this.infomations = infomations;
    }
}
```

TypeScript 支持一种简化的参数属性写法，将属性定义与值都写到构造函数中。以下 Task 类的代码与上一一段代码的作用一模一样，但它更简洁。

```
class Task {
    constructor(
        public taskName: string,
        protected prority: number,
        private infomations: string[],
    ) { }
}
```

两种写法在调用方式上也没有任何差别，示例代码如下。

```
let task1: Task = new Task("Function1 Coding", 1, ["需要单元测试", "需要重构", "用指定算法实现"]);
console.log(task1.taskName); // 输出"Fuction1 Coding"
```

10.7.3 类表达式

如同函数一样，类也可以以表达式的形式进行声明，示例代码如下。

```
const Person = class {
    constructor(public name: string) { };
    selfIntroduction() { console.log('I'm ${this.name}') };
};
```

这同样是一种不推荐的用法，因为类表达式会将类的定义赋给变量，但变量本身不会被 TypeScript 识别为一种类型。例如，以下代码将引起编译错误。

```
//编译错误："Person"表示值，但在此处用作类型。是否指"类型 Person"?ts(2749)
let person1: Person = new Person("Nick");
```

以表达式形式声明的类只能通过以下方式实例化，不能在声明时指明类型。

```
let person2 = new Person("Nick");
person2.selfIntroduction();
```

10.7.4 不够严格的类

在 TypeScript 中，类本身不是严格的类型，而只是一种结构上的约束。如果两个类具有相同或类似的结构，那么 TypeScript 可以将其识别为相同的类型。

例如，以下代码首先声明了 A 和 B 两个类，它们拥有完全一样的属性，接着，声明了一个变量 c，该变量虽然声明为 A 类型，但实际上它为 B 的实例。这段代码在 TypeScript 中也能正常编译和执行。

```
class A {
    x: string;
    y: number;
}

class B {
    x: string;
    y: number;
}

let c: A = new B();
```

A 和 B 两个类甚至不需要结构完全一致，只要 B 包含 A 的所有成员，即使 B 比 A 的成员更多，也可以将 B 的实例赋给 A 类型的变量。

```
class A {
    x: string;
    y: number;
}

class B {
    x: string;
    y: number;
    z: boolean;
}

let c: A = new B();
```

除以上比较独特的场景之外，TypeScript 中还有一个场景需要注意。例如，以下代码首先声明了一个没有任何成员的 EmptyClass 类，然后声明了一个 test()函数，对该函数需要传入 EmptyClass 类型的参数，但在实际调用时，EmptyClass 类型会被识别为空对象类型“{}”，因此该函数可以传入任何类型的对象。

```
class EmptyClass { }

function test(obj: EmptyClass) {
    console.log(obj);
}

//以下代码均不会引起编译错误
test({});
test(test);
test({ a: 1 });
class NormalClass { name: string; }
test(new NormalClass());
```

10.7.5 instanceof 运算符

instanceof 运算符主要用于判断一个对象是否是指定类型的实例。如果左侧的对象是右侧类型的实例，则返回 true；否则，返回 false。该运算符主要用于引用类型，无法用于原始类型。

该运算符的语法如下。

```
x instanceof 引用类型名称
```

例如，以下代码首先声明了 A 和 B 两个类。虽然它们的结构一致，但是它们实际上是不同的类型。接着，声明了一个变量 a，并将其值指定为 A 的实例。然后，分别输出 a instanceof A 和 a instanceof B 的判断结果。可以发现，程序准确地判断出变量 a 的值是 A 类的实例。

```
class A { }
class B { }
let a = new A();
console.log(a instanceof A); //输出 true
console.log(a instanceof B); //输出 false
```

第 11 章　顶部类型与底部类型

在 TypeScript 中，有两种顶部类型和一种底部类型，这些类型如下。

- any：任意类型。
- unknown：未知类型。unknown 与 any 类似，但更严格，使用前必须进行断言。
- never：永不存在的值的类型。

本章介绍这些类型的应用。

11.1 any

any 类型即任意类型，该类型的变量不受任何约束，编译时会跳过类型检查。它既是顶部类型，又是底部类型。

当 any 为顶部类型时，它是所有类型的父类型，所有值都可以赋给该类型的变量。示例代码如下。

```
let a: any;
a = 1;
a = "hello";
a = true;
a = [1, 2, 3]
a = function () { console.log("hello") };
a = { x: "aa", y: 1 };
```

由于 any 会绕过编译检查，因此可以对 any 类型的变量进行任何操作，且不会引起编译错误。

```
let a: any;
console.log(a.x);
a.helloWorld("good", 1);
a.y = function () { };
a[1] = "123"
```

当 any 为底部类型时，它是所有类型的子类型，它的值可以赋给所有类型的变量。示例代码如下。

```
let a: any;
let boolean1: boolean = a;
let number1: number = a;
let string1: string = a;
let function1: () => void = a;
let object1: { x: number } = a;
let array1: number[] = a;
```

由于 TypeScript 中类型定义不是必需的，如果一个变量没有显式类型定义且编译器无法自动推导其类型，则该变量默认为 any 类型。例如，以下代码声明了一个 sum()函数，但它的参数及返回值都没有显式类型定义，因此编译器会将参数 a、参数 b，以及 sum()函数的返回值都视为 any 类型。

```
function sum(a, b) {
    return a + b;
}
```

总而言之，一旦使用 any 类型，类型检查器将完全失去作用，任何操作都是允许的。因此，any 是一种极其不推荐的类型，不到万不得已切勿使用。它会绕过 TypeScript 的编译检查，因此问题只能在程序运行时才可能发现，维护成本将大幅增加。例如，以下代码在编译时不会有任何问题，但在运行时将出现错误。

```
let object1: any = {
    sayHello: function () {
        console.log("hello world");
    }
};

//方法名称少写了 s，可以正常编译，但程序在运行时会因为找不到 ayHello()方法报错
object1.ayHello();
```

11.2 unknown

unknown 即未知类型，它是一种顶部类型。它可以像 any 类型那样作为所有类型的父类型，所有类型的值都可以赋给 unknown 类型的变量，但它不会绕过编译检查，因此比 any 类型更安全。

例如，以下代码声明了一个 unknown 类型的变量 a，任何类型的值都可以赋给变量 a。

```
let a: unknown;
a = 1;
a = "hello";
a = true;
a = [1, 2, 3]
a = function () { console.log("hello") };
a = { x: "aa", y: 1 };
```

unknown 表示未知类型，如果没有显式判断 unknown 的具体类型就直接进行操作，将引起编译错误。示例代码如下。

```
let a: unknown;

a = function () { console.log("hello"); }
//编译错误：此表达式不可调用。类型 "{}" 没有调用签名。ts(2349)
a();

a = 1;
//编译错误：运算符"+"不能应用于类型"unknown"和"2"。ts(2365)
let b = a + 2;

a = { x: "hello" }
//编译错误：类型"unknown"上不存在属性"x"。ts(2339)
a.x
```

11.3 类型断言与类型防护

要像使用其他类型一样使用 unknown 类型，你必须先让 unknown 类型的变量转换为某种已知的具体类型的变量。主要有两种方法——类型断言与类型防护。

类型断言的作用是将一种类型断言为另一种类型，并按照断言后的类型使用。类型断言可以使用 as 关键字，也可以使用尖括号语法。建议优先使用 as 关键字，因为在 JSX（JavaScript 的一种语法扩展）中仅允许使用 as 关键字。

使用 as 关键字的类型断言示例代码如下。

```
let a: unknown = 1
let b = (a as number) + 2;           //b 的值为 3

let c: unknown = [1, 2];
(c as number[]).push(3);             //c 的值为[1,2,3]

let d: unknown = { x: "hello" }
console.log((d as { x: string }).x); //输出 hello
```

使用尖括号语法的类型断言示例代码如下。

```
let a: unknown = 1
let b = <number>a + 2;               //b 的值为 3

let c: unknown = [1, 2];
(<number[]>c).push(3);               //c 的值为[1,2,3]

let d: unknown = { x: "hello" }
console.log((<{ x: string }>d).x);   //输出"hello"
```

类型防护即首先用 typeof、instanceof 运算符判定类型，或使用===（全等运算符，及值与类型完全相等）判定是否完全相等，然后才使用该变量。示例代码如下。

```
let a: unknown = 1
if (typeof a == "number")
    console.log(a + 2);  //输出 3
```

```
if (a === 1)
    console.log(a + 4);   //输出 5

let b: unknown = [1, 2];
if (b instanceof Array) {
    b.push(3);
    console.log(b);       //输出[1,2,3]
}
```

11.4 never

never 是一种永不存在的值类型，它是一种底部类型。never 类型通常不是主动声明的，而是在意外情况下产生的，属于异常场景下的类型。

由于 never 是底部类型，是所有类型的子类型，因此它的值可以赋给所有类型的变量（但没有任何意义）。示例代码如下。

```
let a: never;
let boolean1: boolean = a;
let number1: number = a;
let string1: string = a;
let function1: () => void = a;
let object1: { x: number } = a;
let array1: number[] = a;
```

由于 never 是一种永不存在的值类型，因此给 never 类型的变量赋任何值都会引起编译错误。示例代码如下。

```
let a: never;
//编译错误：不能将类型"number"分配给类型"never"。ts(2322)
a = 1;
//编译错误：不能将类型"string"分配给类型"never"。ts(2322)
a = "hello";
//编译错误：不能将类型"boolean"分配给类型"never"。ts(2322)
a = true;
//编译错误：不能将类型"number"分配给类型"never"。ts(2322)
a = [1, 2, 3];
//编译错误：不能将类型"() => void"分配给类型"never"。ts(2322)
a = function () { console.log("hello") };
//编译错误：不能将类型"string"分配给类型"never"。ts(2322)
a = { x: "aa", y: 1 }
```

never 类型通常是由代码中的错误引起的，不需要显式使用，它通常在以下情景下自动产生。

- 使用了错误的类型判断语句。例如，以下代码声明了一个 unknown 类型的变量，并指定其值为字符串“hello world!”，但接下来的判断语句存在错误，需要该变量既为 number 类型又为 string 类型才能执行后续代码。由于这种类型是不存在的，因此该变量将被判定为 never 类型，引起编译错误。

```
const uncertain: unknown = 'Hello world!';

if (typeof uncertain === 'number' && typeof uncertain === 'string') {
    //编译错误：类型"never"上不存在属性"length"。ts(2339)
    console.log(uncertain.length);
}
```

- 使用了错误的类型操作。例如，以下代码声明了类型别名 A，将 boolean 类型与 string 类型进行了交叉，但是并不存在既为 boolean 类型又为 string 类型的值，因此类型 A 将被判定为 never 类型。

```
type A = boolean & string;

//编译错误：不能将类型"number"分配给类型"never"。ts(2322)
let a: A = 1;
```

- 出现无法推断的类型。例如，以下代码声明了一个函数，它拥有一个 string 类型的参数 a，在函数体中首先进行了判断，当 a 为 string 时执行 if 分支，否则执行 else 分支，但 else 编译器无法推断 else 分支下的参数 a 的类型，因此会将其判定为 never 类型，引起编译错误。

```
function test(a: string) {
    if (typeof a == "string") {
        console.log(a.length);
    }
    else {
        //编译错误：类型"never"上不存在属性"length"。ts(2339)
        console.log(a.length);
    }
}
```

第 12 章　进阶类型

TypeScript 还拥有一些进阶类型，它们并不是 JavaScript 中真正存在的类型，而是在 TypeScript 中扩展的类型。通过这些类型，TypeScript 可以支持强大的类型层面的编程，能够以简洁明了的方式定义各个类型的约束和关系，从而提高代码编写效率，并降低出错概率。本章将详细介绍这些进阶类型。

12.1　泛型

在编写代码的过程中，往往需要考虑代码的通用性。如果一些代码模块不仅可以支持当前已有的数据类型，还支持以后可能定义的数据类型，那么这些代码模块就具备良好的通用性。

使用泛型创建具备通用性的代码模块，这些代码模块可以支持多种类型的数据，编程者可以根据自己的需求，指定具体的数据类型来复用该代码模块。

12.1.1　泛型的基础用法

假设现在需要声明一个通用函数，它支持传入任何类型的参数，然后对这个参数值进行检测，如果检测通过，则返回该参数值。在不使用泛型的情况下，该函数的代码可能如下。

```
function paramCheck(param: any): any {
    if (isValidParam(param))
        return param;
    return null;
}
```

然而，将 any 作为参数和返回值会绕过编译检查，这首先会带来出错的风险，其次会使该函数丢失一部分关键信息，即传入参数和返回值的类型应该是相同的。例如，虽然可以传入一个 number 类型的值，但返回的类型在运行代码之前并不确定。

在不使用泛型的情况下，也可以为每种类型的值声明一个处理对应类型的函数。例如，以下代码虽然在编译方面更安全，但该函数完全失去了通用性，且代码会相当冗余。

```
function paramCheckForNumber(param: number): number {
    //...
}

function paramCheckForString(param: string): string {
    //...
}
```

要使函数既保持精简与通用，又不会绕过编译检查，可以使用泛型。例如，以下代码定义了一个泛型函数，在函数后面的尖括号中定义了一个泛型参数 T，该参数表示一种可传入的类型，然后定义了函数的参数 param，它是 T 类型，同时该函数的返回值也是 T 类型。

```
function paramCheck<T>(param: T): T {
    if (isValidParam(param))
        return param;
    return null;
}
```

在调用泛型函数 paramCheck()时，需要为泛型参数 T 指定一个具体类型，该函数的参数 param 及返回值均属于该类型。示例代码如下。

```
let string1 = paramCheck<string>("hello");
let number1 = paramCheck<number>(1);
let bool1 = paramCheck<boolean>(true);
let array1 = paramCheck<number[]>([1, 2, 3]);
let object1 = paramCheck<{ x: string }>({ x: "hello" });
```

如果为泛型参数指定了具体类型，但传入的函数参数的值不是该类型的，则会引起编译错误，示例代码如下。

```
//编译错误：类型"number"的参数不能赋给类型"string"的参数。ts(2345)
let x = paramCheck<string>(1);
```

因为 TypeScript 的编译器能够根据函数实际传入的参数值的类型自动推断出泛型参数的实际类型，所以对于泛型函数来说，不必显式指定泛型参数的具体类型。例如，在以下代码中，虽然没有指明泛型参数 T 的类型，但是编译器能够根据传入参数的具体类型推断出泛型参数 T 的类型。

```
let string1 = paramCheck("hello");
let number1 = paramCheck(1);
let bool1 = paramCheck(true);
let array1 = paramCheck([1, 2, 3]);
let object1 = paramCheck({ x: "hello" });
```

12.1.2 在函数中使用泛型

上一节已经讲解了泛型函数的基础用法。要声明泛型函数，需要在函数名称后使用尖括号指定一个到多个泛型参数，具体语法如下。

```
function 函数名称<泛型参数 1,泛型参数 2,泛型参数 3,...>(参数 1:类型 1,参数 2:类型 2,参数 3:类型
3,...): 返回值类型 {

}
```

这些泛型参数可以作为函数的各个参数的类型，也可以作为返回值的类型。当然，函数的各个参数和返回值也可以是普通类型。

例如，以下代码声明了一个泛型函数 connect()，它拥有两个泛型参数，并分别作为函数参数 arg1 和 arg2 的参数类型，然后定义了一个 connectAsBool 参数，用于确定 arg1 和 arg2 两个参数在函数体中是按照布尔类型拼接的还是按照字符串类型拼接的。

```
function connect<T1, T2>(arg1: T1, arg2: T2, connectAsBool: boolean): boolean |
string {
    if (connectAsBool)
        return Boolean(arg1) && Boolean(arg2);
    else
        return String(arg1) + String(arg2);
}

//a 的值为 true。1 和 1n 会分别转换为布尔类型 true，true && true 的结果为 true
let a = connect<number, bigint>(1, 1n, true);
//b 的值为"abcdfalse"，"abcd"和 false 会分别转换为字符串类型来进行拼接
let b = connect<string, boolean>("abcd", false;
```

注意，由于泛型支持任意类型，因此它和 unknown 类型类似，在没有明确类型前无法进行具体的操作。例如，以下代码将引起编译错误。

```
function addNumber<T>(target: T, num: number, addType: string): T {
    if (addType == "add as number") {
        //编译错误：运算符"+"不能应用于类型"T"和"number"。ts(2365)
        let result = target + num;
        return result;
    }
    else if (addType == "add as array") {
        //编译错误：类型"T"上不存在属性"push"。ts(2339)
        target.push(num);
        return target;
    }
    return target;
}
```

就像使用 unknown 类型一样，你必须先通过类型断言或类型防护（详见第 11 章）将泛型类型的变量转换为某种已知的具体类型的变量，然后才能进行具体操作。示例代码如下。

```
function addNumber<T>(target: T, num: number): T {
    if (typeof target == "number") {
        let result = target + num;
        return (result as unknown) as T;
    }
    else if (target instanceof Array) {
        target.push(3);
        return target;
    }
    return target;
}
```

12.1.3 在类中使用泛型

类中也可以使用泛型。要声明泛型类，需要在类名称后使用尖括号来指定一个或多个泛型参数，具体语法如下。这些泛型参数可以作为类中各个函数参数的类型或返回值的类型，也可以作为类中各个属性的类型。当然，类中各个函数参数、返回值，以及各个属性的类型也可以为普通类型。

```
class 类名<T1,T2,T3,...> {
    //属性
    属性名称 1: 属性类型;
    属性名称 2: 属性类型;
    ...
    //构造函数
    constructor(参数列表...) {
    //构造实例对象时的初始化代码
    }
    //方法
    方法名称 1(参数列表...): 返回值类型 {
        //方法代码块
    }
    方法名称 2(参数列表...): 返回值类型 {
        //方法代码块
    }
    ...
}
```

例如，以下代码中声明了一个名为 Content 的泛型类，该泛型类拥有一个泛型参数 T，在泛型类中定义了一个 contents 属性，其类型为 T，然后定义了一个构造函数，该函数需要传入一个 T 类型的参数，并将该参数赋给 contents 属性，最后定义了一个 getContents()方法，该方法的返回值类型为 T，返回值为 contents 属性。

```
class Content<T> {
    contents: T;
    constructor(value: T) {
        this.contents = value;
    }
    getContents(): T {
        return this.contents;
    }
}
```

此时就可以实例化泛型类。只需要为泛型参数 T 指定具体类型，就可以产生支持具体类型的类的实例。示例代码如下。

```
let a = new Content<string>("hello");
console.log(a.getContents()); //输出"hello"
```

```
let b = new Content<number>(1);
console.log(b.getContents()); //输出 1

let c = new Content<{ x: boolean }>({ x: true });
console.log(c.getContents()); //输出{x:true}
```

注意：类的成员分为静态成员和实例成员两种，泛型类的泛型参数只能用于实例成员，不能用于静态成员，否则将引起编译错误，示例代码如下。

```
class Content<T> {
    //编译错误：静态成员不能引用类类型参数。ts(2302)
    static contents: T;
}
```

12.1.4 泛型类型

除泛型函数和泛型类之外，泛型还可以用于一些类型声明的语句上，如函数签名、类型别名、接口等的类型声明。

例如，以下代码定义了一个名为 function1 的变量，它的类型为函数签名<T>(arg: T) => T，在为该变量赋值时，必须赋予满足该类型的函数。

```
let function1: <T>(arg: T) => T;
function1 = function <T>(arg: T) {
    return arg;
}
```

接口也是一种类型声明，因此泛型也可以应用于接口。例如，以下代码定义了一个泛型接口 Content，它拥有一个泛型参数 T，接口中定义了一个属性 contents，该属性是 T 类型。

```
interface Content<T> {
    contents: T;
}
```

泛型接口可以被泛型类继承。例如，以下代码中的 HtmlContent 类继承了泛型接口 Content，它拥有一个泛型参数 T，在泛型类中定义了一个 contents 属性，该属性的类型为 T，然后定义了一个构造函数，该函数需要传入一个 T 类型的参数，并将该参数赋给 contents 属性，最后定义了一个 getContents()方法，该方法的返回值类型为 T，返回值为 contents 属性。

```
class HtmlContent<T> implements Content<T>{
    contents: T;
    constructor(contents: T) {
        this.contents = contents;
    }
    getContents() {
        return this.contents;
    }
}
```

类型别名也是一种类型声明，因此泛型也可以应用于类型别名。例如，以下代码定义了一个泛型类型别名 Content，它拥有一个泛型参数 T，接口中定义了一个属性 contents，为 T 类型，然后声明了 3 个该泛型别名类型的变量，并赋予了相应的值。

```
type Content<T> = {
    contents: T;
}

let a: Content<string> = { contents: "hello" };
let b: Content<number> = { contents: 1 };
let c: Content<boolean> = { contents: true };
```

除自定义泛型类型之外，还有一些在 TypeScript 中已有的并且可以直接使用的泛型类型，如泛型数组 Array<T>，示例代码如下。

```
//Array<number>等同于 number[]
let array1: Array<number> = [1,2,3];
//Array<string>等同于 string[]
let array2: Array<string> = ["a","b","c"];
```

12.1.5 泛型约束

泛型是一种通用类型，它支持任意类型，但在某些情况下若需要限定泛型支持的类型范围，就需要使用泛型约束。泛型约束的语法如下。

```
<泛型参数 extends 具体类型>
```

例如，以下代码声明了一个 printLength()函数，用于输出传入参数 arg 的 length 属性，但 arg 参数是泛型参数 T 类型的，该参数可能是任何类型，因此无法确定它是否具备 length 属性，这将引起编译错误。

```
function printLength<T>(arg: T) {
    //编译错误：类型"T"上不存在属性"length"。ts(2339)
    console.log(arg.length);
}
```

此时可以使用泛型约束，要求泛型参数 T 必须具有 length 属性。例如，以下代码声明了一个 Lengthwise 接口，它拥有一个 number 类型的 length 属性，在声明泛型函数 printLength()时，使用 <T extends Lengthwise>语句将泛型参数 T 限定为必须符合 Lengthwise 类型（或 Lengthwise 的子类型）。

```
interface Lengthwise {
    length: number;
}

function printLength<T extends Lengthwise>(arg: T) {
    console.log(arg.length);
}
```

在使用泛型函数 printLength()时，为泛型参数 T 指定的具体类型必须具有 length 属性，以下代码均能正常编译、执行。

```
printLength<string>("abc");
printLength<number[]>([1, 2, 3]);
printLength<Lengthwise>({ length: 3 });
printLength<{ width: number, height: number, length: number }>({ length: 3, width:
1, height: 2 });
```

如果为泛型参数 T 指定的具体类型没有 length 属性，就会引起编译错误，示例代码如下。

```
//编译错误：类型"number"不满足约束"Lengthwise"。ts(2344)
printLength<number>(1);
//编译错误：类型"{ x: string; }"不满足约束"Lengthwise"。ts(2344)
printLength<{x:string}>({x:"hello"});
```

除指定具体类型之外，还可以使用<泛型参数 1 extends 泛型参数 2>的语法，将泛型约束指定为某一参数必须符合其他泛型参数的类型（或为其他泛型参数的子类型）。例如，以下代码声明了一个 printArgs()函数，它拥有两个泛型参数，其中 T2 必须符合 T1 的类型（或为 T1 的子类型）。

```
function printArgs<T1, T2 extends T1>(arg1: T1, arg2: T2) {
    console.log(arg1);
    console.log(arg2);
}
```

在调用该泛型函数时，T2 的具体类型必须满足 T1。以下代码均能正常编译执行。

```
printArgs<{ x: number }, { x: number, y: number }>({ x: 1 }, { x: 1, y: 2 });
//1 | 2 | 3 为字面量联合类型，它为 number 的子类型
printArgs<number, 1 | 2 | 3>(1, 1);
```

如果 T2 的具体类型不满足 T1，则会引起编译错误。示例代码如下。

```
//编译错误：类型"{ y: number; }"不满足约束"{ x: number; }"。ts(2344)
printArgs<{ x: number }, { y: number }>({ x: 1 }, { y: 2 });
//编译错误：类型"number"不满足约束"string"。ts(2344)
printArgs<string, number>("a", 2);
```

12.2 类型别名

通过类型别名，给已有的类型取一个新的名称，该名称可以作为类型关键字使用。类型别名起简化代码的作用。

12.2.1 类型别名的基本用法

类型别名的定义语法如下。

```
type 类型别名 = 类型描述;
```

例如，以下代码定义了一个名为 Person 的对象类型，该类型别名可以在各个场景中复用。

```
type Person = {
    firstName: string,
    lastName: string
}

function introduction(person: Person) {
    console.log(`My name is ${person.firstName} ${person.lastName}`);
}

let array1: Person[] =
    [{ firstName: "Rick", lastName: "Zhong" },
{ firstName: "Alina", lastName: "Zhao" }];
```

类型别名不仅可用于对象类型，还可以用于任何类型。示例代码如下。

```
type CustomString = string;
type CustomNumber = number
type CustomFuc = () => void;
type CustomNumberArray = number[];

let a: CustomString = "a";
let b: CustomNumber = 1;
let c: CustomFuc = function () { console.log("hello"); }
let d: CustomNumberArray = [1, 2, 3];
```

类型别名还可以基于其他类型别名来定义新的别名类型。示例代码如下。

```
type A = string;
type B = A;
```

12.2.2 类型别名与接口的区别

类型别名和接口非常相似，但也有一些区别。

它们的相同点如下。

- 都可以用于描述对象。
- 都允许扩展（接口可以使用 extends 关键字扩展，而类型别名使用交叉类型扩展）。

接口支持使用 extends 关键字继承语法，但类型别名不能从其他接口或类型中使用 extends 关键字继承，类型别名可以使用交叉类型达到继承的效果。类型别名本身可以被其他接口和类继承。示例代码如下。

```
type A = { x: number };
class B implements A { x: number }
interface C extends A { }
```

它们的不同点如下。

- 类型别名可以用于任何类型，但接口只能用于对象类型。
- 接口能够声明合并，类型别名不行。

例如，以下代码中的 Person 接口中虽然有两处声明，但 TypeScript 会将其合并为具有 name 属性和 introduction()方法的一个接口，如果将以下两个声明换为类型别名，将引起编译错误。

```
interface Person {
    name: string
}

interface Person {
    introduction: () => void
}
```

12.3 联合类型与交叉类型

在 TypeScript 中可以将多种类型连接为一种类型。连接方式共有两种。连接后形成的新类型分别为联合类型和交叉类型。

12.3.1 联合类型

联合类型使用“|”符号来连接多个类型。当一个变量为联合类型时，其取值可以为联合类型中的任何一个子类型。

例如，以下代码声明了一个类型别名 NumberOrString，它是联合类型 number | string，因此值既可以为字符串类型，又可以为数值类型。

```
type NumberOrString = number | string;
let a: NumberOrString;
a = "hello";
a = 1111;
```

联合类型中的子类型可以为任意类型，如类型别名、原始类型、引用类型、接口、类等。示例代码如下。

```
type A = NumberOrString | (() => void) | number[] | { x: string };
let a: A;
a = 1111;
a = "hello";
a = function () { };
a = [1, 2, 3];
a = { x: "hello" };
```

由于联合类型通常由多个类型组成，并不是一种具体的类型，就像 unknown 类型一样，因此在类型不明确时无法进行具体操作，否则将引起编译错误。示例代码如下。

```
function connection(a: string | boolean, b: string | boolean) {
    //编译错误：运算符"+"不能应用于类型"string | boolean"和"string | boolean"。ts(2365)
    return a + b;
}
```

只有先通过类型断言或类型防护（详见第 11 章）将联合类型的变量转换为某种已知的具体类型，才能进行具体操作。示例代码如下。

```
function connection(a: string | boolean, b: string | boolean) {
    if (typeof a == "boolean")
        return a && b;
    else
        return a + b;
}
```

如果联合类型中的子类型是对象类型、接口或类，那么为该联合类型的变量赋值时，至少需要完整满足其中一个对象类型、接口或类的结构。例如，以下代码定义了一个 Bird 对象类型和一个 Fish 对象类型，然后创建了一个名为 BirdOrFishOrBoth 的联合类型。在为该类型的变量赋值时，赋值的对象结构至少需要完整满足 Fish 对象类型或 Bird 对象类型中的一个。

```
type Bird = { name: string, wings: string, legs: number }
type Fish = { name: string, gills: string, fishScale: boolean }
type BirdOrFishOrBoth = Bird | Fish;

let a: BirdOrFishOrBoth;
//可以是 Bird 对象类型的结构
a = { name: "swallow", wings: "Small wings", legs: 2 };
//可以是 Fish 对象类型的结构
a = { name: "goldfish", gills: "small gill", fishScale: true };
//可以既是 Bird 对象类型的结构又是 Fish 对象类型的结构
a = { name: "a bird fish", gills: "big gill", wings: "big wings", legs: 2, fishScale:
true };
//可以完全满足 Fish 对象类型的结构，部分满足 Bird 对象类型的结构
a = { name: "a flying fish", gills: "big gill", fishScale: true, legs: 2 };
//可以完全满足 Bird 对象类型的结构，部分满足 Fish 对象类型的结构
a = { name: "a swiming bird", wings: "big wings", legs: 2, fishScale: false };
```

如果没有至少满足其中一个子类型的完整结构，就会引起编译错误。示例代码如下。

```
//编译错误：不能将类型"{ name: string; legs: number; fishScale: false; }"分配给类型
//"BirdOrFishOrBoth"。ts(2322)
a = { name: "", legs: 2, fishScale: false };
```

12.3.2 交叉类型

交叉类型使用“&”符号来连接多个类型。当一个变量为交叉类型时，该变量的取值类型必须同时符合交叉类型中的所有子类型。

交叉类型无法用于原始类型，因为会出现交叉后的类型是 never 类型的情况。例如，以下代码声明了一个名为 number & string 的交叉类型，但由于没有任何值同时属于数值和字符串类型，因此编译器会将该类型识别为 never 类型，表示它不可能存在值。

```
type NumberAndString = number & string;

//编译错误：不能将类型"number"分配给类型"never"。ts(2322)
let a:NumberAndString = 1;
```

交叉类型通常只用于对象类型、接口或类的连接，产生的交叉类型将拥有各个子类型的全部成

员。例如，在以下代码中，先分别声明了一个 Colorful 接口和一个 Circle 接口，它们拥有各自的属性和方法，然后声明了一个名为 ColorfulCircle 的类型别名，该类型别名的具体类型是 Colorful 和 Circle 接口的交叉类型，因此 ColorfulCircle 将具有两个接口的所有属性和方法，最后声明了一个 ColorfulCircle 类型的变量 circle1，并为该变量赋予了一个符合 ColorfulCircle 类型结构的对象。

```
interface Colorful {
    color: string
}
interface Circle {
    radius: number,
    rollling: () => void
}

type ColorfulCircle = Colorful & Circle;
let circle1: ColorfulCircle = {
    color: "red",
    radius: 5,
    rollling: function () { console.log("圆环滚动中！") }
}
```

和联合类型不同，当为交叉类型的变量赋值时，这个值必须完全满足交叉类型中全部子类型的所有结构；否则，将引起编译错误。示例代码如下。

```
//编译错误：不能将类型"{ color: string; }"分配给类型"ColorfulCircle"。缺少以下属
//性：radius, rollling。ts(2322)
circle1 = { color: "blue" }

//编译错误：不能将类型"{ radius: number; rollling: () => void; }"分配给类型
//"ColorfulCircle"。缺少属性 "color"。ts(2322)
circle1 = {
    radius: 5,
    rollling: function () { console.log("圆环滚动中！") }
}
```

从理论上来说，可以同时使用交叉类型和联合类型创建新类型。示例代码如下。但实际编程中切勿使用这种方式，因为这种方式会大大降低代码的可读性和可维护性，并且极易导致新问题。

```
//以下代码等同于{x:number,y:number} | { z: number };
type A = { x: number } & { y: number } | { z: number };
```

第二部分

进阶语法

本书第一部分主要讲解了 TypeScript 的基础语法，介绍了各种数据类型，以及基于数据的操作和流程控制。学习了这些内容后，虽然你能够进行简单的运算，编写基础的应用程序，但还不能编写复杂的大型应用程序。

要编写复杂的大型应用程序，对读者的编程能力提出了更高的要求，例如，需要考虑如何有效地组织程序代码，如何提高程序编写的效率，如何处理程序运行过程中出现的错误，如何提高程序的执行效率等。

本书第二部分将着重介绍一些进阶语法，主要针对项目中特定的应用场景，以满足更高的编程要求。学习这些语法，有助于读者编写复杂的应用程序。

第 13 章　模块与命名空间

在编写程序代码时，不仅要考虑如何实现功能，还需要考虑如何组织代码。大型项目通常涉及多个团队、多个文件，单个文件的代码行通常也是数以千计的，如果无法有效地组织代码，程序将难以维护。

在 TypeScript 中，通过模块和命名空间组织代码。

13.1　模块

在实际项目中，所有的代码不可能只放到一个文件中，而会存放到多个文件里，这包括项目自身的代码及引入的第三方代码。一个大型项目通常会涉及成百上千个 JavaScript 文件或 TypeScript 文件，它们之间存在互相引用的关系。

在 TypeScript 中，通过模块实现文件的互相引用。

由于模块具有不同的编译形式及运行方式，比较复杂，因此本节先介绍模块的概念及用法，然后再介绍如何以不同的形式编译（AMD/CMD/UMD/ECMAScript 6），以及如何在不同的平台上（浏览器或 Node.js）运行模块脚本，读者可以在阅读 13.1.4 节后再编译并运行本节中的各个代码示例。

13.1.1　导出模块

默认情况下，将一个文件视作一个模块。若要使其他文件能引用该模块的功能，你必须先使用 export 关键字将该文件标记为模块并导出指定声明。其他文件使用 import 关键字导入这些声明之后，就能够使用该模块的内容。

只要文件中有 export 关键字，浏览器或 Node.js 就会自动将该文件视为模块。使用 export 关键字可以导出指定声明，未使用 export 关键字导出的声明将无法在其他文件中使用。下面介绍 export 关键字的不同用法。

1. 命名行内导出

命名行内导出即在变量、函数、类等进行声明时就导出，export 关键字与声明语句位于同一行。例如，以下代码均属于命名行内导出。

```
export let x: number = 11;
export const y: string = "abc";
export function sayHello() {
    console.log("hello!");
}
export class A { name: string }
export interface B { sayHello: () => {} }
export type NumberOrString = number | string;
```

2. 命名子句导出

虽然我们可以使用命名行内导出的形式导出模块，但是这会使 export 语句散落在代码的各个位置，使人无法在第一时间知晓所有导出的内容，不利于代码的维护。

使用命名子句导出就可以解决这些问题。命名子句导出的语法如下，即在花括号中包含多个声明，进行批量导出。

```
export {声明 1,声明 2,...,声明 n}
```

例如，以下代码先声明了一个变量 x，一个常量 y，以及一个函数 sayHello()，然后通过命名子句导出的形式将这些声明批量导出。

```
let x: number = 11;
const y: string = "abc";
function sayHello() {
    console.log("hello!");
}
export { x, y, sayHello }
```

在一个代码文件中可以有多处命名子句导出。例如，以下代码先导出变量 x，再导出常量 y 及函数 sayHello()。

```
export { x }
export { y, sayHello }
```

注意，不能重复导出同一个声明，否则会引起编译错误。示例代码如下。

```
//编译错误：标识符"x"重复导出。ts(2300)
export { x }
export { x }
```

使用命名子句导出还可以为导出的声明指定别名，这样其他文件在导入这些声明时必须使用指定的别名，而非原始声明名称。例如，以下代码在导出时为 x 指定了别名 myX，为 y 指定了别名 myY，为 sayHello()函数指定了别名 mySayHello()。

```
let x: number = 11;
const y: string = "abc";
function sayHello() {
    console.log("hello!");
}

export { x as myX, y as myY, sayHello as mySayHello }
```

3. 默认导出

还可以为模块指定默认导出。如果其他文件在导入该模块时未指定具体声明，则会使用该模块的默认导出。一个模块只有一个默认导出。

默认导出使用 default 关键字，有两种导出语法。

```
export default 指定声明
export {指定声明 as default}
```

默认导出的示例代码如下。

```
let x: number = 11;
export default x;
```

以上示例代码也可以使用以下方式导出。

```
export {x as default}
```

同前面介绍的普通导出方式一样，TypeScript 支持的所有类型的声明均可以使用默认导出。

导出函数的示例代码如下。

```
export default function sayHello() {
    console.log("hello!");
}
```

导出类的示例代码如下。

```
export default class A { name: string }
```

导出接口的示例代码如下。

```
export default interface B { sayHello: () => {} }
```

导出类型别名的示例代码如下。

```
type NumberOrString = number | string;
export default NumberOrString
```

导出字面量的示例代码如下。

```
export default "";
```

在使用默认导出时，注意，一个模块只能有一个默认导出，否则将引起编译错误。示例代码如下。

```
let x: number = 11;
function sayHello() {
    console.log("hello!");
}

//编译错误：一个模块不能具有多个默认导出。ts(2528)
export default x;
export default sayHello;
```

可以将其中一个声明作为默认导出，另一个声明作为常规导出。示例代码如下。

```
export {x as default, sayHello}
```

4．空导出

如果需要将一个文件标记为模块，以便其他文件引用，但并不对外暴露任何声明，或者只想让当前模块拥有隔离的作用域，可以对模块进行空导出。空导出语法如下。

```
export {}
```

当其他文件导入此模块时，会执行该模块的代码，但不会使用该模块的声明。

13.1.2 使用被导出的模块

模块一旦导出，就可以在另一个模块中使用。

假设现在导出的模块位于 a.ts 文件中，该文件内容如下，其中分别导出了 a、b、c、d 这 4 个变量，变量 b 为该模块的默认导出，使用别名导出变量 c。

```
let a = "a";
let b = "b";
let c = "c";
export let d = "d";
export { a, b as default, c as myC }
```

下面将以 a.ts 文件的模块为例，介绍模块的使用方式。

1．以常规形式导入模块

通过 import 关键字导入从其他模块中导出的声明。

1）选择性地导入其他模块导出的声明

常规导入的语法如下。

```
import {声明 1, 声明 2,...,声明 n} from "模块路径";
```

导入的声明可以直接在当前模块中使用其他模块中的声明。

假设当前模块位于 b.ts 文件中，它与 a.ts 文件位于同一目录，b.ts 文件的示例代码如下，其中导入并使用 a.js 文件（a.ts 文件编译后为 a.js 文件）。注意，变量 c 在导出时使用别名 myC，因此变量 c 在导入时必须使用该别名。

```
import { a, d, myC } from "./a.js";
console.log(a);     //输出"a"
console.log(myC);   //输出"c"
console.log(d);     //输出"d"
```

导入模块时可以使用别名，这样就能既支持非默认导出声明的导入，又支持默认导出声明的导入，导入语法如下。当导入默认导出声明时，你必须使用“default as 声明别名”的方式来重命名。

```
import {声明1 as 别名1, 声明2 as 别名2,...声明n as 别名n} from "模块路径";
```

例如，以下代码导入了 a.ts 文件中的各个声明，并分别使用别名进行重命名，然后输出各个声明的值。注意，变量 c 在导出时使用了别名 myC，因此在导入时必须使用该别名，然后进行重命名，而对于默认导出声明，则需要使用 default 关键字，然后进行重命名。

```
import { a as otherA, d as otherD, myC as otherC, default as otherB } from "./a.js";
console.log(otherA); //输出"a"
console.log(otherB); //输出"b"
console.log(otherC); //输出"c"
console.log(otherD); //输出"d"
```

2）导入其他模块的默认导出声明

可以单独导入其他模块的默认导出声明，导入语法如下。其中，不需要使用花括号。可以将默认导出的声明导入为任何名称。

```
import 声明别名 from "模块路径";
```

例如，以下代码从 a.ts 文件中导入了默认导出声明（即 a.ts 文件中的变量 b），并将其命名为 moduleADefault，之后就可以直接使用了。

```
import moduleADefault from "./a.js";
console.log(moduleADefault); //输出"b"
```

3）导入整个模块

还可以使用以下语法导入整个模块，之后就可以通过“模块别名.声明”的方式使用该模块中所有已导出的声明。

```
import * as 模块别名 from "模块路径";
```

例如，以下代码将整个模块导出为别名 moduleA，之后使用 module.a 和 moduleA.d 访问该模块中导出的声明。注意，由于变量 c 在导出时使用了别名，因此导入时也需要使用别名，即用 moduleA.myC 来访问，而对于默认导出声明，则需要使用 default 关键字，即用 moduleA.default 来访问。

```
import * as moduleA from "./a.js";
console.log(moduleA.a);         //输出"a"
console.log(moduleA.default);   //输出"b"
console.log(moduleA.myC);       //输出"c"
console.log(moduleA.d);         //输出"d"
```

2. 转移导出

除导入其他模块之外，还可以转移其他模块的导出，从其他模块引入导出声明，并将这些声明在当前模块中导出。

转移导出语法和导入语法基本一致，但是需要把 import 关键字换成 export 关键字，语法如下。

```
export {声明1, 声明2,...,声明n} from "模块路径";
export {声明1 as 别名1, 声明2 as 别名2,...声明n as 别名n} from "模块路径";
export 声明别名 from "模块路径";
export * as 模块别名 from "模块路径";
```

假设当前模块位于 b.ts 文件中，它与 a.ts 文件位于同一目录，b.ts 文件的示例代码如下，它对 a.js 文件（a.ts 文件编译后为 a.js 文件）中导出的声明 a 进行转移导出。

```
export {a} from './a.js'
```

在另一个文件（如在 c.ts 文件）中，就可以导入并使用 b.ts 文件中导出的声明 a。示例代码如下。

```
import { a } from './b.js'
console.log(a); //输出"a"
```

注意：转移导出并没有在当前模块导入其他模块的声明，因此在当前模块中无法使用这些声明，如果 b.ts 文件的代码如下，将会引起编译错误。

```
export {a} from './a.js'
//编译错误：找不到名称"a"。ts(2304)
console.log(a);
```

3. 动态导入

import 关键字用于导入其他模块导出的声明，它是一种静态导入语法，只能位于代码顶层作用域，每次运行当前模块时，都会加载所有待导入模块的内容。使用静态导入语法无法根据条件进行动态导入，例如，以下代码将引起编译错误。

```
if (x == 123) {
    //编译错误：导入声明只能在命名空间或模块中使用。ts(1232)
    import { a } from "./a.js";
}
```

如果需要按一定条件或者按需动态加载模块，则可以使用 ECMAScript 6 中新增的 import() 函数。动态导入只支持导入整个模块。

动态加载是一种异步编程方式（关于异步编程的内容可参考第 15 章），例如，如果要动态导入的是 a.ts 文件（编译后为 a.js 文件），那么对 b.ts 文件可以使用以下两种形式编写代码。

以 ECMAScript 6 形式（Promise 对象）动态导入模块，示例代码如下。

```
import("./a.js").then((module) => {
    console.log(module.a);
```

```
    console.log(module.default);
    console.log(module.myC);
    console.log(module.d);
});
```

以 ECMAScript 7 形式（async/await 语法）动态导入模块，示例代码如下。

```
let module = await import('./a.js');
console.log(module.a);
console.log(module.default);
console.log(module.myC);
console.log(module.d);
```

动态导入可以嵌套在非顶级作用域的代码块（如 if 语句或函数）中，示例代码如下。

```
if (x = 123) {
    let module = await import('./a.js');
    console.log(module.a);
}
```

无论以 ECMAScript 6 形式还是 ECMAScript 7 形式动态导入模块，在编译时都需要指定 target 和 module 版本（例如，指定为最新版，即 esnext），否则 ECMAScript 编译将无法正常完成。编译命令如下。

```
$ tsc b.ts --target esnext --module esnext
```

4. 空导入

在有些场景下，导入某个模块并不需要使用该模块的任何声明，只需要完整地运行一次该模块的代码，因此就可以使用空导入。空导入的语法如下。

```
import "模块路径"
```

例如，a.ts 的内容如下。

```
let a = 1;
console.log(`a is ${a}`);
globalThis.X = "hello";
```

以上代码导出一个变量 a，并输出 a 的值，然后使用全局对象 globalThis，将它的 X 属性指定为"hello"。

然后，在 b.ts 文件中进行空导入，a.ts 的代码将被执行，因此会立即输出变量 a 的值，之后再输出全局对象 globalThis 的 X 属性的值，可以发现它的值正是之前在 a.ts 文件中设置的值。

```
import "./a.js"              //输出"a is 1"
console.log(globalThis.X); //输出"hello"
```

13.1.3　导入与导出 TypeScript 类型声明

由于 TypeScript 代码最终会编译成 JavaScript 代码，因此那些 TypeScript 独有的只用于编译检查的类型代码（如变量的类型声明、接口的声明与使用、类型别名的声明与使用等）会在编译过程中被剔除。

当只导入 TypeScript 独有的只用于编译检查的类型代码时，.ts 文件代码看上去已经使用了 import 语句，但编译后的.js 文件会剔除 import 语句，改用空导出代替，因此可能会产生一些意想不到的问题。

例如，在 a.ts 文件中声明并导出一个接口 A，然后使用全局对象 globalThis，将它的 X 属性赋值为"hello"。

```
interface A { x: string }
export { A };
console.log("good");
globalThis.X = "hello";
```

在 b.ts 文件中导入 a.ts 文件中导出的接口声明，此导入有两个目的：一是使用 A 接口，二是执行 a.ts 文件中的代码，然后再输出全局对象 globalThis 的 X 属性的值。示例代码如下。

```
//导入 a.ts 有两个目的，一是使用 A 接口，二是执行 a.ts 文件中的代码
import { A } from './a.js'
let a: A = { x: "hello" };
console.log(globalThis.X);
```

若只看以上代码，会认为在 b.ts 文件中导入 a.ts 文件时，会先执行 a.ts 文件中的代码，输出 good，然后读取 golbalThis.X 的值，输出 hello。如果查看编译后的代码，就会发现结果和预期并不相同。

a.ts 文件编译后产生的 a.js 文件如下。

```
console.log("good");
globalThis.X = "hello";
export {};
```

b.ts 文件编译后产生的 b.js 文件如下。可以发现编译后的.js 文件已剔除了 import 语句，改用空导出代替。

```
let a = { x: "hello" };
console.log(globalThis.X);
export {};
```

当执行 b.js 文件时，由于 b.js 文件并未导入 a.js 文件，因此 a.js 文件中的代码并不会执行，既不会输出“good”，也不会对 globalThis.X 属性赋值，因此 b.js 文件中代码的执行结果如下。

```
> undefined
```

要避免这种情况，可以使用 TypeScript 中提供的类型导出与导入，语法如下。

```
export type {类型声明 1,类型声明 2,…}
import type {类型声明 1,类型声明 2,…} from '模块路径'
```

export type/import type 语句与 export/import 语句并无实质区别，但前者能提高代码的可读性和可维护性。export type/import type 语句最大的作用是将类型导出/导入与普通声明的导出/导入拆分成不同的代码行，从而可以分开进行维护，避免产生意想不到的问题。

将前面的示例改为类型导出后，a.ts 的代码如下。

```
interface A { x: string }
export type { A };
console.log("good")
globalThis.X = "hello";
```

b.ts 的代码如下，根据导入 a.ts 文件的两个目的分离成不同的代码行。

```
//目的 1：使用 A 接口
import type { A } from './a.js'
//目的 2：执行 a.ts 的代码
import './a.js'
let a: A = { x: "hello" };
console.log(globalThis.X);
```

以上代码编译后，a.js 文件没有变化，但由于 b.ts 文件进行了一次对 a.js 文件的空导入，因此 b.js 文件会发生变化，代码如下。

```
import './a.js';
let a = { x: "hello" };
console.log(globalThis.X);
```

执行 b.js，结果将符合预期，输出结果如下。

```
> good
> hello
```

13.1.4 导入或导出模块时的注意事项

1. 每个模块拥有各自独立的作用域

在未使用 export/import 关键字将文件标记为模块前，多个文件的声明在同一个作用域中。如果两个文件具有同名的声明，将出现编译错误。例如，有 a.ts 和 b.ts 两个文件，它们位于同一个目录下，且具有同名变量，这将引起编译错误。

a.ts 文件位于 D:\tsproject 目录下，文件的代码如下，这会引起编译错误。

```
//编译错误：无法重新声明块范围变量"a"。ts(2451) a.ts(1, 5): 此处也声明了 "a"
let a: number = 11;
```

b.ts 文件位于 D:\tsproject 目录下，文件的代码如下，这也会引起编译错误。

```
//编译错误：无法重新声明块范围变量"a"。ts(2451) b.ts(1, 5): 此处也声明了 "a"。
let a: number = 1;
```

一旦使用 export 关键字将文件标记为模块，则每个模块都将被视为互相隔离的作用域，即使各个模块拥有同名变量，也不会互相影响。

a.ts 文件的代码如下，编译正常。

```
export let a: number = 1;
```

b.ts 文件的代码如下，编译正常。

```
let a: number = 11;
```

使用 import 关键字同样会将文件标记为模块，如同 export 关键字一样，每个模块都将被视为互相隔离的作用域。即使各个模块拥有同名变量，也不会互相影响。

a.ts 文件的代码如下，编译正常。

```
import ""
let a: number = 1;
```

b.ts 文件的代码如下，编译正常。

```
let a: number = 11;
```

2. import/export 语句必须位于模块的顶级

export/import 语句必须位于模块的顶级，不能嵌套在代码块中，否则将引起编译错误。示例代码如下。

```
export let x = 123;

if (x == 123) {
    //编译错误：修饰符不能出现在此处。ts(1184)
    export let y = "abc";
}

function test() {
    //编译错误：修饰符不能出现在此处。ts(1184)
    export let c = true;
}

if (x == 123) {
    //编译错误：导入声明只能在命名空间或模块中使用。ts(1232)
    import { a } from "./a.js";
}

function test2() {
    //编译错误：导入声明只能在命名空间或模块中使用。ts(1232)
    import { a } from "./a.js";
}
```

13.1.5 编译与运行模块

对于模块，TypeScript 有多种编译方式，每种编译方式产生的 JavaScript 代码各不相同，运行方式也有所区别，这都与 JavaScript 的模块规范有关。

不同时期的模块规范如下。

- CommonJS 规范。
- 异步模块定义（Asynchronous Module Definition，AMD）规范。
- 通用模块定义（Universal Module Definition，UMD）规范。
- ECMAScript 规范（这是最新的规范，将替代以往的所有规范）。

假设现在有两个文件，分别为 a.ts 和 b.ts。

a.ts 的代码如下。

```
export { a, test }
let a = "hello";
function test() { return "world"; }
```

b.ts 的代码如下。

```
import { a, test } from './a.js'
console.log(a);
console.log(test());
```

接下来，将按照模块规范的发展顺序，依次介绍不同的模块规范，讨论如何将 a.ts 和 b.ts 文件编译为指定模块规范的 JavaScript 代码，并讲述各个模块规范的代码在不同平台（浏览器或 Node.js）上如何运行。

1. CommonJS 规范

JavaScript 原本只能在浏览器端使用，应用范围有限，要实现服务器端的功能，你必须换一种语言。2009 年，Ryan Dahl 基于 Chrome 的 JavaScript 来源引擎（V8 引擎）开发并发布了 Node.js 运行环境，使 JavaScript 能够在服务器端运行。自此，JavaScript 成为一门服务器端语言，如同 PHP、Python、Perl、Ruby 等服务器端语言一样。

在浏览器中，由于网页的复杂性有限（此时 Ajax 还不流行），因此不使用模块也可以，ECMAScript 标准还没有提出模块化的相关规范。

但对于服务器端来说，代码不仅要复用，还要与操作系统或其他接口进行交互，各个代码文件的关联性较强，若不进行模块化管理，根本无法维护。

因此，Node.js 推出了它的模块系统，该模块系统遵循 CommonJS 规范。自此以后，JavaScript 正式开始了模块化编程。

1）按 CommonJS 规范编译代码

CommonJS 是 TypeScript 在编译带有模块的代码时的默认规范，如果没有设置配置文件（tsconfig.json，后面会详细介绍），编译命令中可以不带--module 参数来特别指明模块规范。以下两种编译方式都可以将 TypeScript 代码编译为满足 CommonJS 规范的 JavaScript 代码。

```
tsc 文件路径
tsc 文件路径 --module commonjs
```

接下来，介绍按 CommonJS 规范编译后产生的 a.js 和 b.js 文件。

以下是 a.js 的代码。

```
"use strict";
exports.__esModule = true;
exports.test = exports.a = void 0;
var a = "hello";
exports.a = a;
function test() { return "world"; }
exports.test = test;
```

以下是 b.js 的代码。

```
"use strict";
exports.__esModule = true;
var a_js_1 = require("./a.js");
console.log(a_js_1.a);
console.log(a_js_1.test());
```

2）在 Node.js 中运行基于 CommonJS 规范的代码

由于 Node.js 天然支持 CommonJS 规范，因此按 CommonJS 规范编译的 JavaScript 代码能够直接运行，我们可以用命令直接运行 b.js 文件。

```
$ node b.js
```

输出结果如下。

```
> hello
> world
```

3）在浏览器中运行基于 CommonJS 规范的代码

在 Node.js 服务器端支持模块后，开发人员希望在浏览器端也能使用模块，这样同一套模块就可以同时在服务器和浏览器上运行。

但是，在浏览器环境中使用 CommonJS 规范存在两个问题。

第一个问题是 Node.js 是原生支持 CommonJS 模块的，而浏览器并不支持 CommonJS 模块，因此需要引入第三方 JavaScript 库文件，用来支持 CommonJS 规范中的语法。

第二个问题是加载时间。例如，以 CommonJS 规范编译出的 b.js 文件通过 require()函数加载模块，这是一种同步加载的形式，因此后面的代码必须等 require()函数加载完 a.js 文件后才会执行，如果加载时间较长，则应用程序将一直等待，界面将被阻塞。示例代码如下。

```
...
var a_js_1 = require("./a.js");
console.log(a_js_1.a);
console.log(a_js_1.test());
```

在服务器端并不存在这个问题，所有模块的.js 文件都存在本地硬盘上，同步加载时间为硬盘读取时间。但对于浏览器来说，所有模块的.js 文件都不在本地，需要从服务器端远程下载，等待时间取决于网速，因此程序执行会变得不稳定，甚至出现卡死的情况。

要在浏览器端使用 CommonJS 规范，通常的办法是将多个互相依赖的 JavaScript 模块文件和用于支持 CommonJS 规范的 JavaScript 库文件合并成单个 JavaScript 文件并进行压缩，然后浏览器通过<script>标签引用这个合并后的 JavaScript 文件。

使用 JavaScript 打包工具 Browserify 将多个互相依赖的 JavaScript 模块文件以及用于支持 CommonJS 规范的 JavaScript 库文件合并成单个 JavaScript 文件，然后供浏览器使用。

Browserify 的安装命令如下。

```
$ npm install -g browserify
```

安装完成后，执行以下命令，将指定文件及其所有依赖文件（基于 require()函数分析当前文件依赖了哪些文件）与支持 CommonJS 规范的 JavaScript 库合并到一个 JavaScript 文件中。

```
$ browserify 合并前的主文件.js -o 合并后的文件名.js
```

在本例中将执行以下命令，其中主文件为 b.js，由于 b.js 的代码中有一句 require("./a.js")，因此打包工具会将其识别为主文件的依赖文件，a.js 的内容也会打包到合并后的 JavaScript 文件中。

```
$ browserify b.js -o bundle.js
```

合并后生成的 bundle.js 文件如下，它包含 a.js、b.js 文件，以及用于支持 CommonJS 规范的额外代码。

```
(function(){function r(e,n,t){function o(i,f){if(!n[i]){if(!e[i]){var c="function"
==typeof require&&require;if(!f&&c)return c(i,!0);if(u)return u(i,!0);var a=new
Error("Cannot find module '"+i+"'");throw a.code="MODULE_NOT_FOUND",a}var p=n[i]=
{exports:{}};e[i][0].call(p.exports,function(r){var n=e[i][1][r];return o(n||r)},
p,p.exports,r,e,n,t)}return n[i].exports}for(var u="function"==typeof require&&require,
i=0;i<t.length;i++)o(t[i]);return o}return r})()({1:[function(require,module,exports){
"use strict";
exports.__esModule = true;
exports.test = exports.a = void 0;
var a = "hello";
exports.a = a;
function test() { return "world"; }
exports.test = test;

},{}],2:[function(require,module,exports){
"use strict";
exports.__esModule = true;
var a_js_1 = require("./a.js");
console.log(a_js_1.a);
console.log(a_js_1.test());

},{"./a.js":1}]},{},[2]);
```

之后就可以在浏览器中引用这个.js 文件并执行了，例如，在 bundle.js 文件所在的目录下建立一个 HTML 文件，其内容如下。

```
<script src="bundle.js"></script>
```

之后用浏览器打开此 HTML 页面，进入浏览器开发工具（快捷键通常为 F12），在控制台中可以看到输出结果。

```
> hello
> world
```

2. AMD 规范

前面已经提到，在浏览器中执行 CommonJS 规范时经常会遇到各种问题。虽然打包方式能够缓解通过网络加载其他文件的速度问题，但是仍然需要完整下载打包后的文件。当依赖文件过多时，打包后的 JavaScript 文件将变得巨大，在下载完该文件之前，界面上的功能将无法使用，因此这种方式并未从根本上解决 CommonJS 规范在浏览器中执行时遇到的问题。

针对浏览器环境的特点，后来的开发者引入了 AMD 规范来支持浏览器模块化。AMD 规范采用异步方式加载各个模块，在加载模块时不影响后面语句的执行。依赖某个外部模块的语句会放在回调函数中，等模块加载完后才会执行回调函数。

AMD 规范也采用 require()函数来加载模块，但是和 CommonJS 规范相比略显复杂。在 CommonJS 规范中，require()函数只需要向 require()函数传入一个参数，即模块路径；而在 AMD 规范中，需要向该函数传入两个参数，一个是与模块信息相关的数组，另一个是模块加载完后的回调函数。

1）按 AMD 规范编译代码

要按 AMD 规范编译代码，编译命令中需要带有--module 参数来特别指明模块规范，其命令如下。

```
$ tsc 文件路径 --module amd
```

以 AMD 规范编译后产生的 a.js 和 b.js 文件如下。

以下是 a.js 的代码。

```
define(["require", "exports"], function (require, exports) {
    "use strict";
    exports.__esModule = true;
    exports.test = exports.a = void 0;
    var a = "hello";
    exports.a = a;
    function test() { return "world"; }
    exports.test = test;
});
```

以下是 b.js 的代码。

```
define(["require", "exports", "./a.js"], function (require, exports, a_js_1) {
    "use strict";
    exports.__esModule = true;
    console.log(a_js_1.a);
    console.log(a_js_1.test());
});
```

2）在浏览器中运行基于 AMD 规范的代码

由于浏览器并不原生支持 AMD 模块，因此必须要引用第三方 JavaScript 库文件来支持 AMD 模块。

RequireJS 是一个非常小巧的 JavaScript 模块载入框架，它基于 AMD 规范实现，适用于各个浏览器。只需在 HTML 文件的 script 标签中引用 RequireJS 的最新版本，然后将 script 标签的 data-main 设置为主模块路径即可。当打开 HTML 页面时，会先加载 RequireJS，然后加载并执行主模块。当代码执行到依赖模块时，会动态加载依赖模块，加载完成后执行回调函数。

在本例中，在主模块——b.js 文件所在目录下新建一个 HTML 文件，其内容如下。

```
<script src="https://requirejs.org/docs/release/2.3.5/minified/require.js" data-main="b.js"></script>
```

之后用浏览器打开此 HTML 页面，进入浏览器开发工具，在控制台中可以看到输出结果。

```
> hello
> world
```

3. UMD 规范

由于 CommonJS 规范无法用于浏览器环境，而 AMD 规范无法用于 Node.js 环境，因此基于其中一种模块规范写出的一套代码无法同时在 Node.js 和浏览器中使用。为了避免“重复造轮子”，开发者便引入了 UMD 规范来解决一套代码无法在不同环境中使用的问题。

UMD 规范多用于一些需要同时支持浏览器端和服务端引用的第三方 JavaScript 库。基于 UMD 规范的代码既可以在浏览器上以 AMD 形式使用，也可以在 Node.js 上以 CommonJS 形式使用。由于它需要兼容不同的环境，因此基于 UMD 规范的 JavaScript 代码编写起来相对复杂，可读性也相对较差。

1）按 UMD 规范编译代码

要按 UMD 规范编译代码，编译命令中需要带有--module 参数来特别指明模块规范，其命令如下。

```
$ tsc 文件路径 --module umd
```

按 AMD 规范编译会产生的 a.js 和 b.js 文件。

以下是 a.js 的代码。

```
(function (factory) {
    if (typeof module === "object" && typeof module.exports === "object") {
        var v = factory(require, exports);
        if (v !== undefined) module.exports = v;
    }
    else if (typeof define === "function" && define.amd) {
        define(["require", "exports"], factory);
    }
})(function (require, exports) {
    "use strict";
    exports.__esModule = true;
    exports.test = exports.a = void 0;
    var a = "hello";
```

```
    exports.a = a;
    function test() { return "world"; }
    exports.test = test;
});
```

以下是 b.js 的代码。

```
(function (factory) {
    if (typeof module === "object" && typeof module.exports === "object") {
        var v = factory(require, exports);
        if (v !== undefined) module.exports = v;
    }
    else if (typeof define === "function" && define.amd) {
        define(["require", "exports", "./a.js"], factory);
    }
})(function (require, exports) {
    "use strict";
    exports.__esModule = true;
    var a_js_1 = require("./a.js");
    console.log(a_js_1.a);
    console.log(a_js_1.test());
});
```

2）在 Node.js 中运行基于 UMD 规范的代码

由于基于 UMD 规范的代码可以以 CommonJS 形式运行，而 Node.js 天然支持 CommonJS 规范，因此在 Node.js 环境中可以用命令直接运行 b.js 文件。

```
$ node b.js
```

输出结果如下。

```
> hello
> world
```

3）在浏览器运行基于 UMD 规范的代码

由于基于 UMD 规范的代码可以以 AMD 形式运行，因此在主模块——b.js 文件所在目录下建立一个 HTML 文件，其内容如下。

```
<script src="https://requirejs.org/docs/release/2.3.5/minified/require.js" data-main="b.js"></script>
```

之后用浏览器打开此 HTML 页面，进入浏览器开发工具，在控制台中可以看到输出结果。

```
> hello
> world
```

4. ECMAScript 6 规范

前面介绍的 CommonJS、AMD 及 UMD 规范都并非 ECMAScript 官方规范。在 ECMAScript 正式制定模块规范前，由于业界对模块化管理的迫切需求，因此一些第三方团队基于 JavaScript

的语法制定了 CommonJS、AMD 及 UMD 规范，并开发了 JavaScript 框架，以模拟出模块的行为。

随着 ECMAScript 规范的不断发展，在 ECMAScript 6（ECMAScript 2015）中终于拟定了官方模块规范，所有 JavaScript 平台都支持基于该规范的模块（目前 Node.js 支持 ECMAScript 6 规范的模块，Chrome、Firefox、Edge 等主流浏览器也支持该规范），前面的 CommonJS、AMD、UMD 规范将逐渐退出历史舞台。

本章介绍的 TypeScript 模块导入/导出示例就是使用 ECMAScript 6 规范编写的。

1）按 ECMAScript 6 规范编译代码

本章的 TypeScript 模块示例代码都是以 ECMAScript 6 规范编写的，它们可以编译为同样使用 ECMAScript 6 规范的 JavaScript 代码，编译命令中需要带--module 参数来特别指明模块规范，命令如下。

```
$ tsc a.ts --module esnext
```

以下是编译后生成的 a.js 的代码，代码和 a.ts 的一致。

```
export { a, test };
var a = "hello";
function test() { return "world"; }
```

以下是编译后生成的 b.js 的代码，代码和 b.ts 的一致。。

```
import { a, test } from './a.js';
console.log(a);
console.log(test());
```

2）在 Node.js 中运行基于 ECMAScript 6 规范的代码

由于在 Node.js 中默认使用的是基于 CommonJS 规范的模块，因此直接在 Node.js 中运行 b.js 的代码，会出现以下提示。

```
Process exited with code 1
(node:14768) Warning: To load an ES module, set "type": "module" in the package.
json or use the .mjs extension.
```

要在 Node.js 中运行基于 ECMAScript 6 规范的代码，有以下两种方法。

- 分别更改 a.js 和 b.js 的后缀名为 a.mjs 与 b.mjs，并且使用 import { a, test } from './a.**mjs**' 在 b.mjs 中更改导入语句的模块路径，之后执行命令 node b.mjs 来运行代码。
- 在 a.js 和 b.js 所在的目录中，运行命令“npm init”，根据提示输入并确认信息（当提示输入 entry point 时，输入 b.js，它将作为程序入口），确认完成后，会在该目录下创建 package.json 文件。打开 package.json 文件进行编辑，增加一行配置 "type": "module"（该配置有两个值——module 和 commonjs，当取值为 module 时，表示执行模块代码时默认使用 ECMAScript 6 规范），编辑后的 package.json 文件如下。

```
{
  "name": "tsproject",
```

```
  "version": "1.0.0",
  "description": "",
  "main": "b.js",
  "scripts": {
    "test": "echo \"Error: no test specified\" && exit 1"
  },
  "author": "",
  "license": "ISC",
  "type": "module"
}
```

之后执行命令“node b.js”来运行代码。

3）在浏览器中运行基于 ECMAScript 6 规范的代码

要在浏览器中运行基于 ECMAScript 6 规范的代码，在主模块（b.js）所在目录下建立一个 HTML 文件，其内容如下。和前面示例代码的不同之处在于，要运行基于 ECMAScript 6 规范的代码，必须指定 script 标签的 type 属性值为 module，代码如下。

```
<script type="module" src="b.js"></script>
```

但是，如果直接以本地文件的形式用浏览器打开此 HTML 页面，在浏览器开发工具中就会看到以下错误提示。

```
Access to script at 'file:///D:/TSProject/b.js' from origin 'null' has been blocked
by CORS policy: Cross origin requests are only supported for protocol schemes: http,
data, chrome, chrome-extension, chrome-untrusted, https.
b.js:1 Failed to load resource: net::ERR_FAILED
```

这是浏览器跨域安全策略导致的。要解决这个问题，在本地架设 Web 服务器，通过使用浏览器访问 Web 服务器的形式获取此 HTML 页面。

live-server 是一个具有实时加载功能的小型服务器工具，通过它架设临时 Web 服务器。首先，执行以下命令，安装 live-server。

```
$ npm install -g live-server
```

安装完成后，在 HTML 页面所在目录下启动 live-server 服务器，命令如下。

```
$ live-server
```

服务器启动后，会默认使用 8080 端口架设服务器。此时，用浏览器访问本机 8080 端口下的 HTML 页面，如图 13-1 所示。

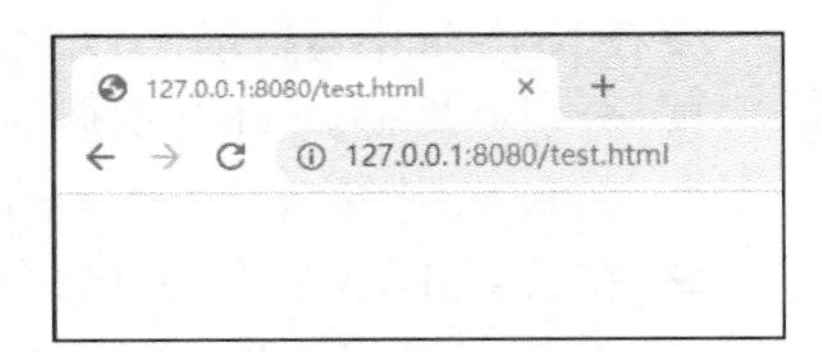

图 13-1 用浏览器访问本机 8080 端口下的 HTML 页面

进入浏览器开发工具，在控制台中可以看到输出结果。

```
> hello
> world
```

13.1.6 解析模块路径

在导入语句 import…from 中，根据模块路径，将导入分为相对模块导入和非相对模块导入两种类型。

1. 相对模块导入

当模块路径以“/”“./”或“../”前缀时，为相对模块导入，它以当前正在运行的模块在文件系统中的路径为基准寻找其他模块。不同模块路径前缀的含义如下。

- “/”表示磁盘根目录。如果当前文件位于 D:/folder1/subFolder1 文件夹下，import ... from "/a.js"表示从 D:/a.js 导入模块。
- “./”表示当前目录。如果当前文件位于 D:/folder1/subFolder1 文件夹下，import ... from "./a.js"表示从 D:/folder1/subFolder1/a.js 导入模块。
- “../”表示上一级目录。如果当前文件位于 D:/folder1/subFolder1 文件夹下，import ... from "../a.js"表示从 D:/subFolder1/a.js 导入模块，而 import…from "../../a.js"表示从 D:/a.js 导入模块。

现在有以下几个文件。

```
D:\a.js
D:\folder1\b.js
D:\folder1\subfolder1\c.js
D:\folder1\subfolder1\d.js
D:\folder1\subfolder2\e.js
```

假设要在 a.js 文件中访问 b.js 和 c.js 文件，可以使用 import ... from "./folder1/b.js"来访问 b.js 文件，使用 import ... from "./folder1/subfolder1/c.js"来访问 c.js 文件。

假设要在 c.js 文件中访问其他所有.js 文件，可以使用 import ... from "/a.js"或 import ... from "../../a.js"来访问 a.js 文件，使用 import ... from "../b.js"来访问 b.js 文件，使用 import ... from "./d.js"来访问 d.js 文件，使用 import ... from "../subfolder1/c.js"来访问 c.js 文件。

2. 非相对模块导入

当模块路径不以“/”“./”或“../”为前缀时，导入都属于非相对模块导入。示例代码如下。

```
import * as $ from "jQuery";
import { Component } from "@angular/core";
```

非相对模块导入并没有指出明确的模块路径，解析模块路径的规则与所使用的环境及框架有关，不同环境与框架的解析过程并不相同。注意，非相对模块导入规则并不符合 ECMAScript 6 规范，它是由具体运行环境或框架的提供方制定的，它只适用于 CMD/AMD 等第三方规范，与 ECMAScript 6 官方模块规范存在冲突，因此这里不做详述。对于非相对模块导入规则，有兴趣的读者可以参考 Node.js 和 TypeScript 官网。

13.2 命名空间

在 ECMAScript 6 发布前，早期的 TypeScript 版本就提供了内部模块的功能，它主要用于组织代码，解决各个声明出现重名的问题。随着 ECMAScript 6 的发布，模块功能得到了 ECMAScript 官方的支持，TypeScript 的内部模块变得毫无必要，TypeScript 1.5 将内部模块更名为命名空间，并使用不同的关键字。命名空间是一个可能废弃的功能。

无论从性能还是从代码管理来说，模块都优于命名空间。无论在多大规模的项目中，都建议使用模块，不要使用命名空间。

但在实际项目中，可能会遇到遗留的命名空间代码，所以仍需要了解命名空间的用法。本节将对命名空间做简要介绍。

13.2.1 声明命名空间

命名空间使用 namespace 关键字声明，语法如下。

```
namespace 命名空间名称 {
//任意代码
}
```

例如，以下代码声明了一个名为 Space1 的命名空间。在该命名空间的作用域中，你可以编写任意代码，在本例中声明了一个数值变量 x。

```
namespace Space1 {
    let x: number = 1;
}
```

各个命名空间具有独立的作用域，因此它们具有同名的声明也互不影响。例如，以下代码声明了两个命名空间，在命名空间及顶层代码中都声明了变量 a 和函数 test。

```
namespace SpaceA {
    let a: number = 1;
    function test() { };
}

namespace SpaceB {
    let a: string = "";
    function test(text: string) {
        console.log(text);
    }
}

let a: boolean = true;
function test(num1: number) { }
```

命名空间内支持嵌套声明命名空间。例如，以下代码声明命名空间 SpaceA，在该命名空间的内部声明了命名空间 SpaceB。

```
namespace SpaceA {
    let a: number = 1;
    namespace SpaceB {
        function test() { }
    }
}
```

13.2.2 使用命名空间的成员

1. 导出并使用命名空间的成员

在命名空间内部，你可以直接使用命名空间内的成员，但在命名空间外部无法直接使用命名空间的非导出成员。

例如，以下代码声明了命名空间 Space1，它拥有一个变量 a 和一个函数 test()，其中 test()函数在输出时使用了变量 a。由于在命名空间内部使用其成员，因此这段代码能正确编译、执行。在命名空间外的顶层代码中也使用了变量 a 和 test()函数，由于在命名空间外部无法使用命名空间的非导出成员，因此会引起编译错误。

```
namespace Space1 {
    let a: string = "hello";
    function test(text: string) {
        console.log(a + text);
    }
}
//编译错误：找不到名称"a"。ts(2304)
console.log(a);
//编译错误：找不到名称 "test"(2582)
test("world");
```

在命名空间中，使用 export 关键字导出内部成员；在命名空间外部，通过“命名空间.成员名称”的方式使用这些导出成员。

例如，以下代码声明了命名空间 Space1，它拥有分别导出的变量 a 函数 test()。接下来，使用 Space1.a 和 Space1.test()在其他地方访问这些成员，在顶层代码及命名空间 Space2 中访问这两个成员，并产生相应的输出。

```
namespace Space1 {
    export let a: string = "hello";
    export function test(text: string) {
        console.log(a + text);
    }
}

namespace Space2{
    console.log(Space1.a); //输出"hello"
    Space1.test("world");  //输出"helloworld"
}

console.log(Space1.a); //输出"hello"
Space1.test("world");  //输出"helloworld"
```

在声明时，用“命名空间 1.命名空间 2⋯.命名空间 *n*”的方式可以一次性声明多级命名空间。

例如，以下代码中一次性声明了两个命名空间——命名空间 Space1 和子命名空间 Space2。

```
namespace Space1.Space2 {
    export let a: string = "hello";
}
console.log(Space1.Space2.a); //输出"hello"
```

以上代码实际上相当于以下代码的简写形式。注意，Space2 命名空间的声明指定了 export 关键字，表示可以对外访问。

```
namespace Space1 {
    export namespace Space2 {
        export let a: string = "hello";
    }
}
console.log(Space1.Space2.a); //输出"hello"
```

2. 使用别名

在调用其他命名空间导出的成员前，使用 import 关键字将其重命名，后续直接使用该别名来调用它们，以简化嵌套层次和代码长度。

例如，以下代码定义了 3 个命名空间，这 3 个命名空间存在嵌套关系。在最里层的命名空间 Space3 中，分别声明一个变量 greeting 和一个接口 Person。

```
namespace Space1 {
    export namespace Space2 {
        export namespace Space3 {
            export let greeting: string = "hello";
            export interface Person { name: string };
        }
    }
}
```

如果不使用命名空间别名，则调用变量 greeting 和接口 Person 时，代码会显得冗长，示例代码如下。

```
console.log(Space1.Space2.Space3.greeting);
let person1: Space1.Space2.Space3.Person = { name: "Sam" };
```

使用命名空间别名后，情况将得到改善。例如，以下代码分别为变量 greeting 和接口 Person 指定别名，之后在使用它们时，代码将大幅精简。

```
import Person = Space1.Space2.Space3.Person;
import greeting = Space1.Space2.Space3.greeting;
console.log(greeting);
let person2: Person = { name: "Lily" };
```

13.2.3 在多文件中使用命名空间

在实际项目中，不同命名空间的代码通常会存放到不同的文件中，这些命名空间可能被其他文件引用。

在命名空间的功能最初推出时，并不存在 ECMAScript 6 规范，因此当时对于多个文件通常的处理办法是用多个.ts 文件存放不同命名空间的代码，然后在使用这些命名空间的代码中加入编译指令，如三斜线指令。使用方式为“/// <reference path="其他 TypeScript 文件路径" />”，这表示将当前文件编译成 JavaScript 时，将加入其他 TypeScript 文件一同编译，这样在编译时就会合并为一个.js 文件。

例如，现在有 a.ts、b.ts 和 c.ts 三个文件。

a.ts 的文件内容如下。

```
namespace Space1 {
    export let a: number = 1;
}
```

代码中声明了 Space1 命名空间，它拥有一个变量 a。

b.ts 的文件内容如下。

```
namespace Space2 {
    export function test(text: string) { console.log(text); };
}
```

代码中声明了 Space2 命名空间，它拥有一个函数 test()。

如果 c.ts 文件需要使用 a.ts 和 b.ts 文件的命名空间，那么 c.ts 文件中需要增加对应的三斜线指令来引用它们。c.ts 的文件内容如下。

```
/// <reference path="a.ts" />
/// <reference path="b.ts"/>

console.log(Space1.a);
Space2.test("hello");
```

前两行代码使用了三斜线指令，表示在编译 c.ts 文件时，会同时将 a.ts 和 b.ts 文件的内容一起编译为 c.js。后两行代码分别使用 Space1 命名空间中的变量 a 和 Space2 命名空间中的函数 test()。

接下来，就可以编译 c.ts 文件了。在编译 c.ts 文件时，需要使用--out 参数，这表示将当前文件及它引用的文件合并编译到指定位置。以下命令将 c.ts 文件及其引用的 a.ts 和 b.ts 文件合并编译到 bundle.js 文件中。

```
$ tsc c.ts --out bundle.js
```

打开 bundle.js 文件，其内容如下。

```
var Space1;
(function (Space1) {
    Space1.a = 1;
})(Space1 || (Space1 = {}));
var Space2;
```

```
(function (Space2) {
    function test(text) { console.log(text); }
    Space2.test = test;
    ;
})(Space2 || (Space2 = {}));
/// <reference path="a.ts" />
/// <reference path="b.ts"/>
console.log(Space1.a);
Space2.test("hello");
```

可以看到代码中同时包含了 a.ts、b.ts 和 c.ts 文件的编译结果。

输出结果如下。

```
> 1
> hello
```

13.2.4 命名空间的本质与局限

下面介绍命名空间的本质与局限。以下 TypeScript 代码声明了一个名为 Space1 的命名空间，在它的内部不仅声明并导出了变量 a 和函数 test()，还声明了变量 b，但没有导出它。

```
namespace Space1 {
    export let a: number = 1;
    export function test() { }
    let b: string = "hello";
}
```

将 TypeScript 代码编译为 JavaScript 代码后，结果如下。

```
var Space1;
(function (Space1) {
    Space1.a = 1;
    function test() { }
    Space1.test = test;
    var b = "hello";
})(Space1 || (Space1 = {}));
```

可以看到，命名空间本质上是一个普通的 JavaScript 对象，它通过立即执行函数为这个对象的各个属性赋值。例如，前面在命名空间 Space1 中声明并导出的变量 a 和函数 test()实际上只是该对象的属性与方法，而未导出的变量 b 的值并未赋给 Space1 对象。由于变量 b 在立即执行函数中，因此它的作用域仅限于函数内。而命名空间 Space1 位于全局作用域中，这不仅可能导致命名污染，而且不利于识别出各个空间之间的依赖关系，尤其是在大型项目中。

无论是性能还是代码管理，模块都优于命名空间。因此，对于任何规模的项目，都建议全部使用模块，不要使用命名空间。

13.3 声明合并

在 TypeScript 中，只要符合一定条件，就可以将多个独立的同名声明合并成一个声明。合并后的声明将同时具有它包含的多个声明的特性。

虽然本节会介绍这个特性，但并不推荐在项目中使用该特性，这会引发代码组织管理上的问题，降低代码的可维护性，读者简单了解该内容即可。

13.3.1 同类型之间的声明合并

在相同类型之间，多个同名枚举、多个同名接口或多个命名空间会合并成单个枚举、单个接口或单个命名空间。

1. 枚举

TypeScript 支持将枚举成员分开声明，由于 TypeScript 拥有声明合并的特性，因此它们将合并为一个枚举。例如，以下代码定义了一个名为 Answer 的枚举，虽然枚举成员 yes 和 no 分别拆开，单独进行了定义，但是最终两个枚举成员 Answer.no 和 Answer.yes 都可以访问。

```
enum Answer {
    no = 0
}

enum Answer {
    yes = 1
}

let a1: Answer = Answer.yes;
let a2: Answer = Answer.no
```

2. 接口

当同时声明了多个同名接口时，它们将自动合并为一个接口，并同时拥有所有接口声明中的属性和方法。例如，以下代码声明了两个接口。第一个接口拥有一个 name 属性，第二个接口拥有一个 introduction()方法，但它们都具有同样的接口名称 Person，因此它们将合并为同一个接口。这个接口拥有所有的属性和方法，它最后定义了一个 Person 类型的变量 person1，并为该变量赋予了一个符合 Person 类型结构的对象。

```
interface Person {
    name: string
}

interface Person {
    introduction: () => void
}

let person1: Person = {
    name: "Shank",
    introduction: function () {
        console.log(`My name is ${this.name}`);
    }
}
```

3. 命名空间

命名空间也支持声明合并。例如，以下代码中声明了两个命名空间，第一个命名空间导出了一个变量 a，第二个命名空间导出了一个函数 test()，由于两个命名空间都用了同一个名字 Space1，因此它们将自动合并为一个命名空间。此时可以像一个命名空间那样使用变量 a 和函数 test()。

```
namespace Space1 {
    export let a: string = "hello";
}

namespace Space1 {
    export function test(text: string) {
        console.log(text);
    }
}

console.log(Space1.a)//输出"hello"
Space1.test("world") //输出"world"
```

但注意，没有导出的命名空间成员不可以在另一个命名空间中使用。例如，在以下代码中，虽然两个命名空间都叫 Space2，但是在第一个命名空间中声明的变量 b 并没有导出，因此在第二个命名空间中使用变量 b 将会引起编译错误。

```
namespace Space2 {
    let b: number = 1;
}

namespace Space2 {
    export function printB() {
        //编译错误：找不到名称"b"。ts(2304)
        console.log(b);
    }
}
```

如果从编译后的 JavaScript 代码来看，原因就比较清晰了。虽然命名空间 Space2 只有一个，但是立即执行函数有两个，而变量 b 只存在于第一个立即执行函数的作用域中，因此无法在第二个立即执行函数中使用。

```
var Space2;
(function (Space2) {
    var b = 1;
})(Space2 || (Space2 = {}));
(function (Space2) {
    function printB() {
        console.log(b);
    }
    Space2.printB = printB;
})(Space2 || (Space2 = {}));
```

13.3.2 不同类型之间的声明合并

除同类型的声明合并之外，TypeScript 还支持不同类型之间的声明合并。不同类型之间的声明合并会大幅降低代码的可读性和可维护性，因此在实际项目中切勿使用。读者可以了解这种场景，避免在实际项目中遇到声明合并导致的非预期情况。

TypeScript 中的各个类型对声明合并的支持情况详见表 13-1。

表 13-1 各个类型对声明合并的支持情况

类型	是否支持值	是否支持枚举	是否支持函数	是否支持类	是否支持接口	是否支持类型别名	是否支持命名空间
值	N	N	N	N	Y	Y	N
枚举	—	Y	N	N	N	N	Y
函数	—	—	N	N	Y	Y	Y
类	—	—	—	N	Y	N	Y
接口	—	—	—	—	Y	N	Y
类型别名	—	—	—	—	—	N	Y
命名空间	—	—	—	—	—	—	Y

基于以上情况，在编程时需要特别注意，避免代码的执行不符合预期。下面将列出不同类型的声明合并。

同名类与接口之间的声明合并会导致类增加非预期成员，示例代码如下。

```
class Point {
    x: number;
}
interface Point {
    y: number;
}

let point: Point = new Point();
point.x = 1;
point.y = 2;
```

同名枚举和命名空间的声明合并会导致枚举中既有枚举值又有扩展成员，示例代码如下。

```
enum Color {
    red = 1,
    green = 2,
    blue = 3
}

namespace Color {
    export let yellow = 4;
```

```
    export function printName(color: Color) {
        console.log(Color[color]);
    }
}

console.log(Color.yellow);  //输出 4
Color.printName(Color.red); //输出 red
```

同名函数和命名空间的声明合并会导致一个函数既可以以函数形式调用，又可以以对象形式访问其成员，示例代码如下。

```
function Greeting(name: string): void {
    console.log(Greeting.prefix + name + Greeting.suffix);
}

namespace Greeting {
    export let suffix;
    export let prefix;
}

Greeting.prefix = "Hello "
Greeting.suffix = ", Nice to meet you.";
Greeting("Sam"); //输出"Hello Sam, Nice to meet you."
```

第 14 章　错误处理

当执行应用程序时，许多原因（例如，代码编写错误、用户输入错误、外部 API 调用失败、网络不稳定等）可能导致出错。如果不妥善处理，整个应用程序的执行都会中断，轻则影响用户体验，重则使整个应用程序崩溃。

TypeScript 支持错误处理语句，可以让代码变得更加健壮，即使在执行过程中出现错误，也不会中断整个应用程序，并可以使应用程序具备从错误中恢复的能力。

14.1　捕获并处理错误

在具体介绍如何捕获并处理错误前，先制造错误，看看错误出现后代码将如何执行。

以下代码首先声明了一个变量 a，它是任意类型，值为 null，接着将变量 a 的 name 属性值赋给变量 b，在赋给变量 b 的语句前后分别输出“开始赋值”和“结束赋值”。

```
let a: any = null;
console.log("开始赋值")
let b: any = a.name;
console.log("结束赋值");
```

如果程序正常执行，它将会输出“开始执行”和“结束执行”，但由于变量 a 为 null，它不具有 name 属性，因此为变量 b 赋值的语句将产生错误，导致程序中断，不会输出“结束赋值”。代码执行结果如下。

```
> 开始赋值
> Uncaught TypeError: Cannot read property 'name' of null
```

可以看出以上代码的健壮性不高，不具备从错误中恢复的能力，一旦某处产生错误，后续所有的代码将无法执行。

在 TypeScript 中，使用 try/catch 语句捕获并处理错误。使用 try 语句创建一个需要检测错误的代码块，使用 catch 语句创建一个出现错误时需要执行的代码块。具体语法如下。

```
try {
    //需要检测错误的代码块
}
catch {
    //出现错误时执行的代码块
}
```

一旦 try 块产生错误，只中断 try 块的执行，然后跳到 catch 块，继续执行。注意，catch 中的语句只在 try 中的语句出现错误时才执行，如果 try 块中的语句正常执行，那么 catch 块中的语句不会执行。

下面将前面的示例以 try/catch 语句的形式改写，代码如下。

```
let a: any = null;
try {
    console.log("开始赋值");
    let b: any = a.name;
}
catch {
    console.log("赋值错误");
}
console.log("结束赋值");
```

之后再执行代码，为变量 b 赋值的语句依然会产生错误，此时会跳至 catch 块中，继续执行，try/catch 语句结束后，将继续执行其他后续代码。执行结果如下。

```
> 开始赋值
> 赋值错误
> 结束赋值
```

注意，catch 块中也可能产生错误，继而中断后续代码的执行。例如，在以下代码中，把 catch 块中变量 a 的 name 属性赋给变量 c，但变量 a 不具有 name 属性，因此 catch 块之后的代码都不会执行。

```
let a: any = null;
try {
    console.log("开始赋值");
    let b: any = a.name;
}
catch {
    let c: any = a.name;
    console.log("赋值错误");
}
console.log("结束赋值");
```

输出结果如下。

```
> 开始赋值
> Uncaught TypeError: Cannot read properties of null (reading 'name')
```

在实际项目中，可能会有一些文件操作或者数据库连接操作，需要在执行完这些操作后释放文件或数据库连接。在进行文件或数据库操作时，虽然使用 try 语句检测错误，如果 try 语句出现错误，则在 catch 语句中进行处理，但最坏的情况是 catch 语句中也产生了错误，这种情况会中断后续代码的执行，使释放文件或数据库连接的语句无法执行，一直占用资源。在这种情况下，释放文件或数据库连接的语句是无论如何都要执行的。

TypeScript 支持 finally 块，它用于放置无论如何都要执行的代码。当 try/catch 语句执行完毕后，无论是否产生错误，finally 块都会执行。使用 finally 块，就可以解决如释放文件或释放数据库连接等的必要语句无法执行的问题。

try/catch/finally 语句的语法如下。

```
try {
    //需要检测错误的代码块
}
catch {
    //出现错误时执行的代码块
}
finally {
    //无论 try/catch 块结果如何都要执行的代码块
}
```

接下来，修改前面的示例，增加 finally 块，代码如下。

```
let a: any = null;
try {
    console.log("开始赋值");
    let b: any = a.name;
}
catch {
    let c: any = a.name;
    console.log("赋值错误");
}
finally {
    console.log("结束赋值");
}
```

输出结果如下，可以看到虽然 catch 块中产生了错误，但 finally 块中的语句依然会执行。

```
> 开始赋值
> 结束赋值
> Uncaught TypeError: Cannot read property 'name' of null
```

由于 finally 块中的代码一定会执行，因此如果 finally 块中有 return 语句，就会导致 try 和 catch 块中的 return 语句失效，只有 finally 块中的 return 语句生效。例如，以下代码中 test()函数的 try、catch、finally 语句中都有 return 语句，输出结果后，会发现输出值为 2，说明只有 finally 块中的 return 语句有效。

```
function test(): number {
    try {
        return 0;
    }
    catch {
        return 1;
    }
```

```
    finally {
        return 2;
    }
}

console.log(test());
```

14.2 错误对象

在抛出错误时，程序会生成一个错误对象。该错误对象具有以下两个属性。

- name：错误名称。
- message：错误的描述信息。

错误对象可以在 catch 块中获取。在 catch 关键字之后，声明一个参数，用来接收 catch 块中捕获的错误对象，然后在 catch 块中使用该错误对象。声明语法如下。

```
...
catch (参数名称) {
//出现错误时执行的代码块
}
...
```

例如，以下代码为 catch 块声明了一个参数 err，用于接收捕获的错误对象，之后输出了错误对象的 name 属性和 message 属性。

```
let a = null;
try {
    let b = a.name;
}
catch (err) {
    console.log(err.name);     //输出"TypeError"
    console.log(err.message); //输出"Cannot read property 'name' of null"
}
```

表 14-1 列出了 TypeScript 中的内置错误对象。

表 14-1 TypeScript 中的内置错误对象

错误对象名称	错误含义	示例代码

EvalError	eval()函数执行错误	try {
		    eval("let b =");
		}
		catch (err) {
		    //输出 true
		    console.log(err instanceof EvalError);
		    console.log(err.name); //输出 EvalError
		    //输出 Refused to evaluate a string as JavaScript
		    //because 'unsafe-eval' is not an allowed source
		    //of script
		}
		    console.log(err.message);

续表

错误对象名称	错误含义	示例代码

RangeError	超出允许的数字范围导致的错误	try {
		const n = 3.14159;
		//toFixed 函数的第 1 个参数取值范围为 0~100
		console.log(n.toFixed(1000));
		}
		catch (err) {
		console.log(err instanceof RangeError); //输出 true
		console.log(err.name); //输出 RangeError
		//输出 toFixed() digits argument must be between
		//0 and 100
		console.log(err.message);
		}

ReferenceError	非法引用导致的错误	try {
		console.log(x);
		}
		catch (err) {
		//输出 true
		console.log(err instanceof ReferenceError);
		console.log(err.name); //输出 ReferenceError
		//输出 x is not defined
		console.log(err.message);
		}

SyntaxError	语法错误	try {
		eval('
		fction(){}'
		);
		}
		catch (err) {
		//输出 true
		console.log(err instanceof SyntaxError);
		console.log(err.name); //输出 SyntaxError
		//输出 Unexpected token '{'
		console.log(err.message);
		}

TypeError	类型错误	try {
		let a = null;
		let b = a.name;
		}
		catch (err) {
		//输出 true
		console.log(err instanceof TypeError);
		console.log(err.name); //输出 TypeError
		//输出 Cannot read property 'name' of null
		console.log(err.message);
		}

续表

错误对象名称	错误含义	示例代码

URIError	encodeURI()或 decodeURI()等函数执行错误	try {
		    decodeURI("%");
		}
		catch (err) {
		    //输出 true
		    console.log(err instanceof URIError);
		    console.log(err.name); //输出 URIError
		    console.log(err.message); //输出 URI malformed
		}

Error	以上所有错误的基类	以上任意错误对象执行 err instanceof Error 命令都会返回 true

在实际项目中，根据错误对象，针对性地进行处理，示例代码如下。

```
try {
    //需要检测错误的代码块
}
catch (err) {
    if (err instanceof ReferenceError) {
        //对此类错误的处理
    }
    else if(err instanceof TypeError) {
        //对此类错误的处理
    }
    ...
}
```

14.3 自定义错误

在 TypeScript 中，既可以自定义错误的触发时机，主动抛出错误，人为地造成程序异常中断，也可以创建自定义错误类型。下面将分别介绍这两种方法。

14.3.1 抛出错误

在 TypeScript 中，除被动检测错误之外，还可以通过 throw 关键字主动抛出错误，其语法如下。

```
throw 错误对象;
```

执行 throw 语句等同于该语句产生了错误，代码会立即停止执行，除非使用 try/catch 语句捕获了抛出的错误。

可以用构造函数的形式实例化新的错误对象，例如，TypeScript 中的内置错误对象（参考上一节）可以通过以下方式实例化。

```
new 内置错误类型(自定义错误消息);
```

抛出内置错误的示例代码如下。

```
throw new SyntaxError("无法识别语法");
throw new TypeError("无法确定变量的类型");
throw new RangeError("超过数字范围");
throw new EvalError("Eval 执行失败");
throw new URIError("URL 解析错误");
throw new ReferenceError("无法找到引用对象");
throw new Error("出现未知错误");
```

对于这些错误，都把自定义消息将存放到错误对象的 message 属性中。

在实际编程过程中，通常会涉及一些自定义检测。当检测不通过时，就会抛出错误。例如，以下代码声明了一个 discount()函数，用于计算商品打折后的最终价格。

```
function discount(unitPrice: number, discountPercentage: number): number {
    if (discountPercentage >= 0 && discountPercentage < 100) {
        return unitPrice * (1 - discountPercentage / 100);
    } else {
        throw new RangeError("折扣率应介于 0%~100%。");
    }
}

try {
    console.log("单价 1000，当折扣率为 30%时，最终价格为" + discount(1000, 30));
    console.log("单价 1000，当折扣率为 500%时，最终价格为" + discount(1000, 500));
} catch (err) {
    console.log(err.name + ":" + err.message);
}
```

discount()具有两个参数，unitPrice 表示商品单价，discountPercentage 表示折扣率。其中，折扣率应该介于 0%～100%。如果折扣率范围有误，则抛出 RangeError 错误。

输出结果如下。

```
> 单价 1000，当折扣率为 30%时，最终价格为 700
> RangeError:当折扣率应介于 0%~100%。
```

14.3.2 自定义错误类型

除使用内置错误之外，还可以通过继承内置错误创建自定义错误类型。当创建自定义错误类型时，需要提供 name 属性和 message 属性，示例代码如下。

```
class CustomError extends Error {
    constructor(message: string) {
        super(message);
        this.name = "CustomError";
        this.message = message;
    }
}
```

之后就可以在代码中使用自定义错误，示例代码如下。

```
try {
    throw new CustomError("产生了自定义错误！");
}
catch (err: any) {
    //以下代码输出 true
    console.log(err instanceof CustomError);
    //以下代码输出 CustomError: 产生了自定义错误!
    console.log(`${err.name}: ${err.message}`); "
}
```

自定义错误类型有助于在查错时精准区分错误产生的原因，提高查错效率。

第 15 章　异步编程

通常来说，程序可以按照同步编程的方式编写，这样所有的任务都是同步任务，代码将按既定顺序依次执行，同一时刻只会执行一个任务。但这并没有充分利用计算机的功能，尤其是对于一些需要长时间执行的任务（如网络通信、文件存取、数据库连接等）来说，它们往往不占用 CPU，只需要长时间等待，但这也会使后面的任务都必须排队等待，从而拖慢整个程序的运行速度。为了解决这些问题，ECMAScript 中引入了异步任务运行机制。

异步任务需要以异步编程的形式编写，在 ECMAScript 的发展过程中，先后诞生了不少异步编程模式。本章将一一介绍这些异步编程模式。

15.1　异步任务运行机制

TypeScript 代码最终会编译成 JavaScript 代码来执行，而 JavaScript 代码是单线程执行的，即同一时间只能执行一个任务。

JavaScript 之所以不支持多线程执行，主要由于它起源于浏览器。作为浏览器脚本，它会与用户进行交互，并操作 UI 的 DOM 结构，如果支持多线程并发操作，将会引起比较复杂的问题，例如，线程 1 在 DOM 上添加一个节点，而线程 2 删除该节点，此时操作将出现冲突。为了避免产生这类问题，JavaScript 被设计成了单线程执行模式。

前一个任务结束，后一个任务才开始执行，这是单线程执行的特点。通常，在单线程执行模式下都会以同步编程的形式编写代码，处理器会严格按照既定顺序执行代码，每句代码执行后将立即产生效果或返回执行结果，示例代码如下。

```
let x=1;
console.log(x);
```

同步编程的局限在于，如果某句代码或某段代码执行比较耗时（如网络通信、文件存取、数据库连接等），程序将一直等待，直到这句代码或这段代码执行完。在此之前，整个程序都将陷入阻塞。

例如，在浏览器中打开开发工具，在控制台中执行以下代码，会发现浏览器页面无法单击，这是由于同步代码尚未执行完成，程序陷入了阻塞状态，无法执行后续任务。

```
for (let i = 0; i < 100000000; i++) {
    let date = new Date();
    myDate = date
}
```

当执行同步任务时，执行顺序如图 15-1 所示。

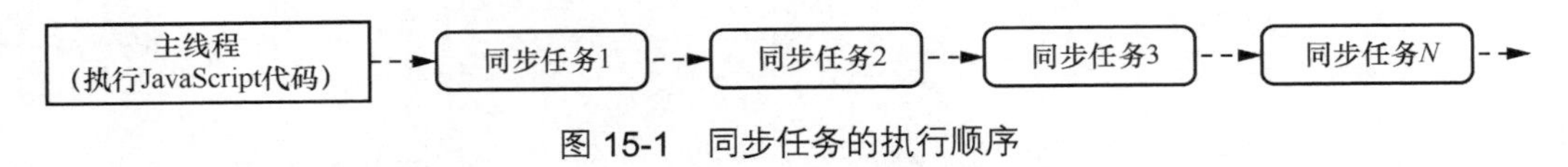

图 15-1 同步任务的执行顺序

如果由于计算量较大而处理不过来，那么其实并无不妥，但大多数情况下 CPU 是闲置的，网络通信、文件读取、数据库连接等往往不占用 CPU，只需长时间等待，因此使用同步编程模式效率很低，体验很差。

于是，JavaScript 设计了异步编程模式，挂起需要等待的网络通信、文件读取、数据库连接等任务，先执行排在后面的无须等待的任务，等那些挂起任务有了返回结果后再执行相关回调任务。

以下代码就是异步编程的一个例子，它会先请求百度首页（第 2 行），等网页结果返回后判断请求是否成功并将 HTML 源码输出到控制台。由于要等待网页返回后才处理，因此将判断是否成功并输出 HTML 源码的代码放到回调函数中，里面的代码（第 3～5 行）暂时不会执行。接着代码会继续向下运行（第 7～8 行），先给变量 a 赋值，然后将其输出，等网页返回结果后，才会执行回调函数，输出百度首页的 HTML 源码（第 3～5 行）。

```
1 import * as request from 'request'
2 request('http://www.baidu.com', function (error, response, body) {
3     if (!error && response.statusCode == 200) {
4         console.log(body) //显示百度首页的 HTML 源码
5     }
6 })
7 let a = "hello";
8 console.log(a);
```

异步执行的机制如下。

JavaScript 主线程依次执行各个同步任务。当执行到特定代码时，JavaScript 会通知其他非 JavaScript 线程执行任务，这些任务不运行 JavaScript，不进入 JavaScript 主线程。JavaScript 主线程不会等待，而继续执行下一个同步任务。当非 JavaScript 线程执行完成后，会将结果以事件通知的形式存到 JavaScript 任务队列中。当 JavaScript 主线程的所有同步任务执行完成后，会检查 JavaScript 任务队列中有哪些事件，并定位到具体回调函数代码上，然后以同步任务的形式依次执行它们。

JavaScript 是单线程的，是指只有一个线程来执行 JavaScript 脚本。但运行环境（Node.js 或浏览器）不是单线程的，一些 I/O 操作、网络请求、定时器和事件监听等都是由运行环境提供的，是由其他非 JavaScript 线程来完成的，这些非 JavaScript 线程的任务执行完成后，会将结果以事件通知的形式存到任务队列中。只要 JavaScript 主线程中的任务清空了，就会从任务队列中获取任务，然后继续执行，这个过程不断重复，这就是 JavaScript 的异步任务运行机制，如图 15-2 所示。

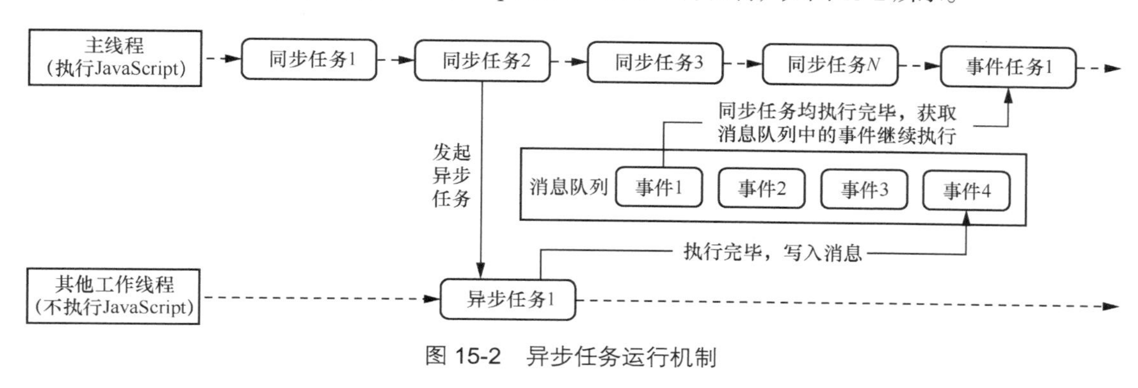

图 15-2 异步任务运行机制

基于 JavaScript 的异步运行机制，先后诞生了不同的异步编程模式，主要的异步编程模式如下。

- 回调函数.
- Promise 对象（ECMAScript 6）。
- async/await 语法（ECMAScript 7）。

接下来将分别介绍这些异步编程模式。

15.2 回调函数

在执行异步任务时，必须指明它的回调函数。回调函数就是那些会被 JavaScript 主线程挂起且暂不执行的代码。

当非 JavaScript 线程执行完任务后，会将结果以事件通知的形式存到 JavaScript 任务队列中，任务队列中的事件将指明具体调用哪个回调函数。当 JavaScript 主线程的同步代码均执行完毕后，就会获取任务队列中的事件，调用与之相关的回调函数。

15.2.1 常规异步任务

前面介绍了请求百度首页的例子，这就是一种常规的异步任务，代码如下。

```
1 import * as request from 'request'
2 request('http://www.baidu.com', function (error, response, body) {
3     if (!error && response.statusCode == 200) {
4         console.log(body) //显示百度首页的 HTML 源码
5     }
```

```
6 })
7 let a = "hello";
8 console.log(a);
```

提示：本例中使用了 Request 框架，只能在 Node.js 中执行，需要先执行以下命令安装 Request 框架。

```
$ npm install -g request
```

由于示例代码中以非相对模块形式导入了 Request 框架，因此建议将其按 CommonJS 规范编译成 JavaScript 代码来执行。

在本例中，request()函数需要传入两个参数：第一个参数为需要请求的 URL，Request 框架将以异步形式访问该 URL 并获取结果；第二个参数是网络结果返回后要执行的回调函数。

基于异步任务运行机制，可知代码的执行顺序为 1→2→6→7→8→3→4→5，其运行结果如下。

```
> hello
> <!DOCTYPE html><!--STATUS OK-->
<html>
<head>
        <title>百度一下，你就知道</title>
…//省略后续 HTML 源码
```

除用匿名函数之外，回调函数还可以使用常规声明的函数，示例代码如下。

```
import * as request from 'request'

function receiveResponse(error, response, body) {
    if (!error && response.statusCode == 200) {
        console.log(body) //显示百度首页的 HTML 源码
    }
}
request('http://www.baidu.com', receiveResponse);
```

虽然使用回调函数执行简单的异步任务并无任何问题，但是在实际项目中经常遇到这类场景：某个业务需要连续调用多个 API，每个 API 都从上一个 API 中获取数据，如果还采用回调函数的方式来处理，就会出现回调灾难。

例如，需要先后获取产品主数据、产品评论、产品促销和产品推荐的信息，以回调函数的形式编写，代码如下。

```
import * as request from 'request'
request('http://xxx.api/product', function (error, response, body) {
    if (!error && response.statusCode == 200) {
        let product:any = {};
        product.mainInfo = JSON.parse(body);
        request('http://xxx.api/product/reviews', function (error, response, body) {
            if (!error && response.statusCode == 200) {
                product.reviews = JSON.parse(body);
                request('http://xxx.api/product/promotinon', function (error,
                response, body) {
```

```
                        if (!error && response.statusCode == 200) {
                            product.promotinon = JSON.parse(body);
                            request('http://xxx.api/recommendation', function (error,
                            response, body) {
                                if (!error && response.statusCode == 200) {
                                    product.recommendation = JSON.parse(body);
                                    //其他操作，例如将 Product 渲染到 UI...
                                }
                            })
                        }
                    })
                }
            })
        }
    })
```

这就是典型的回调灾难场景：代码充满了嵌套结构，不仅在纵向增长，还在横向增长。这样的代码调试起来相当困难，必须从一个函数跳到下一个，再跳到下一个，需要在整个代码中跳来跳去查看运行情况，而最终的结果却藏在整段代码的中间位置。回调函数表达异步流程的方式是非线性的、非顺序的，不符合我们的思维方式。这不仅使得正确推导代码的难度很大，还使得代码难以理解和维护。

为了解决回调灾难的问题，ECMAScript 最新标准中先后引入了 Promise 对象和 async/await 语法，后面将详细介绍。

15.2.2 计时器

除常规异步任务之外，在 TypeScript 中还有两种内置的特殊异步任务，它们是 setTimeout 计时器和 setInterval 计时器，用于在指定的时间间隔后执行回调函数。

1. setTimeout()

setTimeout()函数用于在指定的时间间隔后执行一段特定的代码。对于它，需要传入以下参数。

- 回调函数。
- 执行回调函数前需要等待的时间间隔（单位为毫秒），当时间间隔为 0 时，将不等待，尽快执行回调函数（由于这是异步任务，将以事件的形式存放到任务队列中，队列中的任务要在主线程任务完成后才执行）。
- 传给回调函数的参数。

例如，以下代码使用了 setTimeout()函数，回调函数将在两秒后执行并输出“Hello world!”。

```
let myGreeting = setTimeout(function() {
  console.log('Hello world!');
}, 2000)
console.log('Main thread excuted!');
```

输出结果如下。

```
> Main thread excuted!
```

两秒后，又输出以下内容。

```
> Hello world!
```

除用匿名函数之外，回调函数还可以使用常规声明的函数，示例代码如下。

```
function sayHello() {
    console.log("Hello world!");
}
let myGreeting = setTimeout(sayHello, 2000);
console.log('Main thread excuted!');
```

回调函数可以声明参数，在调用 timeout()函数的末尾参数时可以指定参数值，示例代码如下。

```
function sayHello(somebody) {
    console.log('Hello ' + somebody + '!');
}

let myGreeting = setTimeout(sayHello, 2000, 'world');
console.log('Main thread excuted!');
```

要使用 clearTimeout()函数清除已经定义的计时器，只需在函数中传入计时器变量即可。例如，在以下代码中，将计时器变量 myGreeting 传入了 clearTimeout()函数中，计时器将被销毁，回调函数不会执行。

```
function sayHello(somebody) {
    console.log('Hello ' + somebody + '!');
}

let myGreeting = setTimeout(sayHello, 2000, 'world');
console.log('Main thread excuted!');
clearTimeout(myGreeting);
```

输出结果如下。

```
> Main thread excuted!
```

2. setInterval()

setInterval()函数用于在一段时间间隔后重复执行一段特定的代码。它的参数和调用方式与 setTimeout()函数完全一致，唯一的区别在于它并不像 setTimeout()函数那样只执行一次回调函数，而每隔一段时间都会执行回调函数，直到计时器销毁为止。

例如，以下代码使用了 setInterval()函数，回调函数将每隔两秒就执行一次并输出“Hello world!”。

```
function sayHello(somebody) {
    console.log('Hello ' + somebody + '!');
}

let myGreeting = setInterval(sayHello, 2000, 'world');
console.log('Main thread excuted!');
```

输出结果如下。

```
> Main thread excuted!
```

两秒后，又输出以下内容。

```
> Hello world!
```

两秒后，又输出以下内容。

```
> Hello world!
```

两秒后，又输出以下内容。

```
> Hello world!
...
```

要使用 clearInterval()函数清除已经定义的计时器，只需在函数中传入计时器变量即可。例如，在以下代码中，将计时器变量 myGreeting 传入了 clearInterval()函数，计时器将被销毁，回调函数不会执行。

```
function sayHello(somebody) {
    console.log('Hello ' + somebody + '!');
}

let myGreeting = setInterval(sayHello, 2000, 'world');
console.log('Main thread excuted!');
clearInterval(myGreeting);
```

输出结果如下。

```
> Main thread excuted!
```

15.3 Promise 对象

ECMAScript 6 中增加了 Promise 对象，它一经推出就大受欢迎，逐渐成为当前主流的异步编程模式。Promise 对象就如它的中文含义“期约”一样，用来保证在未来返回某种结果。

15.3.1 声明并使用 Promise 对象

Promise 对象有以下 3 种状态。

- pending：初始状态，异步任务执行中。
- resolved：结果一，异步任务执行成功。
- rejected：结果二，异步任务执行失败。

Promise 对象可用于封装异步操作，其实例化语法如下。

```
let 对象名称 = new Promise(封装异步操作的自定义函数);
```

封装异步操作的自定义函数必须为以下类型。

```
(
    resolve: (value: unknown) => void,
    reject: (reason?: any) => void
) => void;
```

注意，resolve()函数和 reject()函数并不是自定义函数，不需要单独定义，它们是在 Promise 对象执行期间调用封装异步操作的自定义函数时传入的内置函数。resolve()函数与 reject()函数分别为自定义函数内的异步任务执行成功和失败时需要调用的函数。

封装异步操作的自定义函数的语法通常如以下代码所示。根据异步处理的结果，调用 resolve()函数或 reject()函数。

```
function(resolve, reject) {
    // 异步处理
    // 处理成功后调用"resolve(成功后的数据)", Promise 对象将由 pending 状态变为 resolved 状态
    // 处理失败后调用"reject(原因)", Promise 对象将由 Pending 状态变为 rejected 状态
}
```

下面用 Promise 对象封装通过 Request 框架发送的 HTTP 请求，封装前的代码如下。

```
import * as request from 'request'

request('http://www.baidu.com', function (error, response, body) {
    if (!error && response.statusCode == 200) {
        console.log(body) //显示百度首页的 HTML 源码
    }
});
```

使用 Promise 对象封装后的部分代码如下。

```
import * as request from 'request'

function GetHttpResponse(url) {
    return new Promise((resolve, reject) => {
        request(url, function (error, response, body) {
            if (!error) {
                if (response.statusCode == 200) {
                    resolve(body);
                }
                else {
                    reject(`http status code is ${response.statusCode}`)
                }
            }
            else {
                reject(error);
            }
        });
    });
};
```

以上代码先声明了一个函数 GetHttpResponse()，用于创建并返回新的 Promise 对象。在实例化 Promise 对象时，传入的封装异步操作的自定义函数使用 request()函数发送网络请求并获得响应

应。request()函数的用法和前面并没有太大差异，都需要传入请求的 URL 以及回调函数。在回调函数中，如果成功获得响应（error 对象为空且 response.status 等于 200），则调用 resolve()内置函数，并传入 body 作为参数；如果出现异常（当 error 对象有值时），则调用 reject()函数，并传入 error 对象作为参数；如果相应状态码不正常（response.status 不是 200），则调用 reject()函数，并传入一串自定义说明作为参数。

注意： TypeScript 的默认编译版本为 ECMAScript 5，以上代码需要指定编译成 ECMAScript 6 及以上的版本，而示例代码中以非相对模块形式导入了 Request 框架，代码须按 CommonJS 规范编译成 JavaScript 代码才能执行。

基于以上原因，在编译时需要执行以下命令，同时指定 target 和 module。

```
$ tsc a.ts --target esnext --module commonjs
```

之后就可以使用 Promis 对象来执行异步操作，Promise 对象实例化后封装异步操作的自定义函数将立即执行，可以通过 Promise 对象的 then()方法接收上一个 Promise 对象在自定义函数中传给内置函数 resolve()的参数并进行处理。

例如，在请求的响应返回后，将结果输出到控制台的代码如下。

```
GetHttpResponse("http://www.baidu.com").then(body => {
    console.log(body);
});
```

截至目前，这种方式似乎并没有体现出 Promise 对象的优势，看似还更复杂。然而，真的是这样吗？

还记得前面的回调灾难场景吗？某个业务需要连续调用多个 API，每个 API 都要从上一个 API 中获取数据，例如，需要先后获取产品主数据、产品评论、产品促销和产品推荐的信息。如果使用 Promise 对象来处理，代码如下。

```
let product: any = {};
GetHttpResponse("http://xxx.api/product").then(body => {
    product.mainInfo = JSON.parse(body as string);
    return GetHttpResponse("http://xxx.api/product/reviews");
}).then(body => {
    product.reviews = JSON.parse(body as string);
    return GetHttpResponse("http://xxx.api/product/promotinon");
}).then(body => {
    product.promotinon = JSON.parse(body as string);
    return GetHttpResponse("http://xxx.api/recommendation");
}).then(body => {
    product.recommendation = JSON.parse(body as string);
    //其他操作，例如将 Product 渲染到 UI...
});
```

then()方法的返回值是一个新的 Promise 对象，因此可以接着调用这个新 Promise 对象的 then()方法，以流式编程的风格，形成自上而下的调用链。

可以看到，Promise 对象消除了回调灾难，改善了书写形式，代码再也没有横向增长，无论有多少互相依赖的业务，代码都只向下增长。代码将按照一定的顺序，通过 then()方法一步步地向下执行，层次结构更加清晰。

当 then()方法内的函数没有明确返回新的 Promise 对象时，then()方法将返回一个默认的空 Promise 对象，确保后续能够持续调用 Promise 对象的方法，示例代码如下。

```
GetHttpResponse("http://www.baidu.com")
    .then(p => console.log("first then"))
    .then(p => console.log("second then"))
    .then(p => console.log("thrid then"));
```

15.3.2 错误处理

Promise 对象还有一个 catch()方法，它只会在自定义函数调用 reject()方法或 then()方法并且内部产生错误时才执行。当在自定义函数中调用 reject()函数时，catch()方法将接收到在自定义函数中传给内置函数 reject()的参数；当 then()方法出错时，catch()方法将接收到在 then()方法中产生的 error 对象。

catch()方法返回的是也一个新的 Promise 对象。当 catch()方法内的函数没有明确返回新的 Promise 对象时，catch()方法将返回一个空的 Promise 对象，确保后续能够持续调用 Promise 对象的方法。

例如，为了访问一个不存在的网址，由于无法正常获取响应，因此自定义函数将调用内置的 reject()函数，这个错误可以用 Promise 对象的 catch()方法来处理。

```
GetHttpResponse("http://xxxxxxx").then(body => {
    //throw new Error("something error!")
    console.log(body);
}).catch(error => {
    console.log("there is something wrong!");
    console.log(error)
});
```

输出结果如下。

```
> there is something wrong!
> Error: getaddrinfo ENOTFOUND xxxxxxx
      at GetAddrInfoReqWrap.onlookup [as oncomplete] (dns.js:67:26) {
    errno: -3008,
    code: 'ENOTFOUND',
    syscall: 'getaddrinfo',
    hostname: 'xxxxxxx'
}
```

使用 catch()方法不仅可以处理主动调用 reject()内置函数的情况，还可以处理 then()方法中产生的错误。例如，以下代码中的 URL 虽然可以访问，但是在 then()方法中抛出了一个错误，这个错误将会使代码跳转到最近的一个 catch()方法中，并将 error 对象传递给 catch()方法中的函数。

```
GetHttpResponse("http://www.baidu.com").then(body => {
    throw new Error("something error!");
    console.log(body);
}).catch(error => {
    console.log("there is something wrong!");
    console.log(error)
});
```

输出结果如下。

```
> there is something wrong!
> Error: something error!
```

使用 catch()方法可以获取在它前面的任何 then()方法中产生的错误。例如，以下代码连续调用了 3 个 then()方法，末尾处调用了 1 个 catch()方法。在第 2 个 then()方法中抛出了错误，catch()方法也捕获到了这个错误。

```
GetHttpResponse("http://www.baidu.com").then(body => {
    console.log("first then");
}).then(p => {
    console.log("second then");
    throw new Error("something error!");
    console.log("thrid then");
}).then(p => {
    console.log("forth then");
}).catch(error => {
    console.log("there is something wrong!");
    console.log(error);
});
```

输出结果如下。

```
> first then
> second then
> there is something wrong!
> Error: something error!
```

由于 catch()方法之后也会返回 Promise 对象，因此可以再次执行 then()方法，示例代码如下。

```
GetHttpResponse("http://www.baidu.com").then(body => {
    throw new Error("something error!");
}).catch(error => {
    console.log("there is something wrong!");
    console.log(error);
    return GetHttpResponse("http://www.baidu.com");
}).then(body => {
    console.log(body as string);
});
```

15.3.3 最终必须被执行的代码

在异步操作中，可能会有一些最终必须执行的代码，例如，释放资源或清理操作的代码等。由于使用 Promise 对象时可能同时调用 then()方法和 catch()方法，因此最终必须执行的代码需要在这两个方法中各写一份，这会造成冗余。例如，以下代码最终都会执行 console.log("call api done!")。

```
GetHttpResponse("http://www.baidu.com").then(body => {
    console.log(body);
    console.log("call api done!")
}).catch(error => {
    console.log("there is something wrong!");
```

```
    console.log(error)
    console.log("call api done!")
});
```

此时可以使用 finally()方法，将必须执行的代码放到 finally()方法的函数中，这样当 finally 前面的 then()和 catch()方法执行完毕后，无论是否产生错误，最终 finally()方法都会执行。示例代码如下。

```
GetHttpResponse("http://www.baidu.com")
    .then(p => { console.log("first then"); })
    .catch(p => { console.log("first catch"); })
    .finally(() => { console.log("first finally") })
    .then(p => { console.log("second then"); })
    .catch(p => { console.log("second catch"); })
    .finally(() => { console.log("second finally") })
```

15.3.4 组合 Promise 对象

你可以将多个 Promise 对象组合到一起，形成一个新的 Promise 对象。通过 Promise.all()静态方法能够完成此操作，向 all()方法传入的参数为 Promise 对象数组，返回值为新生成的一个 Promise 对象，只有当数组中的所有 Promise 对象执行成功并变成 resolved 状态时，这个新的 Promise 对象才能执行 then()方法中的函数。

例如，以下代码定义了 3 个 Promise 对象，它们分别访问不同的网址。使用 Promise.all()方法将它们组合到一起，然后调用这个组合后的 Promise 对象的 then()方法。函数中的结果参数 values 也是一个数组，其各个元素分别对应各个子 Promise 对象的执行结果。

```
let promise1 = GetHttpResponse("http://www.baidu.com");
let promise2 = GetHttpResponse("http://www.bing.com");
let promise3 = GetHttpResponse("http://www.sogou.com");

Promise.all([promise1, promise2, promise3]).then(values => {
    console.log(values[0]); //输出 baidu 的 HTML 源码
    console.log(values[1]); //输出 bing 的 HTML 源码
    console.log(values[2]); //输出 sogou 的 HTML 源码
});
```

对于前面回调灾难的问题，还可以通过组合 Promise 对象进一步简化代码，示例代码如下。

```
let product: any = {};
Promise.all([
    GetHttpResponse("http://xxx.api/product"),
    GetHttpResponse("http://xxx.api/product/reviews"),
    GetHttpResponse("http://xxx.api/product/promotinon"),
    GetHttpResponse("http://xxx.api/recommendation")
]).then(values => {
    product.mainInfo = JSON.parse(values[0] as string);
    product.reviews = JSON.parse(values[1] as string);
    product.promotinon = JSON.parse(values[2] as string);
    product.recommendation = JSON.parse(values[3] as string);
    //其他操作，例如将 Product 渲染到 UI...
});
```

注意，如果任何一个子 Promise 对象执行失败，变成 rejected 状态，那么组合后的 Promise 对象也将变成 rejected 状态，此时需要用 catch()方法进行处理。

15.3.5　创建 resolved 或 rejected 状态的 Promise 对象

通常情况下，一个 Promise 对象创建后将处于 pending 状态，直到运行才产生结果。但也可以直接创建 resolved 或 rejected 状态的 Promise 对象，这需要使用 Promise 对象的 resolve()或 reject()静态函数。具体语法如下。

```
Promise.resolve(成功后的数据);  //创建 resolved 状态的 Promise 对象
Promise.reject(原因);           //创建 rejected 状态的 Promise 对象
```

当 resolved 或 rejected 状态的 Promise 对象创建后，就可以直接使用它的 then()或 catch()方法了。示例代码如下。

```
let promise1 = Promise.resolve("hello");
promise1.then(p => console.log(p));  //输出 hello

let promise2 = Promise.reject("something wrong");
promise2.catch(p => console.log(p)); //输出 something wrong
```

15.4　异步函数

async 与 await 关键字用于创建和使用异步函数，它们最早是 ECMAScript 6 中 Promise 对象的一种应用方式，然后又作为一种规范增加到 ECMAScript 8 中。通过异步函数，我们能够让以同步方式编写的代码异步执行。简单来说，异步函数是基于 Promise 对象的语法糖，能够进一步提高代码的可读性和可维护性。

使用异步函数来处理异步任务是目前较好的异步编程模式。

15.4.1　Promise 对象的局限性

虽然 Promise 对象解决了回调灾难的问题，使代码只纵向增长，但是它是一种比较特殊的代码结构。当连续的异步操作过多时，会存在太多 then/catch 调用链，这在一定程度上影响了代码的可读性。

每个 then()方法的函数都拥有各自独立的作用域，这使得操作起来不够方便。例如，以下代码中有 4 个 then()方法和 1 个 catch()方法，它们都有各自的传入参数（body1～4，err 参数）和变量（varible1～4），但各个 then/catch 代码块只能访问自己的传入参数和变量，无法访问其他 then/catch 代码块中的传入参数和变量，这也提高了处理的复杂度。为了访问这些参数和变量，你必须将其他代码放到对应的 then/catch 代码块中。

```
GetHttpResponse("http://xxx.api/product")
    .then(body1 => {
        let varible1 = 1;
        //……
    })
```

```
        .then(body2 => {
            let varible2 = 2;
            //...
        })
        .then(body3 => {
            let varible3 = 3;
            //...
        })
        .then(body4 => {
            let varible4 = 4;
            //...
        })
        .catch(err => {
             //...
    });
```

如果不得不向下一个 then 代码块传递某个临时变量，那么要么将临时变量声明到外层作用域，要么修改 Promise 对象的封装异步操作的自定义函数，让它支持向 resolve()内置函数，同时传递异步处理结果和某个自定义变量，示例代码如下。

```
//方法 1：将临时变量声明到外层作用域
let product: any = {};
GetHttpResponse("http://xxx.api/product").then(body => {
    product.mainInfo = JSON.parse(body as string);
    return GetHttpResponse("http://xxx.api/product/reviews");
}).then(body => {
    product.reviews = JSON.parse(body as string);
    return GetHttpResponse("http://xxx.api/product/promotinon");
})
...

//方法 2：修改封装异步操作的自定义函数
import * as request from 'request'

function GetHttpResponse(url, tempPara?) {
    return new Promise((resolve, reject) => {
        request(url, function (error, response, body) {
            if (!error) {
                if (response.statusCode == 200) {
                    resolve({ "body": body, "tempPara": tempPara });
                }
                else {
                    reject(`http status code is ${response.statusCode}`)
                }
            }
            else {
                reject(error);
            }
        });
    });
};
```

```
GetHttpResponse("http://xxx.api/product").then((res: any) => {
    let product: any = {};
    product.mainInfo = JSON.parse(res.body);
    return GetHttpResponse("http://xxx.api/product/reviews", product);
}).then((res: any) => {
    res.tempPara.reviews = JSON.parse(res.body);
    return GetHttpResponse("http://xxx.api/product/promotinon", res.tempPara);
})
...
```

ECMAScript 8 中新增了两个关键字 async 与 await，它们用于解决异步任务的代码组织问题。

15.4.2 使用 async 创建异步函数

async 关键字用于声明异步函数。它可以用在普通函数声明、函数表达式、箭头函数和方法上。

例如，以下代码通过 async 关键字声明了一个异步函数 hello()，然后就可以调用该函数了，调用方式和普通函数一样。

```
async function hello() { return "hello world" };
console.log(hello());
```

代码执行后，并没有输出预期的 hello world 字符串，而输出以下结果。

```
> Promise {<resolved>: "hello"}
```

异步函数是基于 Promise 对象的语法糖，以上代码实际上类似于以下代码。

```
function hello() { return Promise.resolve("hello"); };
```

如果要输出函数的返回值，则可以像调用 Promise 对象一样使用 then()方法，示例代码如下。

```
hello().then(p => console.log(p));
```

以上代码并没有体现出异步函数的优势，只演示了 async 关键字的用法。只有当它与 await 关键字一起使用时，异步函数的真正优势才能体现出来。

15.4.3 通过 await 使用异步函数

await 关键字必须在由 async 关键字标记的异步函数中使用，或者在模块的顶层代码中使用。当执行到 await 关键字所在的语句时，代码会暂停在此处，直到它后面的 Promise 对象返回结果（转变为 resolved 或 rejected 状态），然后再执行后续代码。这里的暂停并非真正的暂停，仅仅暂停异步函数中后续代码的执行，异步函数之外的同步代码在暂停期间依旧会向下执行。

例如，在以下代码中，除 hello()异步函数之外，还声明了一个 printHello()异步函数。在 printHello()异步函数内部调用 hello()异步函数，并使用 await()函数进行等待，再把等待后的计算结果赋给变量 str，然后输出 str 的值，再以同步语法调用 printHello()异步函数，接着输出字符串“executed”。

```
async function hello() { return "hello world" };

async function printHello() {
```

```
    let str = await hello();
    console.log(str); //输出 hello world
}

printHello();
console.log("executed");
```

注意，虽然本例中似乎以同步语法调用了 printHello()异步函数，但是异步函数是 Promise 对象的语法糖，调用 printHello()异步函数本质上只返回一个新的 Promise 对象，因此整个函数依然是异步执行的。基于前面介绍的异步任务运行机制，本段代码的执行结果如下。

```
> executed
> hello world
```

另外还需要注意，await 关键字必须在由 async 关键字标记的异步函数中使用，或者在模块的顶层代码中使用。如果在普通函数中使用 await 关键字，或在非模块的顶层代码中使用，均无法通过编译。例如，以下代码将引起编译错误。

```
async function hello() { return "hello world" };

function printHelloSync() {
//编译错误：仅允许在异步函数和模块的顶层代码中使用 "await" 表达式。ts(1308)
    let str = await hello();
    console.log(str);
}

//编译错误：只有当文件是模块时，才允许在该文件的顶层使用 "await" 表达式，但此文件没有导入或导出
//请考虑添加空的 "export {}" 来将此文件变为模块。ts(1375)
await hello();
```

在模块的顶层代码中也可以使用 await 关键字。例如，以下代码通过空导出语法将整个文件标记为模块，然后就在顶层代码中使用 await 关键字。

```
export { }
async function hello() { return "hello world" };

console.log(await hello());
console.log("executed");
```

输出结果如下。

```
> hello world
> executed
```

可以看到，使用 await 关键字后，整个异步任务可以按照同步语法的形式编写。

15.4.4　以异步函数优化 Promise 对象

前面介绍了 Promise 对象的局限，并举了几个例子，接下来可以用异步函数改写这些例子。首先，引用前面用 Promise 对象封装后的 Request 框架代码。

```
import * as request from 'request'

function GetHttpResponse(url) {
    return new Promise((resolve, reject) => {
        request(url, function (error, response, body) {
            if (!error) {
                if (response.statusCode == 200) {
                    resolve(body);
                }
                else {
                    reject(`http status code is ${response.statusCode}`)
                }
            }
            else {
                reject(error);
            }
        });
    });
};
```

用异步函数的形式调用 GetHttpResponse()函数，先后请求 3 个网址，并将返回的内容存到 allBodys 对象的各个属性中。

```
async function GetAllApiResponse() {
    try {
        let allBodys: any = {};
        allBodys.baiduBody = await GetHttpResponse("http://www.baidu.com");
        console.log(allBodys.baiduBody);
        allBodys.bingBody = await GetHttpResponse("http://www.bing.com");
        console.log(allBodys.bingBody);
        allBodys.sogouBody = await GetHttpResponse("http://www.sogou.com");
        console.log(allBodys.sogouBody);

    } catch (err) {
        console.log("there is something wrong!");
        console.log(err);
    } finally {
        console.log("call api done!")
    }
}

GetAllApiResponse();
```

可以看到，现在的写法与同步代码的写法没有区别。异步函数解决了异步任务的代码组织问题，前面在使用 Promise 对象时，各个 then/catch 代码块拥有各自的作用域导致变量无法相互访问的问题终于得以解决，同时公共的临时变量也无须放到外层作用域中。如果要处理异常，可以直接使用通用的 try/catch/finally 语句，代码整体上变得清晰、明了，代码的可读性极大地提高。

第 16 章　内置引用对象

第 6 章简要介绍了各个引用类型，它们主要分为以下两个大类。

- 复合引用类型：包括数组、元组、函数、对象、类的实例等。
- 内置引用类型：包括 Date（日期）对象、RegExp（正则表达式）对象、Math（数学）对象等。

复合引用类型通常需要用户自行定义该类型的结构和功能，而内置引用类型则是 ECMAScript 已经定义好结构和功能的对象，用户可以直接使用。

内置引用对象分为普通内置对象和单例内置对象。

- 普通内置对象：使用前需要实例化，可以同时创建多个不同的实例，如 Date 对象和 RegExp 对象。
- 单例内置对象：全局只有一个实例，程序运行时会自动生成，不必单独实例化就可以直接使用，如 Math（数学）对象，globalThis（全局）对象和 console（控制台）对象等。

本章将分别介绍这些内置引用对象。

16.1 Date 对象

Date 对象用于表示精确日期，日期保存形式为自协调世界时（Universal Time Coordinated，UTC）1970 年 1 月 1 日 0:00 至今所经过的毫秒数。

16.1.1 创建日期

调用 Date()构造函数实例化新的 Date 对象，该构造函数主要有以下 4 种调用形式。

- new Date()：以计算机的当前时间创建 Date 对象。

示例代码如下。

```
let now = new Date();
```

```
//以下代码输出"Wed Nov 23 2022 13:01:59 GMT+0800 (中国标准时间)"
console.log(now);
```

- new Date(年, 月, 日?, 小时?, 分钟?, 秒?, 毫秒?)：以指定时间创建 Date 对象。其中，年和月是必选参数，其他是可选参数；月的取值范围为 0～11，其中，0 代表 1 月，11 代表 12 月。

  示例代码如下。

```
let date1 = new Date(2022, 10, 23, 13, 1, 59);
//以下代码输出 Wed Nov 23 2022 13:01:59 GMT+0800 (中国标准时间)
console.log(date1);
```

- new Date(毫秒)：以 UTC 1970/1/1 0:00 为 0ms，创建指定毫秒数的 Date 对象。

  示例代码如下。其中，1970/1/1 加 100 000 000 000 毫秒大约为 1973/3/3，1970/1/1 减 100 000 000 000 毫秒对应的时间大约为 1966/10/31。

```
let date1 = new Date(100000000000);
//以下代码输出 Sat Mar 03 1973 17:46:40 GMT+0800 (中国标准时间)
console.log(date1);
let date2 = new Date(-100000000000);
//以下代码输出 Mon Oct 31 1966 22:13:20 GMT+0800 (中国标准时间)
console.log(date2);
```

- new Date(日期字符串)：通过日期字符串创建 Date 对象。

  示例代码如下。

```
let date1 = new Date("Wed Nov 23 2022 13:01:59 GMT+0800 (中国标准时间)");
//输出 Wed Nov 23 2022 13:01:59 GMT+0800 (中国标准时间)
console.log(date1);
```

16.1.2 格式化日期

Date 对象支持不同的输入格式和输出格式。

输入格式主要用于 new Date(日期字符串)构造函数。Date 对象支持的输入格式如表 16-1 所示。

表 16-1 Date 对象支持的输入格式

类型	说明	日期字符串示例
ISO 日期	ISO 8601 是表示日期和时间的国际标准。建议优先使用此日期格式。 格式通常如下。 yyyy-MM-dd yyyy-MM-ddTHH:mm:ss yyyy-MM-ddTHH:mm:ss±HH:mm(±HH:mm 表示调整时区)	"2022-11-23" "2022-11-23T12:00:00" "2022-11-23T12:00:00-08:00"
短日期	短日期通常使用 "MM/dd/yyyy" 格式	"11/23/2022"

续表

类型	说明	日期字符串示例
长日期	长日期通常使用 "MMM dd yyyy" 格式，月和日的位置可以互换，并且月既可以用全英文，也可以用英文缩写	"Nov 23 2022" "23 Nov 2022" "November 23 2022"
完整日期	完整日期通常使用"www MMM dd yyyy HH:mm:ss GMT±HHmm（说明）"格式，其中括号及其内部的说明可以省略	"Wed Nov 23 2022 12:00:00 GMT+0800（中国标准时间）"

输出格式主要用于将 Date 对象转换为字符串，这需要调用 Date 对象的方法，如表 16-2 所示。

表 16-2　Date 对象的方法

方法	说明	代码示例

toString()	转为完整格式的日期字符串	`let date1 = new Date()`
		`console.log(date1.toString());`
		`//输出 Wed Nov 23 2022 13:01:59 GMT+0800 (中国标`
		`//准时间)`

toDateString()	转为完整格式的日期字符串（只取日期部分）	`console.log(date1.toDateString());` `//输出 Wed Nov 23 2022`
toTimeString()	转为完整格式的日期字符串（只取时间部分）	`console.log(date1.toTimeString());` `//输出 13:01:59 GMT+0800（中国标准时间）`
toLocaleString()	转为本地格式的日期字符串	`console.log(date1.toLocaleString());` `//输出 2022/11/23 下午 1:01:59`
toLocaleDateString()	转为本地格式的日期字符串（只取日期部分）	`console.log(date1.toLocaleDateString());` `//输出 2022/11/23`
toLocaleTimeString()	转为本地格式的日期字符串（只取时间部分）	`console.log(date1.toLocaleTimeString());` `//输出下午 1:01:59`
toUTCString()	转为完整的 UTC 日期字符串	`console.log(date1.toUTCString());` `//输出 Wed, 23 Nov 2022 05:01:59 GMT`
toISOString()	转为 ISO 格式的日期字符串	`console.log(date1.toISOString());` `//输出 2022-11-23T05:01:59.000Z`

16.1.3　获取或设置日期

对于已经实例化之后的 Date 对象，你还可以通过各种方法获取局部值或对局部值进行调整。获取 Date 对象局部值的方法如表 16-3 所示。

表 16-3 获取 Date 对象局部值的方法

方法	说明	代码示例

getFullYear()	以 4 位数字返回年份	`let date1 = new Date("Wed Nov 23 2022 13:01:59 GMT+0800 (中国标准时间)")`
		`console.log(date1.getFullYear());`
		`//输出 2022`

getMonth()	以整数（0～11）返回月份。 0 代表 1 月，11 代表 12 月	`console.log(date1.getMonth());` `//输出 10`
getDate()	以整数（1～31）返回日	`console.log(date1.getDate());` `//输出 23`
getDay()	以整数（0～6）返回星期名， 0 代表周日，1～6 代表周一到周六	`console.log(date1.getDaying());` `//输出 3`
getHours()	以整数（0～23）返回小时数	`console.log(date1.getHours());` `//输出 13`
getMinutes()	以整数（0～59）返回分钟数	`console.log(date1.getMinutes());` `//输出 1`
getSeconds()	以整数（0～59）返回秒数	`console.log(date1.getSecondsng());` `//输出 59`
getMilliseconds()	以整数（0～999）返回毫秒数	`console.log(date1.getMilliseconds());` `//输出 0`
getTime()	返回相距 1970/1/1（0ms）的毫秒数	`console.log(date1.getTimtring());` `//输出 1669179719000`

设置 Date 对象局部值的方法如表 16-4 所示。

表 16-4 设置 Date 对象局部值的方法

方法	说明	代码示例
setFullYear(值)	以四位数字设置年份	`let date1 = new Date();` `date1.setFullYear(2023)`
setMonth(值)	以整数（0～11）设置月份。 0 代表 1 月，11 代表 12 月， 如果数字大于 11，则加年份	`date1.setMonth(11);`
setDate(值)	以整数（1～31）设置日， 如果数字大于当月最大天数，则加月份	`date1.setDate(24);`
setHours(值)	以整数（0～23）设置小时数， 如果数字大于 23，则加天数	`date1.setHours(1);`
setMinutes(值)	以整数（0～59）设置分钟数， 如果数字大于 59，则加小时数	`date1.setMinutes(59);`
setSeconds(值)	以整数（0～59）设置秒数， 如果数字大于 59，则加分钟数	`date1.setSecondsng(29);`
setMilliseconds(值)	以整数（0～999）设置毫秒数， 如果数字大于 999，则加秒数	`date1.setMilliseconds(999);`
SetTime(值)	设置相距 1970/1/1（0ms）的毫秒数	`date1.setTime(1669179719000);`

除以上获取或设置 Date 对象局部值的方法外，ECMAScript 中还有和以上功能类似但是以 setUTCXXX 和 getUTCXXX 开头的方法，如 getUTCMonth()和 setUTCMonth()方法，这些方法和上述方法的唯一区别在于是否按 UTC 日期来获取或设置这些局部值。

16.2 RegExp 对象

在 ECMAScript 中，通过 RegExp 对象使用正则表达式。

正则表达式是构成搜索模式的字符序列，可以用于文本搜索或替换等操作。虽然 ECMAScript 中的 RegExp 对象可以使用正则表达式，但是正则表达式本身并不属于 ECMAScript，因此本节不介绍正则表达式，对正则表达式不熟悉的读者可以在百度网站搜索相关资料。

16.2.1 创建 RegExp 对象

RegExp 对象有两种创建形式：第一种为字面量形式，第二种为构造函数形式。它们并没有实质区别，只是写法不同，创建 RegExp 对象时可以任选一种。

```
let 对象名称 = /正则表达式/匹配设置;
let 对象名称 = new RegExp("正则表达式","匹配设置");
```

其中，正则表达式是必选参数，匹配设置是可选参数。常用的匹配设置如表 16-5 所示。

表 16-5 常用的匹配设置

匹配设置	说明
i	查找时不区分大小写
m	多行模式，表示查找到一行文本末尾时会继续查找
g	全局模式，表示查找字符串的全部内容，而不是找到第一个匹配的内容就结束

创建 RegExp 对象的示例代码如下。

```
//省略匹配设置
let regex1a = /hello/;
let regex1b = new RegExp("hello");
//使用 1 个匹配设置
let regex2a = /hello/i;
let regex2b = new RegExp("hello","i");
//使用多个匹配设置
let regex3a = /hello/im;
let regex3b = new RegExp("hello","im");
```

注意，在正则表达式中有一些元字符，例如，“\w”表示匹配任意英文字母，“\d”表示匹配任意数字。在使用字面量形式创建 RegExp 对象时，元字符可以直接写作“\w”或“\d”，但使用构造函数创建 RegExp 对象时，因为此时传入的正则表达式是字符串类型，所以在某些情况下必须再次转义（例如，“\”符号需要写成“\\”，详见 3.4 节）。

例如，以下代码虽然创建了相同的 RegExp 对象，但在写法上存在区别。

```
let regex1a = /\w\d/;
let regex1b = new RegExp("\\w\\d");
```

16.2.2 在字符串的方法中传入 RegExp 对象

在 ECMAScript 中，字符串具有对传入的 RegExp 对象进行操作的方法，它们分别为 search()、replace()、split()和 match()。

search()方法用于搜索字符串中与正则表达式匹配的文本，然后返回首个匹配的索引位置。示例代码如下。

```
let str = "Hello world!";
let matchIndex = str.search(/WORLD/i);
console.log(matchIndex); //输出 6
```

replace()方法用于将字符串中与正则表达式匹配的文本替换为其他文本，返回值为替换后的新字符串，注意，在非全局模式下，只替换首个匹配文本，而在全局模式下，替换所有匹配文本。示例代码如下。

```
let str = "Hello SOMEONE! Goodbye Someone!";
let newStr1 = str.replace(/someone/i, "Nick");
//由于匹配设置不是全局模式，因此只替换首个匹配文本
//以下代码输出"Hello Nick! Goodbye Someone!"
console.log(newStr1);

let newStr2 = str.replace(/someone/ig, "Nick");
//在全局模式下，将替换所有匹配文本
//以下代码输出"Hello Nick! Goodbye Nick!"
console.log(newStr2);
```

split()方法用于将字符串按与正则表达式匹配的情况进行拆分，返回值为拆分后的字符串数组。示例代码如下。

```
let str = "watches, feet, photos, boxes, children, stories, men, cities";
//将字符串拆分为单个逗号及单个空格的组合
let regex = /, /;
//以下代码输出['watches', 'feet', 'photos', 'boxes', 'children', 'stories', 'men',
//'cities']
console.log(str.split(regex));
```

match()方法用于查找字符串中与正则表达式匹配的文本，并返回该文本。注意，不同模式下 match()方法的返回值不同，非全局模式将以对象的形式返回首个匹配文本，而全局模式将以数组的形式返回全部匹配文本。示例代码如下。

```
let str = "watches, feet, photos, boxes, children, stories, men, cities";
//非全局模式，查找以 es 结尾的单词
```

```
let regex1 = /\w+es/
//以下代码输出对象['watches', index: 0, input: 'watches, feet, photos, boxes,
//children, stories, men, cities', groups: undefined]
console.log(str.match(regex1));
//使用 toString()方法将对象转换为字符串，以下代码输出字符串"watches"
console.log(str.match(regex1).toString());

//全局模式，查找以 es 结尾的单词
let regex2 = /\w+es/g
//以下代码输出数组['watches', 'boxes', 'stories', 'cities']
console.log(str.match(regex2).toString());
```

16.2.3 直接使用 RegExp 对象

除在字符串的方法中传入 RegExp 对象之外，你还可以直接使用 RegExp 对象的方法对指定字符串进行验证或查找，它们分别为 test()方法和 exec()方法。

test()方法用于验证传入的字符串中是否存在与正则表达式相匹配的文本。如果存在，则输出 true；否则；输出 false。示例代码如下。

```
let regex = /World/i;
console.log(regex.test("Hello world!")); //输出 true
console.log(regex.test("Hello guys!"));  //输出 false
```

exec()方法用于查找传入的字符串中与正则表达式匹配的文本，并返回该文本。在非全局模式下，它与字符串的 match()方法的返回值一致，都以对象形式返回首个匹配文本，但在全局模式下，match()方法返回字符串数组，而 exec()方法可以多次执行，每次都会以对象形式返回下一个匹配文本。示例代码如下。

```
let str = "watches, feet, photos, boxes, children, stories, men, cities";
//在非全局模式下，查找以 es 结尾的单词
let regex1 = /\w+es/;
let result1 = regex1.exec(str);
//以下代码输出"watches (index:0)"
console.log(`${result1.toString()} (index:${result1.index})`);

//在全局模式下，查找以 es 结尾的单词
let regex2 = /\w+es/g;
let result2;
//循环执行 regex2.exec(str)，直到返回 null
while ((result2 = regex2.exec(str)) != null) {
    console.log(`${result2.toString()} (index:${result2.index})`);
    //循环执行 4 次，分别输出以下结果
    //watches (index:0)
    //boxes (index:23)
    //stories (index:40)
    //cities (index:54)
}
```

16.3 单例内置对象

单例内置对象全局只有一个实例，运行程序时会自动生成，无须单独实例化就可以直接使用。

16.3.1 globalThis 对象

globalThis 对象是 ECMAScript 的顶层对象，它提供了全局环境，但代码不会显式访问该对象。所有不属于任何对象的内置属性和方法都是 globalThis 对象的属性和方法。前面介绍了 parseInt()、parseFloat()、setTimeout()和 setInterval ()等函数。实际上，它们都是 globalThis 对象的方法。除此之外，globalThis 对象还有其他属性和方法。

早期的 ECMAScript 并不存在统一的 globalThis 对象，不同的环境拥有不同的顶层对象。在浏览器中，顶层对象是 window，而 Node.js 诞生后，由于 Node.js 位于服务器端，并不存在于窗口中，因此顶层对象是 global，这使得一套代码无法同时在浏览器和 Node.js 环境中运行。

为了解决这个问题，ECMAScript 6 引入了 globalThis 对象，从此无论是在浏览器中还是在 Node.js 中它都是顶层对象。但是，从原理上来说，浏览器中的 globalThis 对象指向 window 对象，而 Node.js 中的 globalThis 对象指向 global 对象，如果在浏览器和 Node.js 中分别执行以下代码，输出结果都将为 true。

```
console.log(globalThis===window); //在浏览器中执行此行代码，输出 true
console.log(globalThis===global); //在 Node.js 中执行此行代码，输出 true
```

由于 globalThis 对象是全局对象，所有不属于任何对象的内置属性和方法都是 globalThis 对象的属性和方法，其数量众多，因此这里不一一介绍。以下只列举一些前面使用过的属性或方法，可以看出它们本质上都是 globalThis 对象的属性和方法。

```
console.log(globalThis.NaN);                    //输出 NaN
console.log(globalThis.undefined);              //输出 NaNundefined
console.log(globalThis.parseInt("1"));          //输出 1
console.log(globalThis.parseFloat("1.2"));      //输出 1.2
console.log(globalThis.Number("3.3"));          //输出 3.3
console.log(globalThis.String(true));           //输出"true"
console.log(new globalThis.Date());             //输出 2022-11-28T14:19:59
console.log(new globalThis.RegExp("hello"));    //输出/hello/
console.log(new globalThis.Array(1, 2, 3));     //输出[1,2,3]
globalThis.setTimeout(function () {
    console.log("setTimeout!");                 //输出"setTimeout!"
}, 0);
let interval = globalThis.setInterval(function () {
    console.log("setInterval!");                //输出"setInterval!"
    globalThis.clearInterval(interval);
}, 0);
globalThis.Promise
```

```
    .resolve("Promise!")                    //输出"Promise!"
    .then(p => console.log(p));
```

下面将介绍 Math 和 console 对象，它们实际上也是 globalThis 对象的属性，示例代码如下。

```
//以下代码输出 3.141592653589793
globalThis.console.log(globalThis.Math.PI);
```

16.3.2 Math 对象

Math 对象提供了用于数学计算的属性和方法。

Math 对象的属性如表 16-6 所示，它们主要用于保存数学中的一些特定值。

表 16-6 Math 对象的属性

属性	说明	代码示例
Math.E	返回自然对数的底数	console.log(Math.E) //输出 2.718281828459045
Math.PI	返回圆周率	console.log(Math.PI) //输出 3.141592653589793
Math.SQRT2	返回 2 的平方根	console.log(Math.SQRT2) //输出 1.4142135623730951
Math.SQRT1_2	返回 1/2 的平方根	console.log(Math.SQRT1_2) //输出 0.7071067811865476
Math.LN2	返回 2 的自然对数	console.log(Math.LN2) //输出 0.6931471805599453
Math.LN10	返回 10 的自然对数	console.log(Math.LN10) //输出 2.302585092994046
Math.LOG2E	返回以 2 为底的 e 的对数	console.log(Math.LOG2E) //输出 1.4426950408889634
Math.LOG10E	返回以 10 为底的 e 的对数	console.log(Math.LOG10E) //输出 0.4342944819032518

Match 对象的方法如表 16-7 所示，它们主要用于数学计算，以求出特定值。

表 16-7 Math 对象的方法

方法	描述
Math.abs(x)	返回 x 的绝对值
Math.sign(x)	返回 x 的符号（正数返回 1，0 返回 0，负数返回−1）
Math.trunc(x)	返回 x 的整数部分
Math.sqrt(x)	返回 x 的平方根
Math.cbrt(x)	返回 x 的三次方根
Math.pow(x, y)	返回 x 的 y 次幂

续表

方法	描述
Math.ceil(x)	返回 x，向上舍入为最接近的整数
Math.floor(x)	返回 x，向下舍入为最接近的整数
Math.round(x)	将 x 舍入为最接近的整数
Math.fround(x)	返回最接近 x 的（32 位单精度）浮点表示
Math.max($x, y, z, \cdots, n$)	返回输入参数中最大的数字
Math.min($x, y, z, \cdots, n$)	返回输入参数中最小的数字
Math.random()	返回 0～1 的随机数
Math.clz32(x)	返回 x 的 32 位二进制表示中前导零的数量
Math.exp(x)	返回 e^x 的值
Math.expm1(x)	返回 e^x 减 1 的值
Math.log(x)	返回 x 的自然对数
Math.log10(x)	返回 x 的以 10 为底的对数
Math.log1p(x)	返回 $1 + x$ 的自然对数
Math.log2(x)	返回 x 的以 2 为底的对数
Math.sin(x)	返回 x 的正弦值（x 以弧度为单位）
Math.sinh(x)	返回 x 的双曲正弦值（x 以弧度为单位）
Math.asin(x)	返回 x 的反正弦值（x 以弧度为单位）
Math.asinh(x)	返回 x 的反双曲正弦值（x 以弧度为单位）
Math.cos(x)	返回 x 的余弦值（x 以弧度为单位）
Math.cosh(x)	返回 x 的双曲余弦值（x 以弧度为单位）
Math.acos(x)	返回 x 的反余弦值（x 以弧度为单位）
Math.acosh(x)	返回 x 的反双曲余弦值（x 以弧度为单位）
Math.tan(x)	返回 x 的正切值（x 以弧度为单位）
Math.tanh(x)	返回 x 的双曲正切值（x 以弧度为单位）
Math.atan(x)	返回 x 的反正切值，返回的值是$[-\pi/2，\pi/2]$的弧度值（x 以弧度为单位）
Math.atan2(y, x)	返回其参数的商的反正切值
Math.atanh(x)	返回 x 的反双曲正切（x 以弧度为单位）

Math 对象的方法众多，就不一一列举示例代码了。下面只列举几个常用方法的示例代码。

```
console.log(Math.abs(-5));          //输出 5，-5 的绝对值为 5
console.log(Math.pow(2,3));         //输出 8，2 的 3 次方为 8
```

```
console.log(Math.sqrt(25));          //输出 5，25 的平方根为 5
console.log(Math.max(1,5,9,2,6)); //输出 9，最大数为 9
console.log(Math.round(3.4));       //输出 3，3.4 舍入后为 3
//生成 minNum~maxNum 的随机数
function randomNum(minNum, maxNum) {
    return parseInt(Math.random() * (maxNum - minNum + 1) + minNum);
}
console.log(randomNum(1,100));      //生成 1~100 的随机数
```

16.3.3 console 对象

在 console 对象出现之前，在代码中经常使用 alert()方法进行调试，但如果这种调试代码在项目上线时没有清理干净，用户就会在浏览器中看到弹出框。

使用 console 对象可以收集或输出调试信息，这些调试信息既不会被用户察觉，又不会干扰程序的执行，使用起来非常方便。由于 console 对象的输出信息具有不同的格式，因此它更适用于浏览器开发工具，而不是 Node.js 控制台。console 对象包含的方法如表 16-8 所示。

表 16-8 console 对象包含的方法

<table>
<tr><th>方法</th><th>描述</th><th>代码示例</th></tr>
<tr><td>console.error（消息内容）</td><td>在控制台中记录错误消息</td><td rowspan="4">console.info("this is info");
console.log("this is log");
console.warn("this is warn");
console.error("this is error");
在浏览器控制台中执行示例代码，输出结果如下。
this is info
this is log
▸this is warn
▸this is error</td></tr>
<tr><td>console.info（消息内容）</td><td>在控制台中记录信息性内容</td></tr>
<tr><td>console.log（消息内容）</td><td>在控制台中记录常规消息</td></tr>
<tr><td>console.warn（消息内容）</td><td>在控制台中记录警告消息</td></tr>
<tr><td>console.count("计数名称")</td><td>每调用一次，该名称的计数便加 1，并输出该名称总共的调用次数</td><td rowspan="2">console.count("调用次数");
//输出"调用次数: 1"
console.count("调用次数");
//输出"调用次数: 2"
console.countReset("调用次数");
console.count("调用次数");
//输出"调用次数: 1"</td></tr>
<tr><td>console.countReset("计数名称")</td><td>将指定名称的计数置为 0</td></tr>
<tr><td>console.time("计时名称")</td><td>以指定名称开始计时</td><td rowspan="2">console.time("计时器");
setTimeout(function(){console.timeEnd("计时器");},3000);
//输出"计时器: 3271.950927734375ms"</td></tr>
<tr><td>console.timeEnd("计时名称")</td><td>以指定名称结束计时，并输出经历的时间</td></tr>
</table>

续表

方法	描述	代码示例

console.table（复合类型的数据）	将复合类型的数据以二维表格的形式展示	let array = ["Grace", "Nick", "Alisa"];
		console.table(array);
		在浏览器控制台中执行示例代码，输出结果如下。
		(index) Value
		0 'Grace'
		1 'Nick'
		2 'Alisa'
		let obj = {
		    a: "hello",
		    b: "world"
		};
		console.table(obj);
		在浏览器控制台中执行示例代码，输出结果如下。
		(index) Value
		a 'hello'
		b 'world'

console.trace()	显示 trace()方法执行时所在的函数调用层次	function topFunc() {
		    middleFunc();
		}
		function middleFunc() {
		    bottomFunc();
		}
		function bottomFunc() {
		    console.trace();
		}
		topFunc();
		在浏览器控制台中执行示例代码，输出结果如下。
		▼console.trace
		bottomFunc @ VM711:10
		middleFunc @ VM711:6
		topFunc @ VM711:2
		(anonymous) @ VM711:13

console.assert（判断表达式，断言失败时的提示文本）	断言判断表达式的值是否为 true，如果为 false，那么将以错误消息的形式显示断言失败时的提示文本	console.assert((1+1)==3, "1+1应等于2"); 在浏览器控制台中执行示例代码，输出结果如下。 ▶Assertion failed: 1+1应等于2

续表

方法	描述	代码示例

console.group("分组名称")	显示信息分组，执行 group()方法后，所有用 console 对象记录的消息都将在该分组下，显得更有层次感	`Console.group("第 1 章");`
		`console.group("第 1.1 节");`
		`console.log("第 1.1 节的正文");`
		`console.groupEnd();`
		`console.group("第 1.2 节");`
		`console.log("第 1.2 节的正文");`
		`console.groupEnd();`
		`console.groupEnd();`
		在浏览器控制台中执行示例代码，输出结果如下。
		▼ 第1章
		▼ 第1.1节
		第1.1节的正文
		▼ 第1.2节
		第1.2节的正文

console.clear()	清除当前控制台的所有输出	N/A

第 17 章　多线程编程

TypeScript 代码最终会编译成 JavaScript 代码并执行，而 JavaScript 是单线程运行的，即同一时间只能执行一个 JavaScript 任务。随着 JavaScript 所处理的程序越来越复杂，单线程运行变得越来越不方便，尤其是如果通过 JavaScript 执行需要大规模 CPU 运算的任务，例如，大量图像、视频、音频的解析，大量的 AJAX 请求或者网络服务轮询与大量数据的计算处理（排序、检索、过滤、分析）等任务，单线程显得力不从心，会引起 UI 阻塞、界面卡顿等现象。但这并不是计算机达到性能瓶颈导致的，而是单线程无法充分发挥计算机多核 CPU 的能力，各个任务只能逐个执行而无法并行执行导致的。

为了解决这个问题，各浏览器及 Node.js 都引入了多线程模式。由于多线程并非 ECMAScript 官方规范（浏览器多线程是 HTML5 规范，Node.js 多线程是 Node.js 官方模块），因此在浏览器和 Node.js 中的多线程编程模式有所区别。

下面分别介绍如何在浏览器和 Node.js 中进行多线程编程。

17.1　浏览器多线程——Web Worker

在浏览器中必须通过 Web Worker 使用多线程。Web Worker 是 HTML5 中新增的概念，在 Web Worker 线程中可以运行任何 JavaScript 代码（和主线程不同，在 Web Worker 线程中不能直接操作 DOM 节点，也不能使用 window 对象的默认方法和属性，不过可以使用其他 window 对象下的东西，包括 WebSockets、IndexedDB 及 Data Store API 等数据存储机制）。

17.1.1　Web Worker 的工作原理

Web Worker 使用起来非常简单，需要先在主线程中通过 new Worker(脚本路径)语句创建一个 Worker 线程，然后在主线程中和在 Worker 线程中都可以使用 postMessage(消息)方法向另一个线程发送消息，使用 onmessage(事件参数)事件函数接收另一个线程发来的消息。

例如，主线程可以使用 postMessage(消息)方法来向 Worker 线程发送消息，而 Worker 线程使用 onmessage(event)事件函数接收消息（消息包含在 onmessage(event)事件函数参数的 data 属性中），然后进行运算处理，最后将处理结果通过 postMessage(消息)方法发送给主线程，而主线程同样使用 onmessage(event)事件函数接收消息。主线程和 Worker 线程的通信机制如图 17-1 所示。

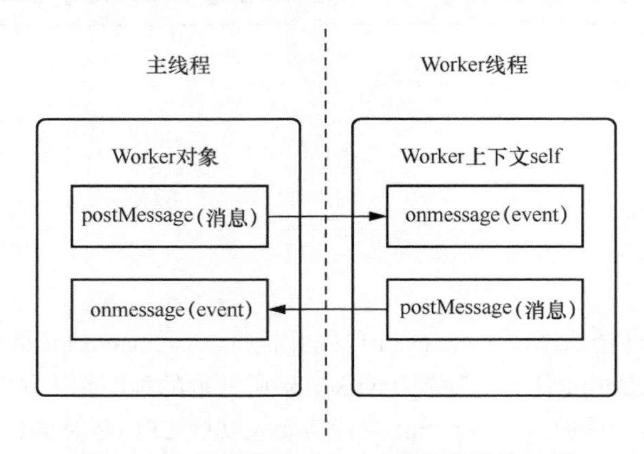

图 17-1 主线程和 Worker 线程的通信机制

根据 Worker 线程是否被其他多个线程共享，Worker 线程分为专用 Worker 线程和共享 Worker 线程。专用 Worker 线程只有一个父线程，共享 Worker 线程可以有多个父线程。

17.1.2 专用 Worker 线程

1. 基本使用

在正式介绍专用 Worker 线程前，我们先通过单线程模式执行一个需要大量运算的 JavaScript 任务，该任务的代码如下。

```
console.time("主线程占用时长");
let runTimes = 300000000;
let result = 0;
for (let i = 0; i < runTimes; i++) {
    result += i;
}
console.timeEnd("主线程占用时长")
console.log("计算结果: "+result);
```

这段代码会计算 1+2+3+…+300000000 的和。打开浏览器开发工具，执行以上代码，会发现在运算期间整个浏览器都陷入了卡顿，单击页面上的按钮没有任何反应，运算完成后输出结果如下，整个主线程被占用了超过 27s，在此期间浏览器页面完全无法操作。

```
> 主线程占用时长: 27486.993896484375 ms
> 计算结果: 44999999997067114000
```

下面将这段代码改写为多线程模式，由 Worker 线程来进行大量运算。

主线程为 a.ts 文件，其代码如下。

```
console.time("主线程占用时长");
let worker = new Worker("b.js");
worker.onmessage = function (event) {
    console.log('计算结果: ' + event.data);
}
let runTimes = 300000000;
worker.postMessage(runTimes);
console.timeEnd("主线程占用时长");
```

a.ts 文件中先实例化一个 Worker 对象，该对象使用 b.js 文件（b.ts 文件编译后为 b.js 文件），然后为 Worker 对象指定 onmessage()事件函数，该函数有一个 event 参数，用来接收来自 b.js 文件的消息，通过 event.data 属性获取并输出 b.js 文件返回的计算结果，最后调用 Worker 对象的 postMessage()方法，将运算参数传递给 b.js 文件。

Worker 线程为 b.ts 文件，其代码如下。

```
self.onmessage = function (event) {
    console.time("Worker 线程占用时长");
    let result = 0;
    for (let i = 0; i < event.data; i++) {
        result += i;
    }
    self.postMessage(result);
    console.timeEnd("Worker 线程占用时长");
}
```

b.ts 文件为 self 对象（self 代表子线程自身，即子线程的全局对象）指定了 onmessage()事件函数，该函数同样先使用 event.data 获取另一个线程传来的值，并将其作为运算参数，计算 1+2+3+…+event.data 的和，计算完成后，再调用 self 对象的 postMessage()方法，将运结果传递给主线程。

然后，再创建一个 test.html 文件，用来引用并执行 a.js。test.html 文件的内容如下。

```
<script src="a.js"></script>
```

根据浏览器跨域安全策略，无法直接打开 test.html 文件来运行 a.js 文件。要解决这个问题，你可以在本地架设 Web 服务器，用浏览器访问 Web 服务器的形式访问此 HTML 页面。

live-server 是一个具有实时加载功能的小型服务器工具，你可以通过它架设临时 Web 服务器。首先，执行以下命令安装 live-server。

```
$ npm install -g live-server
```

安装完成后，在 HTML 页面所在的目录下启动 live-server，命令如下。

```
$ live-server
```

live-server 启动后，会默认使用 8080 端口架设服务器。此时就用浏览器访问本机 8080 端口下的 test.html 页面，如图 17-2 所示。

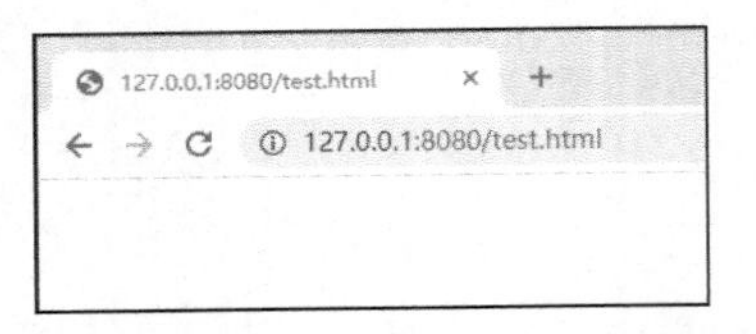

图 17-2 用浏览器访问 Web 服务器的形式获取 test.html 页面

打开浏览器开发工具，在控制台中可以看到代码执行结果。

```
> 主线程占用时长: 0.174072265625 ms
> Worker 线程占用时长: 29707.93701171875 ms
> 计算结果: 4499999767108860
```

可以看到，通过执行多线程任务，主线程只占用了的 0.00017s，浏览器上没有任何卡顿，所有的计算都交给了子线程，约 29s 后，子线程向主线程返回了计算结果，执行了回调函数，在控制台输出了计算结果。

2. 错误处理

主线程可以监听 Worker 线程是否出错。如果出错，Worker 线程会触发主线程中 Worker 对象的 onerror 事件，并将与错误相关的信息放置到事件参数的以下几个属性中。

- message：错误消息。
- filename：发生错误的脚本文件名。
- lineno：错误在脚本文件中的行的编号。

接下来是错误处理的示例。主线程是 a.ts 文件，其代码如下。

```
let worker = new Worker("b.js");
worker.onmessage = function (event) {
    console.log(`Result is "${event.data}"`);
};
worker.onerror = function (event) {
    console.log("message: " + event.message);
    console.log("filename: " + event.filename);
    console.log("lineno: " + event.lineno);
}
worker.postMessage(null);
```

其中，为 Worker 对象指定了 onerror()事件函数，用于输出与错误相关的信息。

Worker 线程是 b.ts 文件，其代码如下。

```
self.onmessage = function (event) {
    throw new Error("Something wrong!");
};
```

其中，为 self 对象指定了 onmessage()事件函数，在函数中刻意抛出了一个自定义错误。

运行 Web 服务器，访问 test.html 页面，在控制台中可以看到代码执行结果。

```
> message: Uncaught Error: Something wrong!
> filename: http://127.0.0.1:8080/b.js
> lineno: 2
```

3. 关闭线程

当子线程的任务执行完毕后，子线程并未关闭，而处于闲置状态，以等待下一次任务。为了节省资源，应该及时关闭不再使用的子线程。

在主线程中，使用以下代码关闭子线程。

```
worker.terminate();
```

在子线程中，也可以关闭子线程自身，使用以下代码即可。

```
self.close();
```

4. 引入其他脚本

在主线程中可以使用 ECMAScript 5 的模块导入（import）与导出（export）语句，但 Worker 线程存在限制，无法使用模块导入与导出语句。

要解决这个问题，可以在 Worker 线程中使用 self.importScripts(脚本地址)方法引入外部资源，该方法支持多个参数。以下示例代码都是合法调用的。

```
self.importScripts();                  //不引入任何脚本
self.importScripts('c.js');            //引入 c.js 文件
self.importScripts('c.js','d.js');     //同时引入引入 c.js 和 d.js 文件
```

使用这种方式引入外部脚本文件，相当于把外部脚本文件和当前脚本文件合成一个脚本文件来执行，因此各个文件中所有的声明都是共享的。

5. 使用多个 Worker 线程

在主线程中，同时开启多个 Worker 线程，可以提高并发计算能力，示例代码如下。

```
let worker1 = new Worker('worker1.js');
let worker2 = new Worker('worker2.js');
let worker3 = new Worker('worker3.js');
...
```

不仅在主线程中可以开启 Worker 线程，而且在 Worker 线程中可以嵌套开启 Worker 子线程，示例代码如下。

a.ts 文件为主线程，代码如下。

```
let worker = new Worker(b.js');
...
```

b.ts 文件为 Worker 线程，代码如下。

```
let worker = new Worker(c.js');
...
```

c.ts 文件为 Worker 线程，代码如下。

```
let worker = new Worker(d.js');
...
```

17.1.3 共享 Worker 线程

专用 Worker 线程只有一个父线程，且每个 Worker 对象都是独立线程，即使两个 Worker 对

象使用同一个脚本文件，它们也是属于两个不同的线程的，数据无法共享。

假设 a.ts 文件的内容如下，在代码中声明了两个 Worker 对象，都引用了 b.js 文件，用于输出访问 b.js 文件的次数。

```
let worker1 = new Worker('b.js');
let worker2 = new Worker('b.js');

function showmsg(event) {
    console.log("访问 b.js 次数：" + event.data);
}

worker1.onmessage = showmsg;
worker2.onmessage = showmsg;

worker1.postMessage("");
worker2.postMessage("");
```

b.ts 文件的内容如下。

```
let visitCount = 0;
self.onmessage = function (event) {
    visitCount++;
    self.postMessage(visitCount);
}
```

在代码中声明了一个全局变量 visitCount，每触发一次 onmessage 事件，全局变量 visitCount 就会加 1，并将全局变量 visitCount 的值返回主线程。

运行 Web 服务器，访问 test.html 页面，在控制台中可以看到代码执行结果。由于两个 Worker 对象分别属于两个不同的 Worker 线程，因此它们拥有各自独立的存储空间，不会互相干扰。此时，新打开一个浏览器标签页，访问 test.html 页面，由于两个页面共有 4 个独立的 Worker 线程，因此新打开的页面控制台依然会输出以下结果。

```
> 访问 b.js 次数：1
> 访问 b.js 次数：1
```

要想对同一个文件使用同一个线程，就需要使用共享 Worker 对象。共享 Worker 对象可以被多个父线程同时使用。

在父线程中共享 Worker 对象和在专用 Worker 对象在使用上存在以下区别。

- 共享 Worker 对象通过 SharedWorker 关键字实例化。
- 共享 Worker 对象不能直接设置事件或进行操作，设置事件和进行操作都要基于 Port 对象。

当使用共享 Worker 对象时，a.ts 文件的内容如下。

```
let worker1 = new SharedWorker('b.js');
let worker2 = new SharedWorker('b.js');

function showmsg(event) {
    console.log("访问 b.js 次数：" + event.data);
}
```

```
worker1.port.onmessage = showmsg;
worker2.port.onmessage = showmsg;

worker1.port.postMessage("");
worker2.port.postMessage("");
```

在代码中声明了两个共享 Worker 对象，都引用了 b.js 文件，用于输出访问 b.js 文件的次数，它们的区别在于使用了 SharedWorker 关键字，且 onmessage()事件函数和 postMessage()方法都基于共享 Worker 对象的 port 属性。

在子线程中共享 Worker 对象和在专用 Worker 对象在使用上存在以下区别。

共享 Worker 对象无法直接设置事件或进行操作，需要在 self 对象中指定 onconnect()事件函数，在该函数中通过 event.ports[0]来获取 Port 对象，并在该 Port 对象上设置事件和进行操作。

当使用共享 Worker 对象时，b.ts 文件的内容如下。

```
let visitCount = 0;

self.onconnect = function (connectEvent) {
    let port = connectEvent.ports[0];
    port.onmessage = function (msgEvent) {
        visitCount++;
        port.postMessage(visitCount);
    }
}
```

在代码中声明了一个全局变量 visitCount，每当有一个父线程连接到该子线程时，都会触发 onconnect()事件函数，为对应端口绑定 onmessage()事件函数。每当触发 onmessage()事件函数时，全局变量 visitCount 就会加 1，并将 visitCount 返回主线程。

之后运行 Web 服务器，访问 test.html 页面，在控制台中可以看到代码执行结果。由于两个 Worker 对象都指向同一个 Worker 线程，因此 visitCount 变量是公用的，输出结果如下。

```
> 访问 b.js 次数：1
> 访问 b.js 次数：2
```

此时，新打开一个浏览器标签页，访问 test.html 页面，由于两个页面共有 4 个共享 Worker 对象，但都指向同一个线程，因此新打开的页面的控制台会输出以下结果。

```
> 访问 b.js 次数：3
> 访问 b.js 次数：4
```

17.1.4 Worker 线程间的数据传递

由于多线程之间的数据传递是通过深拷贝而不是共享来实现的，因此传到另一个线程的数据与原始数据并非同一份数据。浏览器内部的运行机制是先将需要传递的内容序列化，然后把序列化后的字符串发给另一个线程，并在该线程中反序列化。

在同一个线程中，一个引用类型的值可以传递给多个函数，并在不同的函数中修改，由于引用类型的地址指向同一处，因此修改的始终是同一个对象。但在多线程中，数据传递是通过深拷贝实现的，因此传递后的数据和原始数据已经不是同一份数据了。以下示例代码将很好地说明此问题。

a.ts 文件的代码如下。

```
var worker = new Worker("b.js");
let person1 = { name: "Nick", age: 17, isMale: true }
worker.onmessage = function (event) {
    console.log(event.data);
    console.log(person1);
}
worker.postMessage(person1);
```

以上代码创建了一个名为 person1 的对象，其 name 属性为 Nick，并将其传给 Worker 线程，线程处理完之后，将输出处理后的结果及 person1 的值。

b.ts 文件的代码如下。

```
self.onmessage = function (event) {
    event.data.name = "Worker";
    self.postMessage(event.data);
}
```

该文件接受来自父线程的对象，并将其 name 属性修改为 Worker，最后再返回父线程。

执行 a.ts 文件的结果如下。

```
> {name: 'Worker', age: 17, isMale: true}
> {name: 'Nick', age: 17, isMale: true}
```

event.data 的 name 属性为 Worker，person1 的 name 属性为 Nick，两者是独立的对象，对各自的编辑互不干扰。

若要在不同线程之间实现共享数据，你可以使用 Transferable 对象。这种方式主要采用二进制的存储方式来解决数据交换的实时性问题。Transferable 对象支持的常用数据类型有 ArrayBuffer 和 ImageBitmap，由于本身较复杂，使用场景并不多（通常用在影像处理或 3D 运算等场景中），因此本章不多做介绍，感兴趣的读者可以自行了解。

17.2 服务器多线程：Worker Threads

在 Node.js 中，通过 Node.js 官方推出的 Worker Threads 实现多线程。它的原理和方案与 HTML5 的 Web Worker 相似，但在具体使用上存在区别。

17.2.1 基本使用

在正式介绍 Worker Threads 之前，我们先通过单线程模式执行一个需要大量运算的 JavaScript 任务，该任务的代码如下。

```
console.time("主线程占用时长");
let runTimes = 3000000000;
let result = 0;
```

```
for (let i = 0; i < runTimes; i++) {
    result += i;
}
console.timeEnd("主线程占用时长")
    console.log("计算结果: "+result);
```

这段代码会计算 1+2+3+⋯+300000000 的和。下面在 Node.js 中执行以上代码，运算完成后的输出结果如下。

```
> 主线程占用时长: 32.617s
> 计算结果: 449999999970159100000
```

在此期间 Node.js 将无法进行其他处理。

下面将这段代码改写为多线程模式，用 Worker 线程来进行大量运算。

主线程对应 a.ts 文件，其代码如下。

```
import { Worker } from 'worker_threads';
console.time("主线程占用时长");
let myWorker = new Worker("./b.js");
myWorker.on("message", function (data) {
    console.log('计算结果: ' + data);
});
let runTimes = 30000000000;
myWorker.postMessage(runTimes);
console.timeEnd("主线程占用时长");
```

在 a.ts 文件中，先从 Worker Threads 中引入 Worker 声明，然后新建一个 Worker 对象并引用 b.js 文件（b.ts 文件编译后为 b.js 文件），然后通过 Worker 对象的 on()方法设置事件函数。on()方法有两个参数：第一个参数为事件名称（在本例中为 message）；第二个参数为事件函数。该函数有一个 data 参数，用来接收来自 b.js 文件的消息，并输出 b.js 文件返回的计算结果。最后调用 Worker 对象的 postMessage()方法，将运算参数传递给 b.js 文件。

子线程对应 b.ts 文件，其代码如下。

```
import { parentPort } from 'worker_threads';
parentPort.on("message", function (data) {
    console.time("子线程占用时长");
    let result = 0;
    for (let i = 0; i < data; i++) {
        result += i;
    }
    parentPort.postMessage(result);
    console.timeEnd("子线程占用时长");
});
```

b.ts 文件先从 Worker Threads 中引入 parentPort 对象，用它来和父线程通信。接着通过 parentPort 对象的 on()方法来设置事件函数。on()方法有两个参数：第一个参数为事件名称（本例中为 message）；第二个参数为事件函数，该函数有一个 data 参数，用来接收来自父线程传来的值。以 data 作为运算参数，计算 1+2+3+⋯+data 的和。计算完成后，再调用 parentPort 对象的 postMessage()方法，将运算结果传递给主线程。

输出结果如下。

```
> 主线程占用时长：5.131ms
> 计算结果：44999999970159100000
> 子线程占用时长：32.140s
```

当子线程的任务执行完毕后，子线程并未关闭，而处于闲置状态，以等待下一次任务。为了节省资源，你必须及时关闭不再使用的子线程。

在主线程中，使用以下方法关闭子线程。

```
myWorker.terminate();
```

在子线程中，使用以下方法关闭子线程自身。

```
parentPort.close();
```

17.2.2 错误处理

主线程可以监听子线程是否出错。如果出错，子线程会触发主线程 Worker 对象的 error()事件函数，并将错误对象作为传入参数。

接下来是错误处理的示例。主线程是 a.ts 文件，其代码如下。代码中通过 Worker 对象的 on()方法指定了 error()事件函数，在函数中将输出错误对象是否为 Error 的实例，以及错误对象的内容。

```
import { Worker } from 'worker_threads';
let myWorker = new Worker("./b.js");
myWorker.on("message", function (data) {
    console.log('Result is ' + data);
});
myWorker.on("error", function (error) {
    console.log(error instanceof Error);
    console.log(error);
});
myWorker.postMessage(null);
```

子线程是 b.ts 文件，其代码如下。代码中通过 parentPort 对象的 on()方法指定了 message()事件函数，在函数中刻意抛出了一个自定义错误。

```
import { parentPort } from 'worker_threads';
parentPort.on("message", function (data) {
    throw new Error("Something wrong!");
});
```

之后在 Node.js 中运行 a.js 文件，输出结果如下。

```
> true
> Error: Something wrong!
>     at MessagePort.<anonymous>
>     at MessagePort.[nodejs.internal.kHybridDispatch]
>     at MessagePort.exports.emitMessage
```

17.2.3 其他事件

除 message 事件和 error 事件之外，Worker Threads 还支持注册其他事件，它们分别如下。

1. 退出事件

退出事件的注册方式如下。

```
Worker 对象.on('exit', (exitCode) => { /*自定义代码*/ });
```

当 Worker 线程退出时会触发退出事件，触发场景如下。

- 主线程执行了 myWorker.terminate()，exitCode 值为 1。
- 子线程执行了 parentPort.close()，exitCode 值为 0。
- 子线程产生未捕获的异常而中断，exitCode 值为 1。

2. 上线事件

上线事件的注册方式如下。

```
Worker 对象.on('online', () => { /*自定义代码*/ });
```

当 Worker 线程准备好时，便会触发上线事件，通常在 Worker 对象实例化完成后就处于准备好的状态。

3. 消息错误事件

消息错误事件的注册方式如下。

```
Worker 对象.on('messageerror', (error) => { /*自定义代码*/ });
```

当在主线程和子线程之间传送消息时，消息反序列化失败时触发的消息错误事件，其触发概率较小。

17.2.4 注册一次性事件

前面介绍了通过 Worker 对象的 on()方法注册永久性事件，每当事件触发时，对应的事件函数都会执行。

你还可以通过 Worker 对象的 once()方法注册一次性事件。注册该事件后，只在首次触发事件时执行事件函数，后续触发将不再执行。

一次性事件支持的事件类型和永久性事件支持的一致，均支持 message、error、exit、online、messageerror 事件，二者的区别仅是注册方法不一致。例如，修改 17.2.1 节中的 a.ts 文件，在其中注册一次性事件，然后多次调用子线程，代码如下。

```
import { Worker } from 'worker_threads';
console.time("主线程占用时长");
let myWorker = new Worker("./b.js");
myWorker.once("message", function (data) {
    console.log("once 事件，计算结果：" + data);
});
```

```
myWorker.on("message", function (data) {
    console.log("on 事件，计算结果：" + data);
});
let runTimes = 30000000000;
myWorker.postMessage(runTimes);
myWorker.postMessage(runTimes);
console.timeEnd("主线程占用时长");
```

在分别注册了一次性 message 事件和永久性 message 事件后，代码中两次使用 postMessage 向子线程传输数据并计算，计算结果也将回传两次。执行上述代码后，输出结果如下，可以看到用 once()方法注册的事件仅执行了一次，而用 on()方法注册的事件每次触发时均会执行。

```
> 主线程占用时长：5.269ms
> once 事件，计算结果：449999999970159100000
> on 事件，计算结果：449999999970159100000
> 子线程占用时长：32.218s
> on 事件，计算结果：449999999970159100000
> 子线程占用时长：33.094s
```

第三部分

编译与调试

编写应用程序的工作并非只是编写代码，编译与调试是其中比较重要的工作环节，它们不仅直接影响编程的效率，而且影响代码的输出质量。

如何将 TypeScript 代码按需编译为指定的 JavaScript 代码，如何高效地编译与调试 TypeScript 代码，以及如何引入辅助工具来自动检查代码及程序是否正确，这些都是在编译与调试期间需要考虑的问题。

本书第三部分将详细介绍这些要点。

第 18 章　编译

TypeScript 代码需要先通过 TypeScript 编译器编译成 JavaScript 代码，然后才能在各个浏览器或平台上运行，具体过程如图 18-1 所示。

图 18-1　TypeScript 代码的编译过程

为了满足不同的编译需要，TypeScript 编译器支持各种编译命令、配置文件及三斜线指令，接下来将分别介绍。

18.1　编译命令

通过 Node.js 安装 TypeScript 后，你就可以使用 tsc 编译命令了。在命令行中执行以下命令，分别查看常用 tsc 命令的基本说明及全部说明。

```
$ tsc --help
$ tsc --help --all
```

通过以下命令，查看 TypeScript 的版本。

```
$ tsc --version
```

受限于篇幅，本节将着重介绍常用参数的用法。

18.1.1　直接编译指定文件

前面使用编译单个文件的方式来输出 JavaScript 文件，命令如下。

```
$ tsc 文件路径
```

假设当前的项目目录结构如下。

```
D:\TSProject
    HelloWorld.ts
```

在 D:\TSProject 目录下执行以下 tsc 命令来编译该文件。

```
$ tsc HelloWorld.ts
```

该命令会编译 HelloWorld.ts 文件，并在同级目录下生成同名.js 文件。命令执行后，项目目录的结构如下。

```
D:\TSProject
    HelloWorld.ts
    HelloWorld.js
```

18.1.2 编译选项：编译文件及输出路径

1. --outDir 选项

使用 tsc 命令可以同时编译多个文件。例如，执行以下命令将同时编译 a.ts 文件和 b.ts 文件，然后在目录下同时生成 a.js 文件和 b.js 文件。

```
$ tsc a.ts b.ts
```

在编译时，通过--outDir 选项指定文件编译后的输出路径。假设当前的项目结构如下。

```
D:\TSProject
    a.ts
    b.ts
```

在 D:\TSProject 目录下执行以下命令，将编译后的文件输出到 output 子目录中。

```
$ tsc a.ts b.ts --outDir output
```

该命令会编译 HelloWorld.ts 文件，并在同级目录下生成同名.js 文件。命令执行后，项目结构如下。

```
D:\TSProject
│  a.ts
│  b.ts
│
└─output
        a.js
        b.js
```

2. --outFile 选项

通过--outFile 选项指定输出文件的路径及名称。如果同时编译多个文件，则所有代码将合并到同一个文件当中。假设当前的项目结构如下。

```
D:\TSProject
    a.ts
    b.ts
```

a.ts 文件的代码如下。

```
let a=1;
```

b.ts 文件的代码如下。

```
let b=true;
```

在 D:\TSProject 目录下执行以下命令，将 a.ts 文件及 b.ts 文件的内容编译到 c.js 文件中。

```
$ tsc a.ts b.ts --outDir c.js
```

命令执行后，项目结构如下。

```
D:\TSProject
    a.ts
    b.ts
    c.js
```

c.js 文件的代码如下。

```
var a = 1;
var b = true;
```

18.1.3 编译选项：按需输出 JavaScript 代码

根据运行平台和需求，你可以将 TypeScript 代码编译为不同的 JavaScript 代码。本节将介绍常用的编译选项。

1. --target 选项

不同平台对 ECMAScript 版本的支持情况也不相同，通过--target 选项（选项缩写-t）指明编译成哪个 ECMAScript 版本的 JavaScript 代码。

--target 选项的默认值为 es3，可设置的值有 es3、es5、es6、es2015、es2016、es2017、es2018、es2019、es2020、es2021、esnext。在这些值中，es6 等同于 es2015，esnext 表示最新的 ECMAScript 版本。

假设 a.ts 文件的代码如下。

```
let a: () => void = () => { console.log("hello") };
```

如果执行 tsc a.ts（等同于执行 tsc a.ts --target es3）命令，编译后输出的 a.js 文件如下。

```
var a = function () { console.log("hello"); };
```

这是因为 let 声明和箭头函数是从 ECMAScript 6 发布之后才开始支持的新特性，按照 ECMAScript 3 编译，将会输出兼容 ECMAScript 3 的 JavaScript 代码。

如果执行 tsc a.ts --target es6 命令，按照 ECMAScript 6 编译并输出文件，则 a.js 文件将会保留 let 声明和箭头函数，编译后输出的 a.js 文件如下。

```
let a = () => { console.log("hello") };
```

2. --module 选项

不同平台对模块的支持情况各不相同，例如，Node.js 不支持 AMD 模块，而浏览器不支持 CommonJS 模块。通过--module 选项（或使用缩写选项-m）指明将 TypeScript 中涉及模块的代码按哪种模块规范编译成 JavaScript 代码。

--module 选项的默认值将根据--target 选项的取值而定，当--target 选项的值为 es3 或 es5 时，--module 选项的默认值为 commonjs，在其他情况下--module 选项的默认值为 es6（等同于 es2015）。该选项全部可设置的值有 none、commonjs、amd、system、umd、es6、es2015、es2020、es2022、esnext、node12、nodenext。

关于--module 选项与输出，可参考 13.1.5 节，这里不再赘述。

3. --removeComments 选项

默认情况下，编译后的 JavaScript 代码将保留前面在 TypeScript 代码中的注释。在命令中加入选项后，将会在编译时移除所有的注释代码。

假设 a.ts 文件的代码如下。

```
//This file is a.ts
/*This file is a.ts */
let a = 1;
```

执行 tsc a.ts --removeComments 命令并编译后，输出的 a.js 文件如下。

```
var a = 1;
```

18.1.4 编译选项：具有调试作用的选项

除在发布项目前需要将 TypeScript 编译成 JavaScript 代码之外，在编码阶段也会频繁地编译并调试代码。编译命令中的部分编译选项可用于调试代码。

- **--noEmit 选项**。--noEmit 选项用于编译，但不会输出 JavaScript 文件，该选项通常用于检查是否存在编译错误；或者使用第三方工具将 TypeScript 文件转换为 JavaScript 文件。
- **--watch 选项**。编译通常是手动触发的，但可以使用--watch 选项（或使用缩写选项-w）进入观察模式。当修改被观察的 TypeScript 文件时，将会自动触发编译。

例如，执行 tsc a.ts --watch 命令后，输出如下，这表示已进入观察模式并进行编译，观察的文件是 a.ts 文件，同时编译并输出了 a.js 文件。

```
> [12:52:05 PM] Starting compilation in watch mode...
> [12:52:07 PM] Found 0 errors. Watching for file changes.
```

修改 a.ts 文件的代码并保存，编译器会重新编译并输出 a.js 文件，并将编译情况输出到命令行中，如下所示。

```
> [12:53:27 PM] File change detected. Starting incremental compilation...
> [12:53:27 PM] Found 0 errors. Watching for file changes
```

观察模式将持续进行，对 a.ts 文件的任何修改都将触发自动编译，直到手动中断该命令的执行为止。

18.1.5 编译选项：类型检查

TypeScript 中提供了一些用于类型检查的编译选项，其中使用最多的是与严格类型检查相关的选项。

1. --strict 选项

--strict 选项用于启用一系列严格类型检查选项。打开它相当于启用了所有严格类型检查选项。这些选项如下。

--alwaysStrict

--strictNullChecks

--strictBindCallApply

--strictFunctionTypes

--strictPropertyInitialization

--noImplicitAny

--noImplicitThis

--useUnknownInCatchVariables

如果开启了--strict 选项，可以根据需要关闭单个检查选项。

2. --alwaysStrict 选项

--alwaysStrict 选项用于按照 ECMAScript 定义的严格模式来编译文件，并为每个编译后的.js 文件增加一行"use strict"代码。

假设 a.ts 文件的代码如下。

```
let a = 1;
```

使用 tsc --alwaysStrict 选项编译文件，编译后的 a.js 文件如下，增加的一行"use strict"代码，表示代码将运行于严格模式下。

```
"use strict";
var a = 1;
```

使用 tsc --alwaysStrict 选项编译.ts 文件，编译器将检查文件代码是否符合 ECMAScript 定义的严格模式。如果不符合，将引起编译错误。例如，以下.ts 文件将出现编译错误，因为在严格模式下不允许使用八进制字面量。

```
//错误 TS1121: 在严格模式下不允许使用八进制字面量
let x = 010;
```

3. --strictNullChecks 选项

--strictNullChecks 选项主要用于检查在使用某个对象的属性或方法时，该对象是否可能为 null 或 undefined，如果有这种可能，则会引起编译错误。

例如，在以下代码中，由于 age 对象是可选属性，在 printUserInfo()函数中对 age 对象使用 toString()方法时，其值可能为 null 或 undefined，因此当开启--strictNullChecks 选项后将引起编译错误。

```
interface User {
    name: string;
    age?: number;
}
function printUserInfo(user: User) {
    //错误 TS2532: user.age 可能值为'undefined'
    console.log(`I am ${user.name}, I am ${user.age.toString()} old.`)
}
```

4. --strictBindCallApply 选项

--strictBindCallApply 选项开启后，在调用函数的内置方法 call()、bind()和 apply()时，如果传入参数的类型与声明函数时的参数类型不匹配，将引起编译错误。

例如，在以下代码中，在声明 printString()函数时，参数类型为 string，而调用 printString()函数的 call()方法时，传入的参数值为 false，false 为布尔类型，与声明时的 string 类型不匹配，因此将引起编译错误。

```
function printString(str: string) {
    return console.log(str);
  }

printString.call(this, "x");

//错误 TS2345: boolean 类型的值不可分配给 string 类型的参数
printString.call(this, false);
```

5. --strictFunctionTypes 选项

--strictFunctionTypes 选项开启后，将会对函数的参数进行严格检查。如果函数的参数类型不兼容，则会引起编译错误。

例如，以下代码首先声明了 sayHello()函数，其参数为 string 类型，接着声明了类型别名 StringOrNumberFunc，其类型为一个参数为 string 或 number 的函数，最后将 sayHello()函数赋给类型为 StringOrNumberFunc 的变量 func，由于参数类型不匹配，因此将引起编译错误。

```
function sayHello(name: string) {
    console.log("Hello, " + name);
}
type StringOrNumberFunc = (numOrStr: string | number) => void;
//错误 TS2322：不能将类型"(name: string) => void"分配给类型"StringOrNumberFunc"。参数
//"name"和"numOrStr" 的类型不兼容
let func: StringOrNumberFunc = sayHello;
func(10);
```

6. --strictPropertyInitialization 选项

--strictFunctionTypes 选项开启后，TypeScript 编译器将会检查是否为类的各个属性设置过默认值，如果未设置过默认值，将引起编译错误。

例如，在以下代码中，由于 age 属性无初始值，因此将引起编译错误。

```
class User {
    name: string;
    userType = "user";
    //phoneNumber 不会引起编译错误，因为显式声明中的类型包含 undefined，所以允许默认值为 undefined
    phoneNumber: string | undefined;
    //错误 TS2564: "age"属性既没有设定初始值，也没在构造函数中赋值
    age: number;
    constructor(name: string) {
        this.name = name;
    }
}
```

7. --noImplicitAny 选项

--noImplicitAny 选项开启后，TypeScript 编译器将不允许代码中的任何参数隐式推断为 any 类型，要使用 any 类型必须以“参数名称:any”的方式显式声明，否则将引起编译错误。

例如，在以下代码中，printArrayLength()函数中有一个名为 array 的参数，由于未指明它的类型，因此编译器将尝试推断它的类型。当无法得出确切结果时，则会认为它是 any 类型的参数。一旦开启了--noImplicitAny 选项，就会引起编译错误。

```
function printArrayLength(array) {
    //错误 TS7006: 参数"array"隐式具有"any"类型
    console.log(array.length);
}
printArrayLength(42);
```

8. --noImplicitThis 选项

--noImplicitThis 选项开启后，TypeScript 编译器将不允许代码中的 this 对象隐式推断为 any 类型，否则将引起编译错误。

例如，以下代码声明了 selfIntroduction()函数，函数体中使用了 this.name 属性，虽然最后将

selfIntroduction()函数的值赋给 user 对象的 selfIntroduction()方法，但由于 selfIntroduction()函数并不是在对象中声明的，可以在任意位置引用，因此 this 对象是不确定的，依然会被隐式推断为 any 类型，最终引起编译错误。

```
function selfIntroduction() {
    //"this"隐式具有"any"类型，因为它没有类型声明
    console.log(`My name is ${this.name}`);
}

let user = {
    name: "harry",
    selfIntroduction: selfIntroduction
}

user.selfIntroduction();
```

9．--useUnknownInCatchVariables 选项

--useUnknownInCatchVariables 选项开启后，catch 语句中的参数将变为 unknown 类型，而非 any 类型，这意味着必须通过类型断言或类型防护等方式使用 unknown 类型，一旦像使用 any 类型那样直接使用某个属性或方法，就会引起编译错误。

例如，在以下代码中，将 err 参数作为 any 类型来使用，将引起编译错误。

```
try {
    //...
}
catch (err) {
    //错误 TS2571: 对象的类型为'unknown'
    console.log(err.message);
}
```

有两种方式可以避免此类编译错误。第一种方式是将 catch 语句中的参数显式声明为 any 类型，示例代码如下。

```
try {
    //...
}
catch (err: any) {
    console.log(err.message);
}
```

第二种方式是使用类型断言或类型防护语句，先让类型变得明确，然后再使用具体属性或方法。

```
try {
    //...
}
catch (err: any) {
    if (err instanceof Error) {
        console.error(err.message);
    }
}
```

18.2 配置文件

一个大型项目中通常具有成百上千个待编译的.ts 文件，而一次编译会涉及较多的编译选项，如果只通过命令行的形式逐个输入文件及编译选项，命令的编写将非常复杂。

为了提高编译命令的可复用性及可维护性，TypeScript 支持通过配置文件设置待编译文件及编译选项。配置文件的固定名称为 tsconfig.json，该文件通常位于 TypeScript 项目的根目录下，用于对整个目录的编译完成整体的配置。

tsconfig.json 文件能够完成的配置类型如下。

- 文件列表。
- 编译选项。
- 项目引用。
- 配置继承。

下面介绍如何创建 tsconfig.json 配置文件，以及每种配置类型的作用。

18.2.1 tsconfig.json 文件的创建及匹配规则

要创建 tsconfig.js 文件，只需要在指定目录下执行以下命令即可。

```
$ tsc --init
```

之后将会在该目录下生成 tsconfig.js 文件，默认内容如下。

```
{
  "compilerOptions": {
"target": "es2016",
/*等同于编译命令中的 target，指定要输出的 JavaScript 版本*/
"module": "commonjs",
/*指定将涉及模块的代码转换成哪种模块规范下的代码*/
"esModuleInterop": true,
/*兼容性选项，允许从没有设置过默认导出的模块中默认导入，仅为了通过类型检查*/
"forceConsistentCasingInFileNames": true,
/*涉及模块导入时，文件名中的大小写都需要匹配*/
"strict": true,
/*启用严格的类型检查选项*/
"skipLibCheck": true
/*忽略所有以".d.ts"为后缀的文件的编译检查*/
  }
}
```

如果一个目录下存在 tsconfig.json 文件，通常意味着这个目录是 TypeScript 项目的根目录。在不带任何输入文件的情况下执行 tsc 命令，编译器会从当前目录开始查找 tsconfig.js 文件，如果当前目录中不存在该文件，则会逐级向上查找。找到文件后，会使用其编译设置，并编译文件所在目录及其子目录下的所有文件。

假设 D:\TSProject 的结构如下。

```
D:\TSProject
│   a.ts
│   tsconfig.json
│
├─folder1
│       b.ts
│
└─folder2
        c.ts
        tsconfig.json
```

在不同的目录下执行 tsc 命令，效果分别如下。

- 在 D:\TSProject 目录下执行 tsc 命令，将会同时编译该目录及其子目录下的所有 TypeScript 文件（D:\TSProject\a.ts、D:\TSProject\folder1\b.ts、D:\TSProject\folder2\c.ts），编译设置将使用 D:\TSProject\tsconfig.json 文件中的设置，然后输出 D:\TSProject\a.js、D:\TSProject\folder1\b.js、D:\TSProject\folder2\c.js。
- 在 D:\TSProject\folder1 目录下执行 tsc 命令，由于该目录下没有 tsconfig.json 文件，因此会逐级向上层目录查找，由于上层目录 D:\TSProject 中具有 tsconfig.json 文件，因此将会以 D:\TSProject 为根目录编译文件，编译效果等同于在 D:\TSProject 目录下执行 tsc 命令。
- 在 D:\TSProject\folder2 目录下执行 tsc 命令，由于该目录下具有 tsconfig.json 文件，因此会以此目录为根目录进行编译，编译设置将使用 D:\TSProject\folder2\tsconfig.json 文件中的设置，然后只输出 D:\TSProject\folder2\c.js 文件。

提示：执行 tsc 命令时，可以使用--showConfig 选项，查看本次编译时将使用的配置（但不会真正进行编译），例如，执行 tsc --showConfig 命令，输出结果如下。输出结果列出了所有编译选项和将参与编译的文件。

```
> {
>     "compilerOptions": {
>         "target": "es2016",
>         "module": "commonjs",
>         "esModuleInterop": true,
>         "forceConsistentCasingInFileNames": true,
>         "strict": true,
>         "skipLibCheck": true
>     },
>     "files": [
>         "./a.ts",
>         "./folder1/b.ts",
>         "./folder2/c.ts"
>     ]
> }
```

当运行 tsc 命令时，编译器将默认使用当前目录或上层目录中的 tsconfig.json 文件，但你也可以使用--project 编译选项（缩写选项为-p）指定配置文件的路径（配置文件全路径或其所在目录路径均可），以该路径所在目录为根目录进行编译，具体命令如下。

```
$ tsc --project 配置文件路径或其所在目录路径
```

假设 D:\TSProject 的结构如下。

```
D:\TSProject
├─project1
│      a.ts
│      tsconfig.json
│      tsconfig.version2.json
│
└─project2
        b.ts
        tsconfig.json
```

如果在 D:\TSProject 下执行 tsc 命令，由于当前目录及上层目录中不存在配置文件，因此命令执行后将输出帮助文档，而非编译文件。

如果在 D:\TSProject 目录下执行 tsc --project project1 命令，将会以 D:\TSProject\project1\tsconfig.json 的编译选项为准，编译其所在目录下的所有 TypeScript 文件，命令执行后将输出 D:\TSProject\project1\a.js 文件。

如果在 D:\TSProject 目录下执行 tsc --project project2 命令，将会以 D:\TSProject\project21\tsconfig.json 的编译选项为准，编译其所在目录下的所有 TypeScript 文件，命令执行后将输出 D:\TSProject\project1\b.js 文件。

如果在 D:\TSProject 目录下执行 tsc --project project1\tsconfig.version2.json 命令，将会以 D:\TSProject\project1\tsconfig.version2.json 的编译选项为准，编译其所在目录下的所有 TypeScript 文件，命令执行后将输出 D:\TSProject\project1\a.js 文件。

18.2.2　文件列表

如果目录中有 tsconfig.json 文件，在执行 tsc 命令时，默认会将配置文件所在目录及其子目录下的所有 TypeScript 文件（扩展名为.ts、.tsx）添加到编译列表中。通过在 tsconfig.json 文件中配置 files、include 和 exclude 选项过滤待编译的 TypeScript 文件。

假设 D:\TSProject 目录的结构如下。

```
D:\TSProject
├─src
│  │  a.ts
│  │
│  └─subfolder
│          b.ts
│
└─testing
        c.ts
```

如果直接在 D:\TSProject 目录下执行 tsc 命令，src/a.ts、src/subfolder/b.ts、testing/c.ts 文件都会被编译。

1. files 选项

files 选项用于指定要编译的具体文件，这些文件可以使用绝对路径或相对路径来指定。

可以修改 tsconfig.json 文件，使用 files 选项来指定要编译的文件。tsconfig.json 文件的内容如下。

```
{
  "files":["src/a.ts","src/subfolder/b.ts"],
}
```

之后再执行 tsc 命令，只有 src/a.ts、src/subfolder/b.ts 文件会被编译，testing/c.ts 文件不会被编译。

由于 files 选项只能用于逐个列举单个文件，因此在项目中并不实用，通常更常用的是 include 和 exclude 选项。

2. include/exclude 选项

include/exclude 选项用于指定要编译/排除的文件列表或目录列表。除指定具体文件路径或目录路径之外，还可以使用以下通配符匹配多个文件。

- *：表示文件名或路径匹配任意数量字符（不包含分隔符）。
- ?：表示文件名或路径匹配任意一个字符（不包含分隔符）。
- **/：表示匹配当前目录及所有子目录。

例如，要编译 src 目录下的文件，忽略 testing 目录下的文件，tsconfig.json 文件代码可修改为如下内容。

```
{
  "include": ["src"]
}
```

之后再执行 tsc 命令，src 目录及其子目录下的所有文件（src/a.ts、src/subfolder/b.ts）都会被编译。

假设需要编译 src 目录下的文件，但不编译 src/subfolder 目录下的文件，tsconfig.json 文件可修改为如下内容。

```
{
  "include": ["src"],
  "exclude": ["src/subfolder"]
}
```

之后再执行 tsc 命令，除 src/subfolder 目录之外，src 目录及其子目录下的所有文件都会被编译，本例中最终被编译的文件有 src/a.ts。

18.2.3 编译选项

tsconfig.json 配置文件中的 compilerOptions 选项用于指定详细的编译选项，这些编译选项和 tsc 命令中使用的编译选项完全相同。相比在 tsc 命令中使用编译选项，在配置文件中使用这些编译选项将具有更好的可复用性和可维护性。

由于编译选项众多，因此这里不一一详述。下面仅列出常用的编译选项及简要说明。

```
{
  "compilerOptions": {
    /*访问 https://aka.ms/tsconfig.json 可查看完整的编译选项*/

    /*基础选项*/
    "target": "es5"
    /*target 用于指定编译后.js 文件遵循的目标版本——'ES3' (default), 'ES5', 'ES2015', 'ES2016',
    'ES2017', 'ES2018', 'ES2019'或'ESNEXT'*/
    "module": "commonjs"
    /*用来指定编译后的.js 文件所使用的模块标准——'none', 'commonjs', 'amd', 'system', 'umd',
    'es2015'或'ESNext'.*/
    "lib": ["es6", "dom"]
    /*lib 用于指定要包含在编译中的库文件*/
    "allowJs": true,
    /*allowJs 设置的值为 true 或 false，用来指定是否允许编译.js 文件，默认是 false，即不编译.js
    文件*/
    "checkJs": true,
    /*checkJs 的值为 true 或 false，用来指定是否检查和报告.js 文件中的错误，默认是 false*/
    "jsx": "preserve",
    /*指定 jsx 代码用于的开发环境——'preserve', 'react-native'或'react'.*/
    "declaration": true,
    /*declaration 的值为 true 或 false，用来指定是否在编译的时候生成相应的".d.ts"声明文件。如果
    设为 true，编译每个.ts 文件后会生成一个.js 文件和一个声明文件。但是 declaration 和 allowJs 不
    能同时设为 true*/
    "declarationMap": true,
    /* declarationMap 的值为 true 或 false，指定是否为声明文件.d.ts 生成.map 文件*/
    "sourceMap": true,
    /*sourceMap 的值为 true 或 false，用来指定编译时是否生成.map 文件*/
    "outFile": "./",
    /*outFile 用于指定将输出文件合并为一个文件，它的值为一个文件路径名。例如，若设置为"./dist/
    main.js",则输出的文件为一个 main.js 文件。但是要注意，只有设置 module 的值为 amd 模块和 system
    模块时才支持这个配置*/
    "outDir": "./",
    /*outDir 用来指定输出文件夹，它的值为一个文件夹路径字符串，输出的文件都将放置在这个文件夹中*/
    "rootDir": "./",
    /*用来指定编译文件的根目录，编译器会在根目录中查找入口文件*/
    "composite": true,
    /*是否生成.tsbuildinfo 文件，以此判断是否启用增量编译，tsconfig.tsbuildinfo 文件存储了本
    次编译时各个文件的版本（文件 MD5）信息，当下次再进行编译时，将用于判断是否需要重新编译各个文件*/
    "incremental": true,
    /*启用增量编译*/
    "tsBuildInfoFile": "./",
```

```
/*指定用于存储增量编译信息的文件，从而可以更快地构建规模更大的 TypeScript 项目*/
"removeComments": true,
/*removeComments 的值为 true 或 false，用于指定是否将编译后的文件中的注释删掉，若设为 true，删掉注释，默认为 false*/
"noEmit": true,
/*不生成编译文件，仅进行编译检查*/
"importHelpers": true,
/*importHelpers 的值为 true 或 false，指定是否引入 tslib 里的辅助工具函数，默认为 false*/
"downlevelIteration": true,
/*当 target 为'ES5'或'ES3'时，为'for-of'、spread 和 destructuring 中的迭代器提供完全支持*/
"isolatedModules": true,
/*isolatedModules 的值为 true 或 false，指定是否将每个文件作为单独的模块，默认为 true，它不可以和 declaration 同时设定*/
/*严格类型检查选项*/
"strict": true
/*strict 的值为 true 或 false，用于指定是否启动所有类型检查，如果设为 true，则会同时开启下面这几个严格类型检查，默认为 false*/,
"noImplicitAny": true,
/*noImplicitAny 的值为 true 或 false，如果没有为一些值设置明确的类型，编译器会默认为 any，如果 noImplicitAny 的值为 true，则没有明确的类型会报错，默认为 false*/
"strictNullChecks": true,
/*strictNullChecks 为 true 时，null 和 undefined 不能赋给非这两种类型的变量，别的类型也不能赋给它们，除 any 类型之外。还有个例外是 undefined 可以赋给 void 类型*/
"strictFunctionTypes": true,
/*strictFunctionTypes 的值为 true 或 false，用于指定是否使用函数参数双向协变检查*/
"strictBindCallApply": true,
/*设为 true 后，对 bind、call 和 apply 绑定的方法的参数的检测是严格的*/
"strictPropertyInitialization": true,
/*设为 true 后会检查类的非 undefined 属性是否已经在构造函数里初始化，如果要开启该选项，需要同时开启 strictNullChecks，默认为 false*/
"noImplicitThis": true,
/*当 this 表达式的值为 any 类型的时候，生成一个错误*/
"alwaysStrict": true,
/*alwaysStrict 的值为 true 或 false，指定始终以严格模式检查每个模块，并且在编译之后的.js 文件中加入"use strict"字符串，用来告诉浏览器该 js 为严格模式*/

/*额外检查*/
"noUnusedLocals": true,
/*用于检查是否有定义了但是没有使用的变量，对于这一点的检测，eslint 可以在书写代码的时候做提示，可以配合使用。默认为 false*/
"noUnusedParameters": true,
/*用于检查在函数体中是否有没有使用的参数，也可以配合 eslint 来做检查，默认为 false*/
"noImplicitReturns": true,
/*用于检查函数是否有返回值，设为 true 后，如果函数没有返回值，则会提示，默认为 false*/
"noFallthroughCasesInSwitch": true,
/*用于检查 switch 中是否有 case 没有使用 break 跳出，默认为 false*/

/*模块相关选项*/
"moduleResolution": "node",
/*用于选择模块解析策略，有"node"和"classic"两种类型*/
"baseUrl": "./",
```

```
    /*baseUrl 用于设置解析非相对模块名称的基本目录，相对模块的目录不会受 baseUrl 的影响*/
    "paths": {},
    /*用于设置模块名称到基于 baseUrl 的路径映射*/
    "rootDirs": [],
    /*rootDirs 可以指定一个路径列表，在构建时编译器时会将这个路径列表中的路径的内容都放到一个文件
    夹中*/
    "typeRoots": [],
    /*typeRoots 用来指定声明文件或文件夹的路径列表，如果指定了此项，则只有在这里列出的声明文件才
    会被加载*/
    "types": [],
    /*types 用来指定需要包含的模块，只有在这里列出的模块的声明文件才会被加载*/
    "allowSyntheticDefaultImports": true,
    /*用来指定允许从没有默认导出的模块中默认导入*/
    "esModuleInterop": true
    /*通过为导入内容创建命名空间，实现 CommonJS 和 ES 模块之间的互操作*/,
    "preserveSymlinks": true,
    /*不把符号链接解析为真实路径，具体可以了解 Webpack 和 Node.js 的 SymLink*/

    /*源文件映射选项*/
    "sourceRoot": "",
    /*sourceRoot 用于指定调试器应该找到 TypeScript 文件而不是源文件位置，它会被写进.map 文件里*/
    "mapRoot": "",
    /*mapRoot 用于指定调试器找到映射文件而非生成文件的位置，指定.map 文件的根路径，该选项会影
    响.map 文件中的 sources 属性*/
    "inlineSourceMap": true,
    /*指定是否将.map 文件的内容和.js 文件编译在同一个.js 文件中，如果设为 true，则 map 的内容会以
    "//# sourceMappingURL="开头并且拼接 base64 字符串的形式插入在.js 文件底部*/
    "inlineSources": true,
    /*用于指定是否进一步将.ts 文件的内容也包含到输入文件中*/

    /*实验性选项*/
    "experimentalDecorators": true
    /*用于指定是否启用实验性的装饰器特性*/
    "emitDecoratorMetadata": true,
    /*用于指定是否为装饰器提供元数据支持，元数据也是 ES6 的新标准，可以通过 Reflect 提供的静态方法
    获取，如果需要使用 Reflect 的方法，则需要引入 ES2015.Reflect 这个库*/
  }
}
```

18.2.4 项目引用

在大型项目中，代码文件的数量通常成百上千，若都将其作为一个项目进行管理，不仅代码维护极其困难，且编译时性能较差。通常的做法是将其划分为多个独立的子项目，每个项目都在不同的目录下进行维护，并拥有独立的编译配置。

这些子项目之间存在互相引用的关系，通过设置它们之间的引用关系，你就可以将其组织起来并形成一个完整的项目。

在 tsconfig.json 文件中可以通过配置 references 选项，指定当前项目所引用的子项目。

1. references 选项及子项目编译选项

references 选项的配置方式如下。其中引用的项目目录可以是文件夹路径，也可以是 tsconfig.json 文件路径。

```
{
  ...
  "references": [{ "path": "引用的工程目录 1" },{ "path": "引用的工程目录 2" }…]
}
```

除此以外，在被引用的项目中，tsconfig.json 文件的 composite 编译选项必须设置为 true 才能被其他项目引用（composite 选项可以强制执行某些约束，使构建编译器能够快速确定项目是否已经编译，避免重复编译），代码如下。

```
{
  ...
  "compilerOptions": {
    "composite": true
  }
}
```

2. 项目引用示例

假设一个项目中有底层框架子项目，业务子项目和测试子项目，业务项目引用了底层框架，而测试项目引用了业务项目，它们之间的引用关系如图 18-2 所示。

假设此项目结构如下。

```
D:/TSProject
├─framework
│       base.ts
├─src
│       product.ts
└─testing
         product.test.ts
```

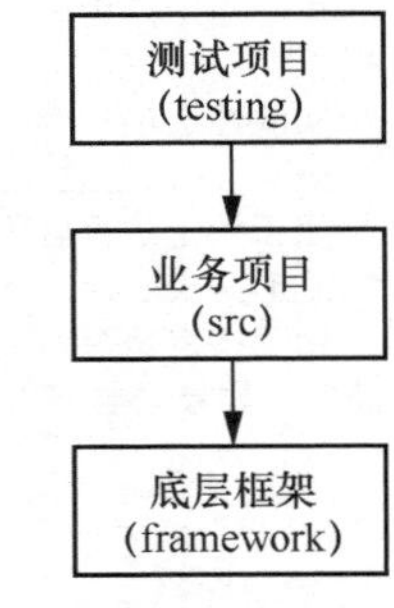

图 18-2 项目之间的引用关系

要设置它们之间的依赖关系，首先需要在 framework、src、testing 目录中各创建一个 tsconfig.json 文件，目录结构如下所示。

```
D:/TSProject
├─framework
│       base.ts
│       tsconfig.json
├─src
│       product.ts
│       tsconfig.json
└─testing
         product.test.ts
         tsconfig.json
```

framework/tsconfig.json 文件的内容如下。由于此项目将被 src 项目引用，因此必须将 composite 选项设置为 true。该项目本身没有引用其他项目。

```
{
  "compilerOptions": {
    "composite": true
  }
}
```

src/tsconfig.json 文件的内容如下。此项目既引用了 framework 项目，又被其他项目引用，因此既设置了 composite 选项，又设置了 references 选项。

```
{
  "compilerOptions": {
    "composite": true
  },
  "references": [{ "path": "../framework" }]
}
```

testing/tsconfig.json 文件的内容如下。此项目引用了 src 项目，但未被其他项目引用，因此只设置了 references 选项。

```
{
  "references": [{ "path": "../src" }]
}
```

3. 编译项目

当设置好项目引用后，使用--build 选项（缩写选项-b）来编译指定项目。编译时会自动检查该项目所引用的项目。若所引用的项目尚未编译或有文件更新，则根据引用顺序全量或增量编译这些项目，最后再编译当前项目。

在之前创建了 framework、src 和 testing 3 个项目，下面使用以下命令编译 src 项目（--verbose 选项用于输出详细的日志），代码如下。

```
$ tsc --build src --verbose
```

输出结果如下。可以看到编译目标为 src 项目，但实际参与编译的有 framework 和 src 项目，编译器检测到这两个项目都尚未编译，因此按照引用顺序，先编译 framework 项目，然后编译 src 项目。

```
> [下午 7:02:01] Projects in this build:
    * framework/tsconfig.json
    * src/tsconfig.json

> [下午 7:02:01] Project 'framework/tsconfig.json' is out of date because output
  file 'framework/base.js' does not exist

> [下午 7:02:01] Building project 'D:/TSProject/framework/tsconfig.json'...
```

```
> [下午 7:02:03] Project 'src/tsconfig.json' is out of date because output file
  'src/product.js' does not exist

> [下午 7:02:03] Building project 'D:/TSProject/src/tsconfig.json'...
```

下面使用以下命令编译 testing 项目。

```
$ tsc --build testing --verbose
```

输出结果如下。可以看到编译目标为 testing 项目，但实际参与编译的有 framework、src 和 testing 这 3 个项目，编译器会按照引用顺序依次检测各个项目，由于检测到 framework 和 src 项目已经编译，因此本次只编译了 testing 项目。

```
> [下午 7:00:45] Projects in this build:
    * framework/tsconfig.json
    * src/tsconfig.json
    * testing/tsconfig.json

> [下午 7:00:45] Project 'framework/tsconfig.json' is up to date because newest input
  'framework/base.ts' is older than oldest output 'framework/base.js'

> [下午 7:00:45] Project 'src/tsconfig.json' is up to date because newest input
  'src/product.ts' is older than oldest output 'src/product.js'

> [下午 7:00:45] Project 'testing/tsconfig.json' is out of date because output file
  'testing/product.test.js' does not exist

> [下午 7:00:45] Building project 'D:/TSProject/testing/tsconfig.json'...
```

编译完成后，项目结构如下。

```
D:/TSProject
├─framework
│      base.d.ts
│      base.js
│      base.ts
│      tsconfig.json
│      tsconfig.tsbuildinfo
│
├─src
│      product.d.ts
│      product.js
│      product.ts
│      tsconfig.json
│      tsconfig.tsbuildinfo
│
└─testing
        product.test.js
        product.test.ts
        tsconfig.json
```

可以看到，在所有的项目下都输出了对应的.js 文件，在 framework 和 src 项目中还额外生成了.d.ts 文件和 tsconfig.tsbuildinfo 文件，这是由于这些项目的 composite 编译选项设置为 true。其中.d.ts 文件为简化后的声明文件，只保留了关键声明的相关信息（关于声明文件，详见 21.1 节），上层项目将使用这些简化后的文件进行编译检查，提高检查效率，而不是直接解析.ts 源文件。tsconfig.tsbuildinfo 文件存储了本次编译中各个文件的版本（文件 MD5）信息，当下次再进行编译时，将用于判断是否需要重新编译各个文件。

tsc --build 命令还支持其他的选项，如下所示。

- --verbose：输出详细的日志（选项缩写为-v）。
- --dry: 显示将要执行的操作但是并不真正进行这些操作（选项缩写为-d）。
- --clean: 删除指定项目的输出（选项缩写为-f）。
- --force: 强制把所有项目当作非最新版本对待。

这些选项必须配合--build 选项一同使用。

18.2.5 配置继承

配置文件可以继承另一个配置文件中的配置。一个大型项目通常会划分为多个项目，这些子项目的各项配置可能大同小异，因此你可以将通用的配置提取到一个公共配置文件中，其他配置文件继承该公共文件的配置，以提高配置的可复用性和可维护性。

在 tsconfig.json 文件中，通过 extends 选项指定当前配置所继承的配置，示例代码如下。

```
{
  ...
  "extends": "配置文件路径"
}
```

注意：如果配置文件路径开头不是“./”（当前目录）或“../”（上一级目录），则继承时编译器会默认从当前目录的 node_modules 目录下查找配置文件。

假设当前项目目录如下。

```
D:\TSProject
│  tsconfig.json
│
├─base
│      tsconfig.base.json
│
└─src
        a.ts
```

其中，base/tsconfig.base.json 文件将作为公共配置文件使用，tsconfig.json 文件将继承该文件的配置。

base/tsconfig.base.json 文件的内容如下，编译选项 target 的值为 ESNext。

```
{
    "compilerOptions": {
       "target": "ESNext"
    }
}
```

tsconfig.json 文件的内容如下，编译选项 module 的值为 CommonJS，而 extends 选项指向 base/tsconfig.base.json 文件，表示从该文件继承配置。

```
{
  "compilerOptions": {
    "module": "CommonJS"
  },
  "extends": "./base/tsconfig.base.json"
}
```

接下来，在 D:\TSProject 目录下执行 tsc --showconfig 命令，输出结果如下，可以看到编译时同时应用了 base/tsconfig.base.json 和 tsconfig.json 文件中的配置。

```
> {
>     "compilerOptions": {
>         "target": "esnext",
>         "module": "commonjs"
>     },
>     "files": [
>         "./src/a.ts"
>     ]
> }
```

当在子配置文件与父配置文件中都设置了同一个选项时，子配置文件中的选项值将覆盖父配置文件中的选项值。

例如，将 tsconfig.json 中编译选项 target 设置为 ECMAScript 3（base/tsconfig.base.json 文件中编译选项 target 的值为 ESNext）。

```
{
  "compilerOptions": {
    "module": "CommonJS",
    "target": "ES3"
  },
  "extends": "./base/tsconfig.base.json"
}
```

在 D:\TSProject 目录下执行 tsc --showconfig 命令，输出结果如下。可以看到 target 选项使用了子配置文件 tsconfig.json 中的值。

```
> {
>     "compilerOptions": {
>         "target": "es3",
>         "module": "commonjs"
>     },
>     "files": [
>         "./src/a.ts"
>     ]
> }
```

注意，如果在父配置文件中设置了 files、include 或 exclude 选项，子配置文件在继承这些选项后，将以父配置文件所在目录为基础来查找文件。

例如，对 base/tsconfig.base.json 文件代码进行如下修改，增加 include 选项，让其只编译 src 项目目录下的文件。

```
{
    "compilerOptions": {
       "target": "ESNext"
    },
    "include": ["src"]
}
```

在 D:\TSProject 目录下执行 tsc --showconfig 命令，输出结果如下。

```
> error TS18003: No inputs were found in config file 'D:/TSProject/tsconfig.json'.
Specified 'include' paths were '["base/src"]' and 'exclude' paths were '[]'.
```

可以看到 tsc 命令虽然是在 D:\TSProject 中执行的，include 选项也设置了 src 目录，但实际上是基于父配置文件所在的 base 目录查找的，查找目标为 base/src 目录。由于该目录不存在，因此会引起编译错误。

再次修改 base/tsconfig.base.json 文件的内容,将 include 选项设置为上一级目录下的 src 目录。

```
{
    "compilerOptions": {
       "target": "ESNext"
    },
    "include": ["../src"]
}
```

在 D:\TSProject 目录下执行 tsc --showconfig 命令，输出结果如下。

```
> {
>     "compilerOptions": {
>         "target": "es3",
>         "module": "commonjs"
>     },
>     "files": [
>         "./src/a.ts"
>     ],
>     "include": [
>         "base/../src"
>     ]
> }
```

可以看到编译器成功找到了 src 目录并执行编译。

18.2.6 其他配置

除 files、include、exclude、compilerOptions、references 等根配置项之外，tsconfig.json 文件中还具有 compileOnSave、buildOptions、watchOptions 等根配置项，它们的作用如下。

```
{
  /*布尔类型，可以让 IDE 在保存文件的时候根据 tsconfig.json 重新生成编译后的文件*/
```

```
    "compileOnSave": true,
    /*构建选项，主要适用于--build 命令*/
    "buildOptions": {
      /*使用此选项后，TypeScript 将避免重新检查及构建全部文件，而只重新检查/构建已更改的文件以及直
      接导入它们中的文件*/
      "assumeChangesOnlyAffectDirectDependencies": false,
      /*显示将要执行的操作但是并不真正进行这些操作*/
      "dry": false,
      /*强制把所有项目当作非最新版本对待*/
      "force": false,
      /*输出详细的日志*/
      "verbose": false,
      /*是否生成.tsbuildinfo 文件，以此判断是否启用增量编译，tsconfig.tsbuildinfo 文件存储了本
      次编译中各个文件的版本（文件 MD5）信息，当下次再进行编译时，将用于判断是否需要重新编译各个文件*/
      "incremental": false,
      /*如果要检查模块为什么没包含进来，可将其设置为 true，以便输出相关文件的解析过程信息*/
      "traceResolution": false
    },
    /*配置使用哪种监听策略来跟踪文件和目录*/
    "watchOptions": {
      /*字符串数组，用于指定不需要监听变化的目录*/
      "excludeDirectories": ["无须监听的目录 1","无须监听的目录 2"],
      /*字符串数组，用于指定不需要监听变化的文件*/
      "excludeFiles": ["无须监听的文件 1","无须监听的文件 2"],
      /*是否同步监听文件变化*/
      "synchronousWatchDirectory": true,
      /*目录监听策略，可设置为以下值*/
      /*usefsevents，采用操作系统的文件系统的原生事件机制监听目录更改*/
      /*fixedpollinginterval，以固定的时间间隔检查各目录的更改数次*/
      /*dynamicprioritypolling，根据目录的修改频率动态调整监听频次*/
      "watchDirectory": "usefsevents",
      /*文件监听策略，可以设置为以下值*/
      /*usefsevents，采用操作系统的文件系统的原生事件机制监听文件更改*/
      /*fixedpollinginterval，以固定的时间间隔检查各文件的更改数次*/
      /*prioritypollinginterval，以固定时间间隔检查各文件的更改次数，但根据文件类型有不同的频次*/
      /*dynamicprioritypolling，根据文件的修改频率动态调整监听频次*/
      /*usefseventsonparentdirectory，采用操作系统的文件系统的原生事件机制监听父级目录更改*/
      "watchFile": "usefsevents",
      /*当采用操作系统的文件系统的原生事件机制监听文件时，此选项指定本机的文件监听器被耗尽或者不支持
      本机文件监听器时编译器采用轮询策略，可设置为以下值*/
      /*fixedinterval，以固定的时间间隔检查各文件的更改数次*/
      /*priorityinterval，以固定的时间间隔检查各文件的更改次数，但根据文件类型有不同的频次*/
      /*dynamicpriority，根据文件的修改频率动态调整监听频次*/
      "fallbackPolling": "dynamicpriority"
    }
  }
```

18.3 三斜线指令

三斜线指令是包含单个 XML 标记的单行注释，它们将作为编译指令，影响编译后的.js 文件的输出内容。

随着模块标准的不断发展，三斜线指令如今已不再适用，无论是从代码管理还是从通用性的角度来说，模块都优于三斜线指令，因此不建议再使用三斜线指令。

但是，在实际项目中，你可能会遇到以往遗留的三斜线指令代码，所以仍需要了解三斜线指令的用法。本节将对三斜线指令做简要介绍。

18.3.1 引用其他文件

要引用其他文件，使用以下三斜线指令，示例代码如下。

```
/// <reference path ="引用文件路径"/>
```

假设 a.ts 文件的内容如下。

```
let a: number = 1;
```

假设 b.ts 文件的内容如下。

```
/// <reference path ="a.ts"/>
let b: boolean = true;
```

当执行 tsc b.ts 命令时，由于 b.ts 文件引用了 a.ts 文件，存在引用关系，因此虽然目标文件只有 b.ts，但编译命令执行时会同时编译 a.ts 和 b.ts 文件，并同时输出 a.js 和 b.js 文件。

还可以使用--outFile 选项指定输出文件路径及名称，例如，执行以下命令。

```
> tsc b.ts -outFile c.js
```

由于 b.ts 文件通过三斜线指令引用了 a.ts 文件，因此会将 a.ts 文件的代码同时包含在 b.ts 文件中，编译 b.ts 并输出 c.js 文件。c.js 文件的内容如下。

```
var a = 1;
/// <reference path ="a.ts"/>
var b = true;
```

18.3.2 指定包含在编译中的库文件

要指定包含在编译中的库文件，使用以下三斜线指令。

```
/// <reference lib="库名称" />
```

可选择库名称列表和 tsconfig.json 文件中的 lib 编译选项中可选择的名称列表相同。

例如，ECMAScript 2017 引入了字符串补全长度的功能，如果某个字符串没达到指定长度，会在头部或尾部补全。padStart()用于头部补全，padEnd()用于尾部补全。以下代码使用了 padEnd()方法。如果编译选项中的 module 或 lib 使用了较早版本的 ECMAScript，则会引起编译错误。

```
var str: string = "hello";
//错误 TS2550: 'string'不存在'padEnd'属性，是否应修改目标库？可尝试更改'lib'编译选项
//为'es2017'或之后的版本
str = str.padEnd(11, " world");
```

```
console.log(str);
```

此时，使用三斜线指令，指明编译该文件时使用的库文件，输出 JavaScript 时将按目标 ECMAScript 版本输出文件内容。

```
/// <reference lib="es2017.string" />
var str: string = "hello";
str = str.padEnd(11, " world");
console.log(str);
```

18.3.3 注意事项及其他指令

三斜线指令仅在其所在文件的顶部有效。该指令必须放在其他语句、声明、注释之前，否则将被视为普通单行注释，没有任何效果。示例代码如下。

```
let a: boolean = true;
/// <reference path ="a.ts"/>
let b: number = 1;
```

除上述指令之外，还有其他的三斜线指令，它们的应用场景较少，这里仅进行简单介绍。

1. /// <reference types="... " />

与 /// <reference path="..." />指令相似，/// <reference types="... " />指令是用来声明依赖的。/// <reference types="..." />指令声明了对某个包的依赖。

对这些包的名字的解析与在 import 语句里对模块名的解析类似。可以简单地把三斜线类型引用指令当作 import 声明的包。

例如，把/// <reference types="node" />引入声明文件，表明这个文件使用了 @types/node/index. d.ts 文件里声明的名字，并且这个包需要在编译阶段与声明文件一起包含进来。

2. /// <reference no-default-lib="true"/>

/// <reference no-default-lib="true"/>指令把一个文件标记成默认库，通常会在 lib.d.ts 文件和类似文件的顶端看到该指令。

该指令指示编译器不在编译中包含默认库（即 lib.d.ts 文件）。这里的影响类似于在命令行上传递–noLib。

注意，当使用--skipDefaultLibCheck 编译选项时，编译器将仅忽略检查带/// <reference no-default-lib="true"/>的文件。

3. /// <amd-module />

默认情况下，AMD 模块是匿名生成的。当使用其他工具处理编译后的模块文件时，这会导致问题。

amd-module 指令允许给编译器传入一个可选的模块名，示例.ts 文件如下。

```
///<amd-module name='NamedModule'/>
export class C {}
```

当编译成.js 文件后，会将 NamedModule 传入 AMD define 函数里，示例代码如下。

```
define("NamedModule", ["require" "exports"], function (require, exports) {
    var C = (function () {
        function C() {
        }
        return C;
    })();
    exports.C = C;
});
```

4. /// <amd-dependency />

/// <amd-dependency />指令已经废弃了，请使用 import "moduleName"语句代替。

/// <amd-dependency path="x" />告诉编译器有一个非 TypeScript 模块依赖需要注入，它将作为目标模块 require 调用的一部分。

amd-dependency 指令也可以带一个可选的 name 属性，可以为 amd-dependency 传入一个可选名字，示例.ts 文件如下。

```
/// <amd-dependency path="legacy/moduleA" name="moduleA"/>
declare var moduleA:MyType
moduleA.callStuff()
```

编译生成的.js 文件如下。

```
define(["require", "exports", "legacy/moduleA"], function (require, exports,
moduleA) {
    moduleA.callStuff()
});
```

第 19 章　在 IDE 中编写和调试代码

工欲善其事，必先利其器。集成开发环境（Integrated Development Environment，IDE）是编码时极其重要的工具。好的 IDE 能够显著提高开发效率。目前市面上有较多 IDE，读者可以从中选择最符合需求的 IDE。

对于 TypeScript 来说，Visual Studio Code 是较合适的 IDE。本章将介绍如何使用 Visual Studio Code 在 IDE 中编写及调试代码。

19.1　使用 Visual Studio Code 编写代码

Visual Studio Code 内置了对 TypeScript 的支持，因此通过此 IDE，你能显著提高 TypeScript 的开发效率。

19.1.1　常用功能

Visual Studio Code 拥有较多的实用功能，受限于篇幅，这里只列举几个常用的功能。

1. 代码补全

每当在 IDE 中输入代码时，Visual Studio Code 都会自动加载出所有可能的候选内容，能够起到提示或快速选择的作用，如图 19-1 所示

TypeScript 需要指定对象类型，因此能够确定针对该类型的所有操作，每当在对象后输入句点时，都会自动加载针对该对象的操作以供选择，如图 19-2 所示。

代码补全功能可以在输入文字时自动触发，也可以按快捷键 Ctrl+Space 手动触发。

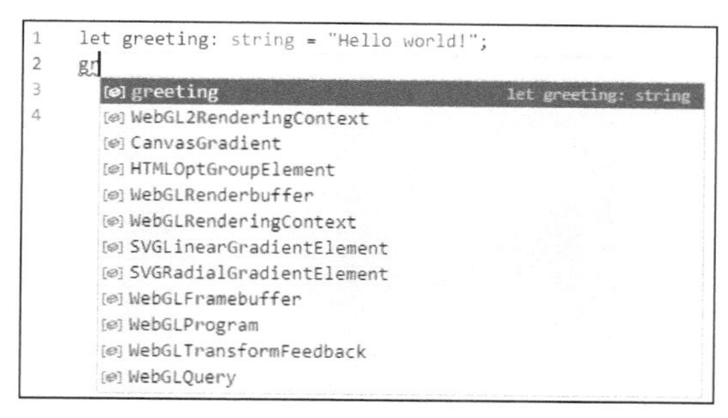

图 19-1 自动加载候选内容

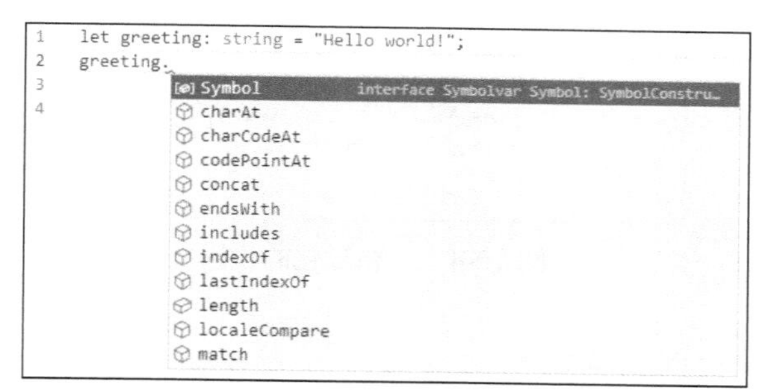

图 19-2 自动加载针对该对象的操作

2．错误列表

在编写代码的过程中，IDE 会实时检测代码的正确性，一旦发现错误，就会显示到 IDE 下方的问题列表中。图 19-3 所示的问题列表列出了关于 a.ts 文件的 3 个问题，单击某个问题，可以直接跳转到对应的代码位置。

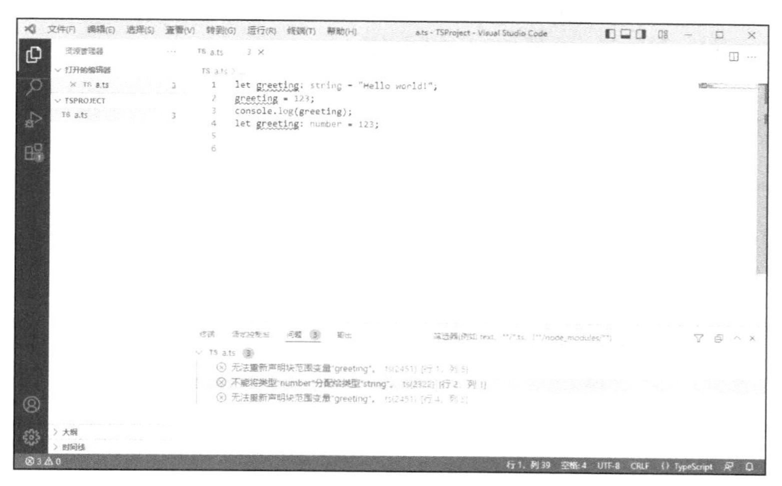

图 19-3 问题列表

3．格式化代码

Visual Studio Code 支持代码格式化功能，以便使代码变得规范、整洁，其快捷键如下。

- Shift + Alt + F：格式化当前文件中的全部文本。
- 先按 Ctrl + K 快捷键，后按 Ctrl + F 快捷键：格式化当前文件中选中的文本。

图 19-4 所示为未格式化的代码，虽然功能上没有问题，但是格式混乱，难以阅读和维护。使用格式化代码功能将上述代码格式化，如图 19-5 所示，代码将变得规范、整洁。

```
TS a.ts ●
TS a.ts > ...
1          function   sayHello(name   :   string){
2   console.   log(`Hello ${name}`);
3                              }
4             sayHello(      'Rick');
```

图 19-4　未格式化的代码

```
TS a.ts ●
TS a.ts > ...
1   function sayHello(name: string) {
2       console.log(`Hello ${name}`);
3   }
4   sayHello('Rick');
```

图 19-5　格式化的代码

4. 自动保存

要保存当前的代码文件，默认情况下需要手动选择保存或按 Ctrl +S 快捷键，但 Visual Studio Code 支持自动保存功能，只需要在菜单栏中选择“文件”→“自动保存”选项即可。

5. 全局搜索

Visual Studio Code 支持全局搜索功能，可以在左侧工具栏中单击放大镜按钮，输入要搜索的关键字，之后会列出工作目录下所有带该关键字的文件及内容。全局搜索结果如图 19-6 所示。

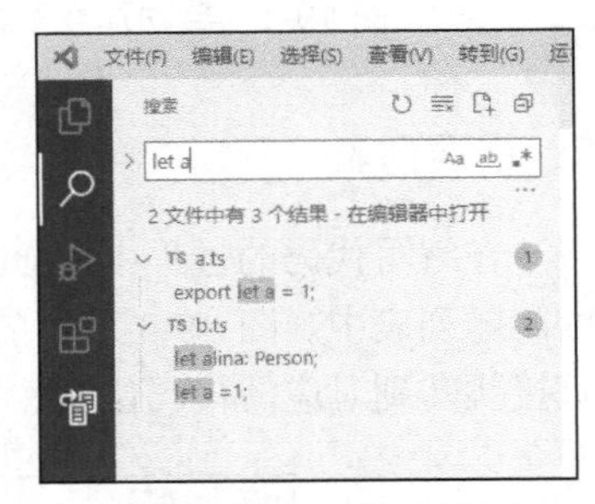

图 19-6　全局搜索结果

19.1.2　代码编写选项

在 IDE 中编写代码时，右击对应的代码行，将弹出图 19-7 所示的代码编写选项。本节将分别介绍几个常用的功能选项。

转到定义	F12
转到类型定义	
转到实现	Ctrl+F12
转到引用	Shift+F12
快速查看	>
Find All References	Shift+Alt+F12
Find All Implementations	
Show Call Hierarchy	Shift+Alt+H
重命名符号	F2
更改所有匹配项	Ctrl+F2
格式化文档	Shift+Alt+F
重构...	Ctrl+Shift+R
源代码操作...	
剪切	Ctrl+X
复制	Ctrl+C
粘贴	Ctrl+V
命令面板...	Ctrl+Shift+P

图 19-7　代码编写选项

假设 a.ts 文件的代码如下，它将用于各个选项的示例演示。

```
1  interface Person {
2      firstName: string,
3      lastName: string,
4      selfIntroduction: () => void
5  }
6
7  function introduction(this: Person) {
8      printIntoConsole(`My name is ${this.firstName}
       ${this.lastName}`);
9  }
10
11 function printIntoConsole(text: string) {
12     console.log(text);
13 }
14
15 let nick: Person;
16 let alina: Person;
17
18 nick = { firstName: "Nick", lastName: "Wang", selfIntroduction: introduction };
19 alina = { firstName: "Alina", lastName: "Zhou", selfIntroduction: introduction };
20
```

```
21 nick.selfIntroduction();
22 alina.selfIntroduction();
```

代码中声明了一个 Person 类型的接口，然后分别定义了 introduction()函数和 printIntoConsole()函数，其中 introduction()函数调用了 printIntoConsole()，最后分别声明了 nick 和 alina 两个 Person 类型变量，二者均调用了 selfIntroduction()方法。

1．“转到定义”/“转到类型定义”

通过选择“转到定义”和“转到类型定义”选项，快速定位到某个对象的定义/类型定义的代码上。

右击第 18 行代码中的变量 nick，然后选择“转到定义”命令，光标将跳转到第 15 行代码上，即定义变量 nick 的位置上。如果选择“转到类型定义”命令，光标将跳转到第 1 行代码上，即定义 Person 类型的位置上。

2．“转到实现”/“Find All Implementations”

对于 Person 接口来说，它所定义的各个属性及方法只是一种声明，并没有具体的功能，直到实例化对象时或被类继承时，这些属性和方法才算实现。

例如，当在第 4 行代码中选择“转到实现”选项时，IDE 将弹出浮动框，标记两个实现的位置分别为第 18 行和第 19 行代码，如图 19-8 所示。

右击第 4 行代码并选择 Find All Implementations 命令，将在左侧面板中显示对应实现的文件及内容，如图 19-9 所示。

```
1  interface Person {
2      firstName: string,
3      lastName: string,
4      selfIntroduction: () => void
a.ts D:\TSProject - 实现 (2)
13 }
14
15 let nick: Person;
16 let alina: Person;
17
18 nick = { firstName: "Nick", lastName: "Wang", selfIntroductic
19 alina = { firstName: "Alina", lastName: "Zhou", selfIntroduct
20
21 nick.selfIntroduction();
22 alina.selfIntroduction();
   "Wang", selfIntroduction: introduct
   "Zhou", selfIntroduction: introducti
```

图 19-8　在第 18 行和第 19 行代码上标记实现的位置

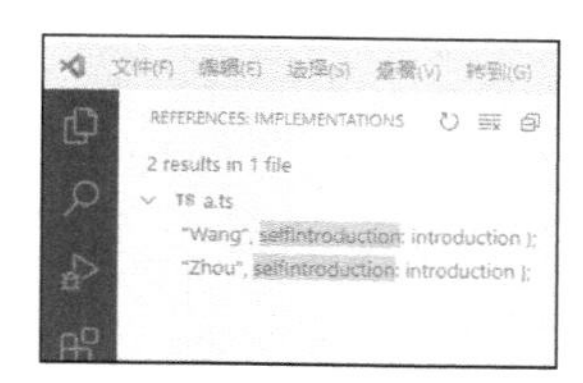

图 19-9　显示对应实现的文件及内容

3．“转到引用”/Find All References

选择“转到引用”和 Find All References 选项，查找某个声明在哪些代码中使用过。

例如，右击上述代码的第 4 行并选择“转到引用”选项，IDE 将弹出浮动框，标记 5 处引用分别为第 4、18、19、21、22 行代码，如图 19-10 所示。

右击第 4 行代码并选择 Find All References 选项，将在左侧面板中显示对应引用的文件及内容，如图 19-11 所示

```
a.ts > Person > selfIntroduction
1  interface Person {
2      firstName: string,
3      lastName: string,
4      selfIntroduction: () => void

a.ts D:\TSProject - 引用 (5)
1  interface Person {                        selfIntroduction: () => void
2      firstName: string,                    "Wang", selfIntroduction: introduct
3      lastName: string,                     "Zhou", selfIntroduction: introducti
4      selfIntroduction: () => void          nick.selfIntroduction();
5  }                                         alina.selfIntroduction();
6
7  function introduction(this: Person) {
8      printIntoConsole(`My name is ${this.firstName} ${this.las
9  }
10
```

图 19-10　标记出 5 处引用

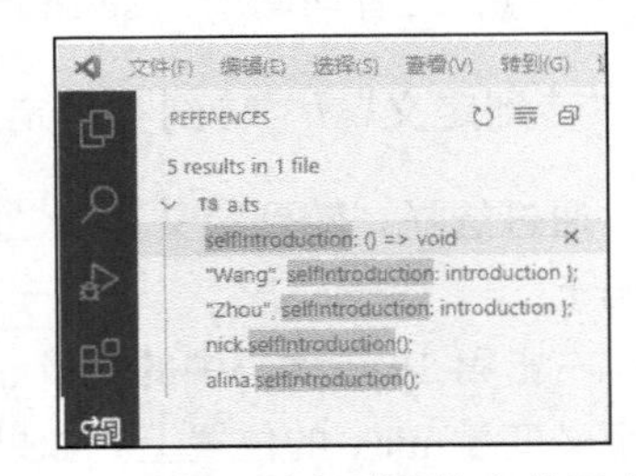

图 19-11　显示对应引用的文件及内容

提示：选择“文件”→“首选项”→“设置”，在“设置”面板中，开启 Code Lens 功能，以便直接在 IDE 中显示某个声明被实现或引用的次数，如图 19-12 所示。

```
3 个引用 | 0 个实现
interface Person {
    3 个引用
    firstName: string,
    3 个引用
    lastName: string,
    4 个引用
    selfIntroduction: () => void
}
```

图 19-12　显示某个声明被实现或引用的次数

只需要在菜单栏中选择“文件”→“首选项”→“设置”命令，然后在“设置”面板的左侧选择“扩展”→“TypeScript”命令，并勾选相应的实现和引用的 Code Lens 选项即可，如图 19-13 所示。

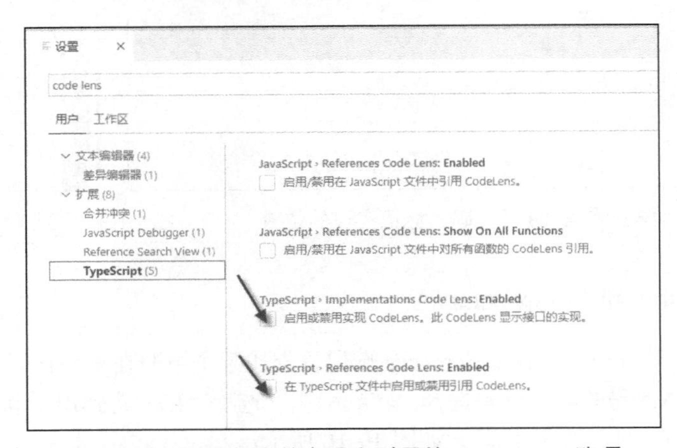

图 19-13　勾选相应的实现和引用的 Code Lens 选项

4. Show Call Hierarchy

Show Call Hierarchy 选项用于显示函数或方法的调用层次关系，这在分析调用层次较深的代码时很有帮助。在上述代码中 introduction()函数调用了 printIntoConsole()函数，右击第 11 行代码并选择 Show Call Hierarchy 选项，将会在左侧面板中显示出 printIntoConsole()的调用层次关系，如图 19-14 所示，其上层调用为 introduction()函数。

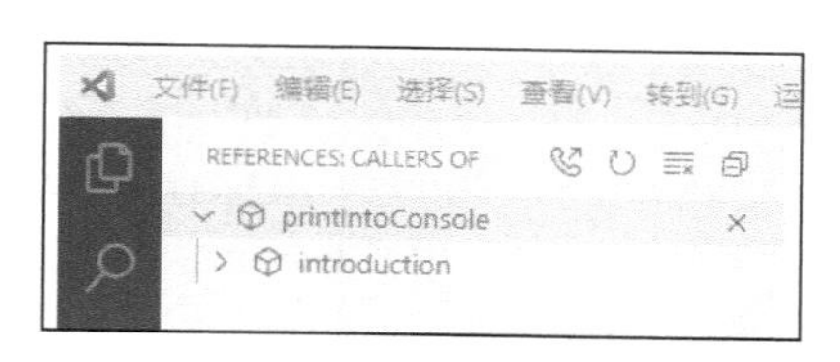

图 19-14 显示出 printIntoConsole()的调用层次关系

5. “重命名符号” / “更改所有匹配项”

“重命名符号”选项用于批量更改某个声明的名称。例如，在上述代码的第 18 行中右击变量 nick，并选择“重命名符号”选项，将弹出文本输入框。此时输入 nick1 并按回车键，则第 15、18、21 行的变量 nick 都将变为变量 nick1。

“更改所有匹配项”选项用于批量更改与所选文本相同的其他文本。

在上述代码的第 2 行中，选中 firstName 中的 Name 文本，然后右击选中的文本，并选择“更改所有匹配项”选项。在弹出的文本框中，输入 Title 并按回车键，则代码的第 2、3、8、18、19 行中的 firstName 与 lastName 文本都将变为 firstTitle 文本和 lastTitle 文本。

6. “重构”

“重构”选项提供了一些基本的代码重构功能，它能根据所选择的代码给出相应的重构建议。

在第 7 行代码的 introduction()函数的声明处右击并选择“重构”选项，将会列出一些与函数相关的推荐重构选项，如图 19-15 所示，如 Move to a new file（移动到新文件中）。

```
7   function introduction(this: Person) {
8       printIntoCon                                        .lastName}`);
9   }
10
11  function printIn
12      console.log(
13  }
14
15  let nick1: Perso
16  let alina: Perso
17
18  nick1 = { firstN                                        uction: intro
19  alina = { firstN                                        duction: intr
```

Move to a new file
Infer function return type
Extract function
Extract constant
Convert default export to named export
Convert named export to default export
Convert namespace import to named imports
了解有关 JS/TS 重构功能的更多详细信息

图 19-15 与函数相关的推荐重构选项

在第 18 行的 firstName 属性上右击并选择“重构”选项，会列出一些与属性相关的推荐重构选项，如图 19-16 所示，如 Generate 'get' and 'set' accessors（创建读、写存取器）。

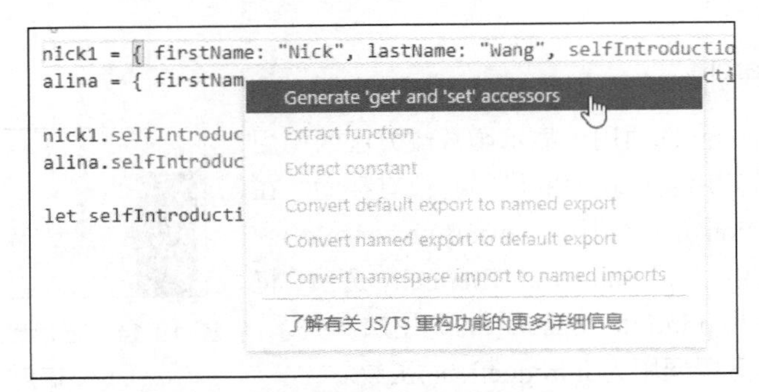

图 19-16　与属性相关的推荐重构选项

7. “源代码操作”

“源代码操作”选项用于提供一些组织代码的功能，它的子选项列表如图 19-17 所示。

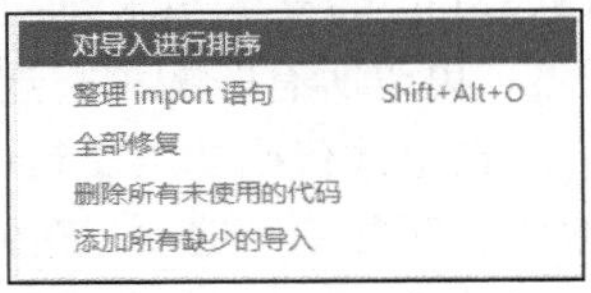

假设 a.ts 文件的内容如下。

```
1 import {a} from "./a.js"
2 import {b} from "./a.js"
3 import {c} from "./a.js"
4 console.log(a);
5 console.log(b);
```

对导入进行排序
整理 import 语句　Shift+Alt+O
全部修复
删除所有未使用的代码
添加所有缺少的导入

图 19-17　“源代码操作”选项的子选项列表

右击该文件，选择“源代码操作”→“删除所有未使用的代码”选项，将删除第 3 行代码（虽然导入了声明 c，但并未在后续代码中使用）。操作执行后的代码如下。

```
import {a} from "./a.js"
import {b} from "./a.js"
console.log(a);
console.log(b);
```

右击该文件，选择“源代码操作”→“整理 import 语句”选项，合并第 1 行和第 2 行代码，使代码更简洁。操作执行后的代码如下。

```
import { a, b } from "./a.js";
console.log(a);
console.log(b);
```

19.1.3　扩展功能

Visual Studio 拥有丰富的扩展插件，只需要在右侧菜单中单击扩展图标，就可以查看已安装或推荐的扩展，如图 19-18 所示，也可以在应用商店中搜索扩展。例如，在应用商店中搜索 GitLens 扩展，如图 19-19 所示。

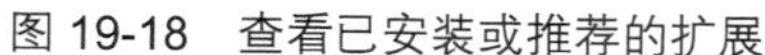
图 19-18　查看已安装或推荐的扩展

图 19-19　搜索 GitLens 扩展

安装扩展后，将光标放置在当前代码行，查看该行代码在 Git 中的提交记录，并进行快速操作，如图 19-20 所示。

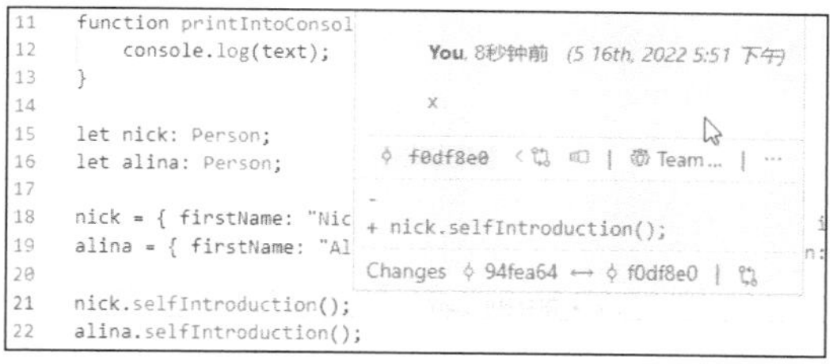

```
11  function printIntoConsol
12      console.log(text);
13  }
14
15  let nick: Person;
16  let alina: Person;
17
18  nick = { firstName: "Nic
19  alina = { firstName: "Al
20
21  nick.selfIntroduction();
22  alina.selfIntroduction();
```

图 19-20　查看该行代码在 Git 中的提交记录并进行快速操作

19.2　调试 TypeScript 代码

由于 TypeScript 代码最终将编译成 JavaScript 文件来执行，如果不在 TypeScript 代码上进行调试，就只能在 JavaScript 代码上进行调试。由于 TypeScript 代码和 JavaScript 代码存在差异，直接调试 JavaScript 代码不利于定位问题，因此较好的方案是直接调试 TypeScript 代码。

通过 Visual Studio Code 中内置的调试器直接调试 TypeScript 代码。

19.2.1　在 IDE 中调试代码

要在 IDE 中调试代码，需要开启 sourceMap 编译选项，为 TypeScript 文件生成源文件映射。假设当前项目结构如下。

```
D:\TSProject
    a.ts
    tsconfig.json
```

其中，tsconfig.json 文件的内容如下，它开启了 sourceMap 编译选项，将生成源文件映射。

```
{
  "compilerOptions": {
    "target": "es5",
    "module": "commonjs",
    "outDir": "out",
    "sourceMap": true
  }
}
```

其中，a.ts 文件的内容如下。此时在第 2 行代码上增加断点。

```
1 let a: number = 1;
2 let b: number = 2;
3 console.log(a + b);
```

之后再执行 tsc 命令编译 TypeScript 文件，由于 tsconfig.json 文件中指定输出文件在 out 目录下，因此编译后产生的 a.js 文件及 TypeScript-JavaScript 映射文件 a.js.map 都将输出到 out 目录下。此时的项目结构如下。

```
D:\TSProject
│  a.ts
│  tsconfig.json
│
└─out
        a.js
        a.js.map
```

之后再选中 a.ts 文件，并在 Visual Studio Code 的菜单栏中选择“运行”→“启动调试”选项，调试器选择 Node.js，就可以执行 a.js 文件中的代码，但最终是在 a.ts 文件上进行调试的。图 19-21 所示为在 IDE 中进行断点调试。可以看到，a.ts 文件的第 2 行代码上的断点已经生效。

```
TS a.ts > [@] b
  1  let a: number = 1;
  2  let b: number = 2;
  3  console.log(a + b);
```

图 19-21 在 IDE 中进行断点调试

19.2.2 在浏览器中调试代码

在浏览器中，你也可以直接调试.ts 文件，这同样需要通过开启 sourceMap 编译选项为 TypeScript 文件生成源映射。

假设当前的项目结构如下。

```
D:\TSProject
│  a.ts
│  test.html
│  tsconfig.json
│
└─out
        a.js
        a.js.map
```

其他文件的内容和上一个示例中文件的内容相同，但在本例中新增了一个 test.html 文件，其代码如下，它引用了 out/a.js 文件。

```
<!DOCTYPE html>
<html>
    <head><title>test page</title></head>
    <body>
        <script src="out/a.js"></script>
    </body>
</html>
```

运行 live-server（live-server 是一个具有实时加载功能的小型服务器工具，可用于架设临时 Web 服务器。通过执行 npm install -g live-server 命令安装 live-server 后，你就可以在 HTML 页面所在的目录下执行 live-server 命令来启用 Web 服务器），启动服务器。此时，用浏览器访问本机 8080 端口下的 test.html 页面。

按 F12 键打开 Chrome 的开发工具。由于 out/a.js 目录下有 a.map.js 文件，因此 Chrome 可以识别对应的 a.ts 源文件。在 Sources 标签页中，找到 a.ts 源文件，在 a.ts 上设置断点并调试代码，如图 19-22 所示。

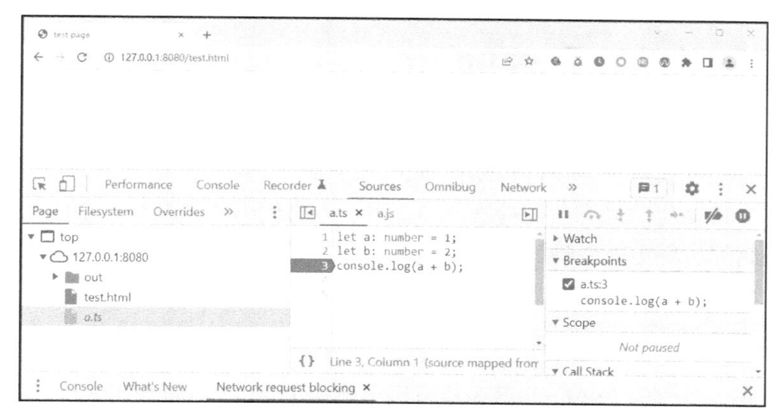

图 19-22 在 a.ts 源文件上设置断点并调试代码

第 20 章　引入扩展工具

在编写代码的过程中，你还可以引入一些扩展工具来检查代码的可维护性及正确性，以提高代码的编写质量并减少程序错误。

本章介绍两种扩展工具 ESLint 和 Jest。它们分别用于静态检查及单元测试。

20.1　引入静态检查工具 ESLint

虽然 TypeScript 可以进行类型检查，但无法检查代码是否符合规范。代码是否符合规范可以由人工进行评审，也可以用工具进行自动检查，以减少人工投入。

ESLint 是一个自动化的静态代码检查工具，用于检测代码是否符合指定的规范。使用它可以让开发人员在编码的过程中就发现问题，而不是在执行的过程中才发现问题。

20.1.1　ESLint 的安装与应用

要在 TypeScript 中使用 ESLint，需先执行以下命令安装 ESLint 及用于 TypeScript 的 ESLint 扩展。

```
$ npm install eslint @typescript-eslint/parser @typescript-eslint/eslint-plugin -D
```

上述命令将分别以发布到开发环境（-D 参数，其作用等同于-save-dev 参数）的形式安装以下 3 个包。

- eslint：ESLint 的核心包。
- @typescript-eslint/parser：ESLint 的代码解析器，用于解析 TypeScript 代码。
- @typescript-eslint/eslint-plugin：ESLint 插件，包含预定义的 TypeScript 代码规范。

ESLint 需要配置文件来设定检查规则，配置文件名为固定的.eslintrc。在项目的根目录下创建名为.eslintrc 的文件即可，文件内容如下。

```
{
    "root": true,
    "parser": "@typescript-eslint/parser",
    "plugins": [
        "@typescript-eslint"
    ],
    "extends": [
        "eslint:recommended",
        "plugin:@typescript-eslint/eslint-recommended",
        "plugin:@typescript-eslint/recommended"
    ]
}
```

以上代码中各部分的含义如下。

- root：表示该配置文件是否为根配置，填入 true。
- parser：自定义代码解析器，填入先前用 npm 命令安装的 TypeScript 解析器。
- plugins：ESLint 插件，填入先前用 npm 命令安装的 typescript-eslint 插件。
- extends：设置 ESLint 或插件中包含的检查规则。
    - "eslint:recommended"：ESLint 推荐的内置检查规则。
    - "plugin:@typescript-eslint/eslint-recommended"：插件包含的规则之一，禁用了 eslint: recommended 提供了但 TypeScript 编译器已能够检查的一部分规则。
    - "plugin:@typescript-eslint/recommended"：插件包含的规则之一，集成了一些推荐的检查规则。

并不是所有代码都要检查，例如，node_modules 目录下安装的包文件和测试代码可以不用检查。ESLint 使用固定名称为.eslintignore 的配置文件来配置忽略检查的目录及文件。接下来，在项目根目录下创建名为.eslintignore 的文件，文件内容如下。

```
node_modules
dist
testing
```

之后 ESLint 在检查时将忽略 node_modules、dist 和 testing 目录下的代码。

之后执行以下命令来检查 TypeScript 代码。

```
$ npx eslint . --ext .ts
```

如果终端没有任何输出，就说明代码完全符合代码规范。

假设 a.ts 文件如下。

```
let a: number = 1;
let b: boolean = true;

function isequal(a: any, b: any) {
    return a = b;
}

console.log(isequal(a, b));
```

ESLint 的检查结果如图 20-1 所示，可以看到 ESLint 检查到 4 个错误和两个警告，它们分别如下。

- 错误 1：从赋值为数值就可以推断出变量类型为数值类型，可以移除类型声明。
- 错误 2：变量 a 没有再次赋值，可以用 const 关键字将其声明为常量。
- 错误 3：从赋值为布尔值就可以推断出变量类型为布尔类型，可以移除类型声明。
- 错误 4：变量 b 没有再次赋值，可以用 const 关键字将其声明为常量。
- 警告 1：发现非预期的 any 类型，请指明一个具体的类型。
- 警告 2：发现非预期的 any 类型，请指明一个具体的类型。

```
D:\TSProject\a.ts
  1:5   error    Type number trivially inferred from a number literal, remove type annotation    @typescript-eslint/no-inferrable-types
  1:5   error    'a' is never reassigned. Use 'const' instead                                     prefer-const
  2:5   error    Type boolean trivially inferred from a boolean literal, remove type annotation  @typescript-eslint/no-inferrable-types
  2:5   error    'b' is never reassigned. Use 'const' instead                                     prefer-const
  4:21  warning  Unexpected any. Specify a different type                                         @typescript-eslint/no-explicit-any
  4:29  warning  Unexpected any. Specify a different type                                         @typescript-eslint/no-explicit-any

×6 problems (4 errors, 2 warnings)
  4 errors and 0 warnings potentially fixable with the `--fix` option.
```

图 20-1 ESLint 的检查结果

此时，可以根据提示修复对应的代码，也可以取消不必要的检查规则。

20.1.2 配置检查规则

可以在.eslintrc 配置文件的 rules 属性中，配置检查规则。关于 ESLint 的全部规则，请参见 ESLint 的官网。

ESLint 对每种规则都有以下 3 种设置。

- off：代表关闭规则。
- warn：代表打开规则，显示警告。
- error：代表打开规则，显示错误。

例如，将上一节的代码中涉及的部分规则的设置变更为 off 或 error，并添加一条 no-console 规则，当代码中存在 console 时就会显示警告。更改后的.eslintrc 配置文件如下。

```
{
    "root": true,
    "parser": "@typescript-eslint/parser",
    "plugins": [
        "@typescript-eslint"
    ],
    "extends": [
        "eslint:recommended",
        "plugin:@typescript-eslint/eslint-recommended",
        "plugin:@typescript-eslint/recommended"
    ],
    "rules": {
        "@typescript-eslint/no-explicit-any": "error",
        "prefer-const": "off",
```

```
        "@typescript-eslint/no-inferrable-types": "off",
        "no-console": "warn"
    }
}
```

对上一节的示例代码执行 npx eslint . --ext .ts 命令，修改检查规则后的检查结果如图 20-2 所示。由于原本设置为 error 的 prefer-const 规则和@typescript-eslint/no-inferrable-types 规则设置为 off，因此对应代码不再报错。而原本设置为 warn 的@typescript-eslint/no-explicit-any 规则设置为 error，因此对应代码开始报错。而新增的 no-console 规则也开始生效，并显示了警告。它们分别如下。

- 错误 1：发现非预期的 any 类型，请指明一个具体的类型。
- 错误 2：发现非预期的 any 类型，请指明一个具体的类型。
- 警告：发现非预期的 console 语句。

```
D:\TSProject\a.ts
  4:21  error    Unexpected any. Specify a different type  @typescript-eslint/no-explicit-any
  4:29  error    Unexpected any. Specify a different type  @typescript-eslint/no-explicit-any
  8:1   warning  Unexpected console statement              no-console

✕3 problems (2 errors, 1 warning)
```

图 20-2 修改检查规则后的检查结果

20.2 引入单元测试工具 Jest

单元测试用于检查程序中的最小单元是否会按照预期设置工作。在过程式编程中，最小单元就是一个函数；而在面向对象编程中，最小单元是对象的方法。

Jest 是目前较流行的 JavaScript 单元测试框架，它提供了测试驱动、断言库、模拟底层函数、代码覆盖率等，而且使用起来相当简单。

20.2.1 Jest 的安装与配置

要在 TypeScript 中使用 Jest，首先，执行以下命令，安装 Jest 及用于 TypeScript 的 Jest 扩展。

```
$ npm install jest ts-jest @types/jest -D
```

上述命令将分别以发布到开发环境（-D 参数，其作用等同于-save-dev 参数）的形式安装以下 3 个包。

- jest：Jest 的核心包。
- ts-jest：Jest 针对 TypeScript 的预处理器。
- @types/jest：Jest 的 TypeScript 声明文件（关于此类声明文件，详见 21.2 节）。

然后，使用以下命令创建 Jest 配置文件。

```
$ npx ts-jest config:init
```

之后会在命令运行目录中生成 jest.config.js 文件。然后，添加如下代码。

```
/** @type {import('ts-jest/dist/types').InitialOptionsTsJest} */
module.exports = {
  preset: 'ts-jest',
  testEnvironment: 'node',
  transform: { "^.+\\.ts?$": "ts-jest" },
  moduleFileExtensions: ["ts", "tsx", "js", "jsx", "json", "node"]
};
```

以上代码中加粗部分的含义如下。

- transform：自定义转换设置。此处配置为由 ts-jest 预处理器来处理.ts 文件。
- moduleFileExtensions：指定要测试的文件类型的扩展名。

下面就编写单元测试代码并执行。

20.2.2 编写和执行单元测试

首先，创建程序文件 a.ts，代码如下。

```
export function sum(a: number, b: number) {
    return a + b;
}
```

其中，创建并导出了一个名为 sum()的函数，用于计算两数之和。

默认情况下，Jest 会把项目中所有扩展名为.test.js 的文件当作单元测试文件。创建的单元测试文件必须符合该规则。

接着，创建测试文件 a.test.ts，代码如下。

```
import { sum } from './a';

test('adds 1 + 2 to equal 3', () => {
    expect(sum(1, 2)).toBe(3);
});
```

其中导入了 a.ts 文件中的 sum()函数，然后使用 test()函数测试，断言 sum(1,2)的返回值为 3。

将 a.ts 文件和 a.test.ts 文件都编译成 JavaScript 文件（a.js 文件和 a.test.js 文件）之后，执行以下命令以运行测试。

```
$ npx jest
```

Jest 测试结果如图 20-3 所示。

```
PASS ./a.test.ts
  √ adds 1 + 2 to equal 3 (1 ms)

Test Suites: 1 passed, 1 total
Tests:       1 passed, 1 total
Snapshots:   0 total
Time:        2.006 s
Ran all test suites.
```

图 20-3 Jest 测试结果

假设现在开发人员在维护代码时出现编写错误，误将 a.ts 文件修改为如下，那么将无法正确返回两数之和。

```
export function sum(a: number, b: number) {
    return a + a;
}
```

编译 a.ts 文件，输出更新后的 a.js 文件，执行 npx jest 命令以运行测试，单元测试结果如

图 20-4 所示。

```
FAIL ./a.test.ts
  × adds 1 + 2 to equal 3 (5 ms)

  ● adds 1 + 2 to equal 3

    expect(received).toBe(expected) // Object.is equality

    Expected: 3
    Received: 2

      2 |
      3 | test('adds 1 + 2 to equal 3', () => {
    > 4 |     expect(sum(1, 2)).toBe(3);
        |                       ^
      5 | });

      at Object.<anonymous> (a.test.ts:4:23)

Test Suites: 1 failed, 1 total
Tests:       1 failed, 1 total
Snapshots:   0 total
Time:        1.98 s, estimated 2 s
Ran all test suites.
```

图 20-4　代码修改后的单元测试结果

可以看到单元测试成功检测到程序错误，sum(1,2)的预期返回结果为 3，但实际为 2，不是两数之和。

第四部分

项目应用

终于到了激动人心的 TypeScript 实战环节，接下来将使用 TypeScript 来开发实际项目。TypeScript 是一种全栈编程语言，它既可以用于开发前端项目，也可以用于开发后端项目。

本书第四部分将结合前 3 个部分的知识点，介绍如何使用 TypeScript 解决在实际项目中可能遇到的问题。

第 21 章　在 TypeScript 项目中使用 JavaScript

在实际项目中，即使当前项目完全使用 TypeScript 语言编写，也难以避免与 JavaScript 进行交互，例如，项目中可能有部分 JavaScript 历史代码，或者该项目需要使用第三方 JavaScript 库等。

本章将从以下几个方面介绍如何在 TypeScript 项目中使用 JavaScript。

- 使用声明文件。
- 使用第三方 JavaScript。
- 将项目从 JavaScript 迁移到 TypeScript 中。

21.1　使用声明文件

TypeScript 声明文件的作用是描述 JavaScript 模块内各个声明的类型信息，IDE 或编译器在获得这些信息后，就提供代码补全、接口提示、类型检查等功能。

声明文件以.d.ts 为扩展名，它不包含任何具体实现代码（如函数体或变量具体值），仅包含类型声明，接下来进行详细介绍。

21.1.1　使用声明文件的原因

通常来说，项目中的历史代码或第三方库都是用 JavaScript 编写的，由于 JavaScript 本身并不包含类型信息，因此直接将历史代码或第三方库引入 TypeScript 项目中可能引起编译错误。

假设当前项目结构如下。

```
D:\TSProject
    library.js
    index.ts
    tsconfig.json
```

library.js 是一段历史代码，它用 JavaScript 编写，包含一个公共函数 sum()，用于计算两数之和，其代码如下。

```
export function sum(a, b) {
    return a + b;
}
```

index.ts 文件如下，它引用了 library.js 文件，然后输出 1 和 2 相加的结果。

```
import { sum } from './library.js'
console.log(sum(1, 2));
```

tsconfig.json 文件如下，它使用了严格模式。关于严格模式的更多信息，请参考 18.1.5 节。

```
{
  "compilerOptions": {
    "strict": true,
    "outDir": "dist"
  }
}
```

由于使用了严格模式，TypeScript 编译器要求每个变量、方法都必须有明确的类型，不允许各个声明隐式具有 any 类型，因此 index.ts 文件的第一行代码将引起编译错误，如图 21-1 所示。

图 21-1 编译错误

要快速解决这个问题，有几种办法，例如，编辑 tsconfig.json 文件，去掉"strict": true，但这样所有文件（包括 TypeScript 文件）都无法使用严格模式的检查，这显然不是我们需要的。

另一种办法是单独为 JavaScript 忽略各项编译检查，例如，在 tsconfig.json 文件中增加编译选项"allowJs": true，代码如下。

```
{
  "compilerOptions": {
    "strict": true,
    "outDir": "dist",
    "allowJs": true
  }
}
```

该编译选项将告知编译器将 JavaScript 文件中的所有声明都当作 any 类型而不做其他要求。

但这只最低限度地保证 JavaScript 文件能够正常运行。因为其声明全是 any 类型，无法使用代码补全、接口提示、类型检查等功能，所以用这些声明进行开发不仅效率低，而且容易出错。这些错误通常只能在程序运行后才能发现，排错成本较大。

如果要描述 JavaScript 中的各个声明真实的类型，就需要定义声明文件。例如，编写 library.d.ts

文件，描述 sum()函数的各个参数的类型及返回值类型。library.d.ts 的代码如下。

```
declare function sum(a: number, b: number): number
export { sum }
```

在这之后，index.ts 文件将不再出现编译错误，并且也可以看到在调用 sum()函数时，IDE 能够识别出 sum()函数的参数类型及返回值类型。图 21-2 所示为 IDE 智能提示。

```
TS index.ts
1   import { sum } from './library.js'
2                 sum(a: number, b: number): number
3   console.log(sum(1, 2));
4
```

图 21-2 IDE 智能提示

21.1.2 为 JavaScript 编写声明文件

声明文件以.d.ts 为扩展名，它不包含任何具体实现代码（如函数体或变量具体值），仅包含类型声明。它通过 declare 关键字声明 JavaScript 中需要指明类型的对象。

声明形式通常有以下几种。

- declare var/let/const：声明全局变量。
- declare function：声明全局函数。
- declare class：声明全局类。
- declare enum：声明全局枚举类型。
- declare namespace：声明（含有子属性的）对象。
- declare module：声明模块。

声明模块将在 21.2.3 节中单独介绍，其他声明形式将在本节中详细介绍。

1. 声明全局变量和全局方法

假设 lib.js 文件的内容如下。其中，声明并导出了一个名为 pi 的常量，然后声明并导出了一个计算圆形面积的函数 calculatingArea()，它需要一个参数 r（圆形半径），返回圆形面积（计算公式为半径的平方乘以圆周率）。

```
export const pi = 3.14159;
export function calculatingArea(r) {
    return r * r * pi;
}
```

阅读上述 JavaScript 代码，你可以发现 pi 及 r 都是数值类型。接下来，根据这些信息，编写对应的声明文件 lib.d.ts，文件内容如下。

```
declare const pi: number;
declare function calculatingArea(r: number): number;
export { pi, calculatingArea }
```

2. 声明全局枚举及函数

假设 lib.js 文件的内容如下。其中，声明了一个名为 printDirection()的函数，用于输出方向信息，它要求传入一个参数 dirt（方向），然后根据传入的值，输出不同的方向文本。

```
export function printDirection(dirt) {
    switch (dirt) {
        case 0:
            console.log("up");
            break;
        case 1:
            console.log("down");
            break;
        case 2:
            console.log("left");
            break;
        case 3:
            console.log("right");
            break;
    }
}
```

阅读上述 JavaScript 代码，你可以发现 printDirection()函数的参数 dirt 实际上是一个枚举类型。接下来，根据这些信息，编写对应的声明文件 lib.d.ts，声明一个表示方向的常量枚举 direction 及 printDirection()函数，函数的参数为 direction 类型。文件内容如下。

```
export declare const enum direction {
    up = 0,
    down = 1,
    left = 2,
    right = 3
}
export declare function printDirection(dirt: direction): void;
```

3. 使用接口或类型别名

在类型声明文件中直接使用 interface 或 type 来声明一个全局的接口或类型。假设 lib.js 文件的内容如下。其中，声明了一个 printPoint()函数用于输出坐标，它要求传入一个参数 point（表示坐标），然后在函数体中输出 x 值和 y 值。

```
export function printPoint(point) {
    console.log(`location is ${point.x},${point.y}.`);
}
```

阅读上述 JavaScript 代码，你可以发现 point 参数实际上具有一定的结构要求，因此可以用 interface 或 type 来声明该结构。接下来，根据这些信息，编写对应的声明文件 lib.d.ts，文件内容如下。

```
interface Point { x: number; y: number; }
//type Point = { x: number; y: number; } //使用类型别名的方式声明
export declare function printPoint(point: Point): void;
```

4. 声明全局类

假设 lib.js 文件的内容如下。

```
export class Person {
    constructor(firstName, lastName) {
        this.firstName = firstName;
        this.lastName = lastName;
    }
    get name() {
        return `${this.firstName} ${this.lastName}`;
    }
    selfIntroduction() {
        console.log(`My name is ${this.name}`);
    }
}
```

其中声明了一个名为Person的类，它不仅具有一个构造函数（分别传入firstName和lastName），还具有一个存取器 name（用来返回完整姓名），以及一个名为 selfIntroduction()的函数（用于输出自我介绍文本）。

阅读上述代码，你可以发现类的各个属性及存取器均为 string 类型，而 selfIntroduction()函数没有返回值，因此为 void 类型。接下来，编写对应的声明文件 lib.d.ts，文件内容如下。

```
export declare class Person {
    get name(): string;
    firstName: string;
    lastName: string;
    constructor(firstName: string, lastName: string);
    selfIntroduction(): void;
}
```

5. 声明（含子属性的）对象

此声明方式通常用于闭包。假设 lib.js 文件的内容如下。

```
export var excelHelper;
(function (excelHelper) {
    excelHelper.fileName = "D:\\x.xls";
    function readExcelCell(row, col) {
        //...
        return cellValue;
    }
    excelHelper.readExcelCell = readExcelCell;
})(excelHelper || (excelHelper = {}));
```

它声明并导出了一个对象 excelHelper，用于读取 excel 信息，然后声明了一个闭包，并将闭包中局部变量和函数的值通过属性和方法的形式赋给 excelHelper 对象。

接下来，编写对应的声明文件 lib.d.ts。文件内容如下。

```
export declare namespace excelHelper {
    let fileName: string;
    function readExcelCell(row: number, col: number): string;
}
```

21.1.3 为 TypeScript 生成声明文件

TypeScript 文件最终被编译为 JavaScript 文件才能执行。如果这些库文件需要供其他团队使用，相对于同时提供该库的 TypeScript 源文件和 JavaScript 文件，只提供 TypeScript 声明文件及 JavaScript 文件更具优势，因为使用后一种方式不仅文件占用的空间小，而且无须再编译代码。

TypeScript 编译器支持编译时自动生成.d.ts 文件，只需要在 tsconfig.json 配置文件中开启 declaration 编译选项即可。然后，在使用 tsc 命令编译时，不仅会输出 JavaScript 文件，还会输出目录生成的同名.d.ts 文件。

```
{
    "compilerOptions": {
      "declaration": true
    }
}
```

21.2 使用第三方 JavaScript

在使用 npm 命令安装第三方库时，可能会出现以下几种情况。

- 第三方 JavaScript 库自带声明文件。
- 第三方 JavaScript 库没有自带声明文件，但 DefinitelyTyped 仓库中具有声明文件。
- 完全没有声明文件，需要自行编写声明模块。

对于这 3 种情况，处理方式各不相同。本节分别进行介绍。

21.2.1 使用自带声明文件的第三方库

自带声明文件的第三方库通常是直接由 TypeScript 版本编译为 JavaScript 版本的，也有少部分是发布者后添加的。这种库文件安装后就可以直接使用代码补全、接口提示、类型检查等功能，无须做任何处理。

例如，Redis 库是一个轻量级的、可连接 Redis 数据库的库文件。先执行以下命令，安装 redis 库。

```
$ npm install redis
```

由于 Redis 库自带声明文件，因此使用时不会引起任何编译错误，且能够进行代码补全和提示。图 21-3 所示为 IDE 智能提示。

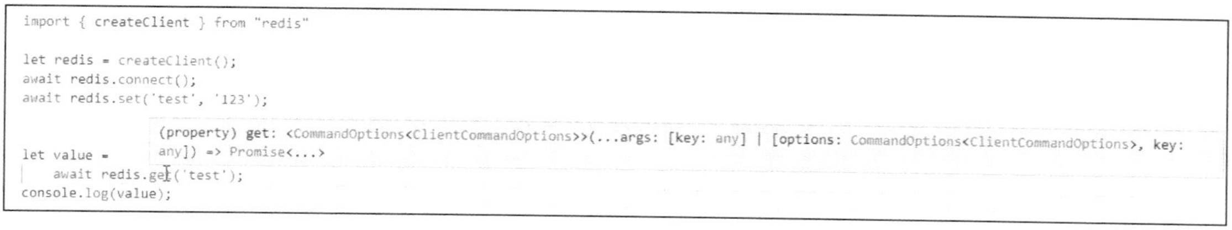

```
import { createClient } from "redis"

let redis = createClient();
await redis.connect();
await redis.set('test', '123');

                    (property) get: <CommandOptions<ClientCommandOptions>>(...args: [key: any] | [options: CommandOptions<ClientCommandOptions>, key:
let value =         any]) => Promise<...>
    await redis.get('test');
console.log(value);
```

图 21-3 IDE 智能提示

查看项目结构下的\node_modules\redis\dist，可以看到 Redis 库的 JavaScript 库文件及其声明文件。在本例中，项目结构如下。

```
D:\TSProject\node_modules\redis\dist
    index.d.ts
    index.js
```

21.2.2 使用 DefinitelyTyped 声明文件库

DefinitelyTyped 是一个开源的、高质量的 TypeScript 声明文件库，其中几乎涵盖了所有主流 JavaScript 库的声明文件。如果第三方 JavaScript 库没有自带声明文件，可以查看 DefinitelyTyped 库中是否具有声明文件。

声明文件的安装命令如下。

```
$ npm install @types/库名称
```

例如，jQuery 库并没有自带声明文件，虽然使用 npm install jquery 命令可以成功安装 jQuery 库，但由于没有声明文件，因此直接使用将会出现图 21-4 所示的错误。

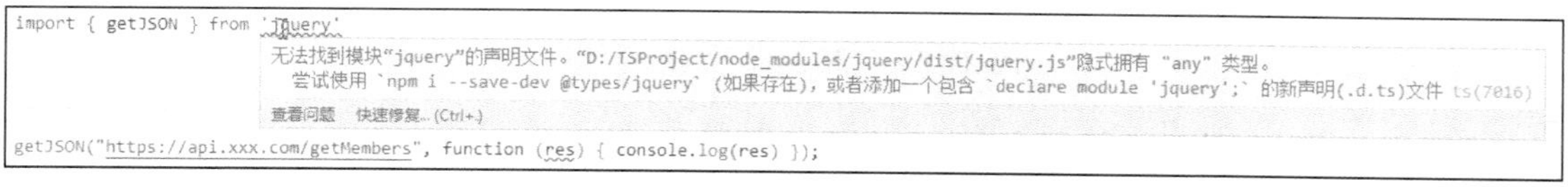

```
import { getJSON } from 'jquery'
                    无法找到模块"jquery"的声明文件。"D:/TSProject/node_modules/jquery/dist/jquery.js"隐式拥有 "any" 类型。
                      尝试使用 `npm i --save-dev @types/jquery` (如果存在)，或者添加一个包含 `declare module 'jquery';` 的新声明(.d.ts)文件 ts(7016)
                    查看问题  快速修复... (Ctrl+.)
getJSON("https://api.xxx.com/getMembers", function (res) { console.log(res) });
```

图 21-4 导入模块时的编译错误

此时，执行以下代码，从 DefinitelyTyped 库中安装 jQuery 库的声明文件来解决此问题。

```
$ npm install @types/jquery
```

虽然 DefinitelyTyped 仓库中维护了各个主流第三方库的声明文件，但由于它是由开源社区维护的，因此难免有不完整或更新不及时的情况。如果遇到这种情况，需要手动更改声明文件。

21.2.3 自行编写声明模块

对于某些第三方库，如果它没有声明文件，而且 DefinitelyTyped 仓库中也没有其对应的声明文件，但 TypeScript 项目中需要用到该库的功能，就可以自行编写声明模块。

21.1.2 节提到了不同的声明形式，其中 declare module 用于声明模块。此功能仅用于非相对模块名称（关于非相对模块，详见 13.1.6 节），因此声明模块通常只用于使用第三方库的情况。

例如，以下代码中声明了一个名为 moduleA 的模块，并在其中导出了部分声明。

```
declare module 'moduleA' {
    export let variable1: string;
    export function sum(a: number, b: number): number;
    let object1: { name: string, print: () => void }
    export default object1;
}
```

之后，你可以在 TypeScript 中使用此模块。

```
import { sum, variable1, default as module1 } from 'moduleA'
```

在前面的示例中，使用了 request 框架（执行命令 npm install request 安装）来返回百度页面的 HTML，代码如下。

```
import request from 'request'

request('http://www.baidu.com', function (error, response, body) {
    if (!error && response.statusCode == 200) {
        console.log(body) //显示百度首页的 HTML 源码
    }
})
```

如果开启了严格模式（设置"strict": true），则会出现图 21-5 所示的编译错误。

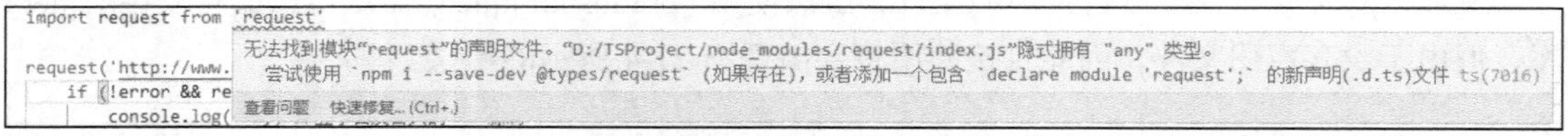

```
import request from 'request'
      无法找到模块“request”的声明文件。“D:/TSProject/node_modules/request/index.js”隐式拥有 "any" 类型。
request('http://www.   尝试使用 `npm i --save-dev @types/request` (如果存在)，或者添加一个包含 `declare module 'request';` 的新声明(.d.ts)文件 ts(7016)
    if (!error && re
        console.log(   查看问题  快速修复...(Ctrl+.)
```

图 21-5 严格模式下的编译错误

通过声明模块解决这个问题，例如，创建一个名为 request.d.ts 的声明文件，其内容如下。

```
declare module 'request' {
    export default function request(
        url: string,
        callback: (error: string, response: { statusCode: number }, body: string)
        => void
    ): void;
}
```

之后就不会再出现编译错误，而且能够使用代码补全、接口提示、类型检查等功能。

提示：使用以下代码声明一个类型为 any 的模块，这样模块中的所有声明都会被当作 any 类型而忽略类型检查。虽然使用这种方法可以编译通过，但是在实际项目中并不推荐这种方法。

```
declare module 'request'
```

21.3　将项目从 JavaScript 迁移到 TypeScript 中

在实际项目中，常常有一些历史代码是用 JavaScript 编写的，为了降低后期维护成本，需要逐步将其迁移到 TypeScript 中。迁移过程通常分为以下两步。

首先，将 JavaScript 添加到编译输出文件中。在 tsconfig.json 文件中开启 allowJs 编译选项，然后 JavaScript 文件也将参与编译过程，并输出到编译目录下。设置方式如下。

```
{
  "compilerOptions": {
    "allowJs": true,
    /*需要指明输出目录，否则编译后的文件和源文件同名，无法输出文件*/
    "outDir": "dist",
    ...
  }
}
```

虽然 TypeScript 不会对 JavaScript 代码做类型检查，allowJs 编译选项将告知编译器将 JavaScript 文件中的所有声明都当作 any 类型而不做其他要求，但至少可以同时使用 TypeScript 和 JavaScript 代码进行开发，且 TypeScript 能直接使用 JavaScript 中的模块。

然后，一次改一个文件，逐个将各个 JavaScript 文件的扩展名更改为.ts，并修复编译错误。例如，将其中一个 JavaScript 文件的扩展名更改为.ts，编译器将检查出编译错误。此时，你就可以着手进行修复，直到整个文件修复完成，无编译错误产生，然后再更改下一个 JavaScript 文件。

在更改的过程中，你可以尝试在编译选项中打开严格模式（设置"strict": true），或根据需要开启或关闭某些类型检查的编译选项，按提示进行修改，使 TypeScript 代码变得更加完善。

第 22 章　使用 TypeScript 开发后端项目

前端与后端是两个相对的概念，后端通常是指服务器端，它用于提供前端界面调用的数据服务 API。

例如，在一个网站上使用注册功能时，前端界面就会调用后端 API，将用户信息写到数据库中。前端与后端之间的调用关系如图 22-1 所示。在后端处理完任务后，会将结果信息发送给前端，此时前端根据这些信息进行响应。例如，若返回的是成功的信息，前端会提示注册成功；如果后端检测到用户名已注册，也会将这些信息返回给前端，前端则会显示用户名已注册。

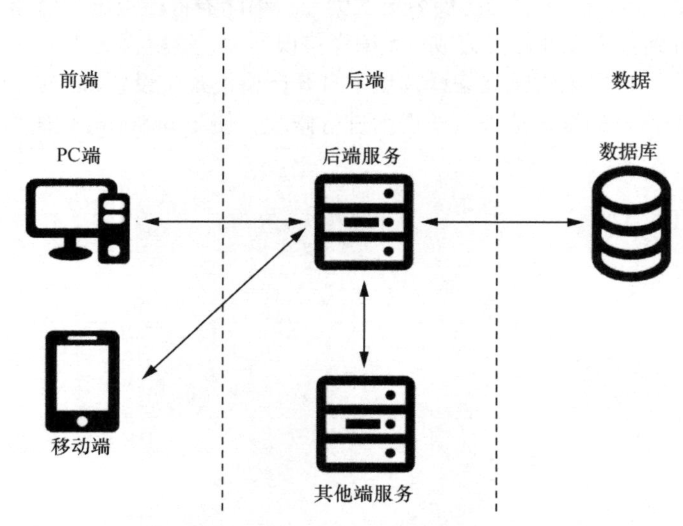

图 22-1　前端与后端之间的调用关系

本章将详细介绍如何使用 TypeScript 来开发应用程序后端 API。

22.1　后端开发简介

后端开发的主要范畴是开发数据服务 API，使前端可以调用后端的服务对数据进行增、删、改、查，从而实现对前端请求的响应。

要开发一个后端应用程序，一般不会从零开始做，而会直接使用一些功能完备的框架，快速开发程序功能。本节先介绍几款主流的后端框架，然后再详述 Express 框架的用法。

22.1.1　常用的后端框架

1．Express

Express 是一款基于 Node.js 平台的快速、开放、完善的 Web 开发框架，是目前最流行的后端框架之一，也是最成熟的框架之一。它为服务器端应用提供了完善的功能，如请求上下文、路由、中间件、模板引擎、静态资源服务等，要扩展其功能也极方便。目前有许多流行的开发框架基于 Express 构建。

2．Koa

Koa 是一款极简的后端框架。通过利用 async()函数，它放弃了传统回调函数的做法，避免产生回调灾难。Koa 没有捆版中间件，而提供了优雅的办法来协助编写服务器端应用程序，它不仅提供了请求上下文、中间件等基础功能，还可以通过 async/await 写出更简洁的代码，开发者可根据需求开发自定义框架。

3．NestJs

NestJs 是一款完备的、企业级的、渐进式的后端框架。它支持 TypeScript，并结合了面向对象编程（Object Oriented Programming，OOP）、函数式编程（Functional Programming，FP）和函数响应式编程（Functional Reactive Programming，FRP）的相关理念，从模块拆分到微服务模型都提供了完整的解决方案。它的框架底层是基于 Express 实现的，因此拥有完善的第三方支持。

4．Hapi.js

Hapi.js 是一款用于构建基于 Node.js 的应用和服务的富框架，它的应用使开发者可以把重点放在建立便携、可重用的应用逻辑而不是构建架构上。它内置了输入验证、缓存、认证和其他 Web 应用开发的常用功能。它没有默认中间件，但提供了强大的插件。

22.1.2　Express 框架的用法

目前，Express 是主流的框架。本节将以 Express 框架为例，介绍基于 TypeScript 语言的后端开发，以及如何搭建一个基础的后端服务。

假设当前项目目录为 D:\TSProject\server-side，首先，执行以下命令安装 Express 及其对应的声明文件库。

```
$ npm install express
$ npm install @types/express -D
```

然后，使用 tsc --init 命令创建 ts.config 文件，在文件中添加 rootDir 编译选项和 outDir 编译选项，将待编译的 TypeScript 源文件根目录设置为./src，并将编译后的 JavaScript 文件的输出目录设置为./dist。

```
{
  "compilerOptions": {
    "target": "es2016",
    "module": "commonjs",
    "esModuleInterop": true,
    "forceConsistentCasingInFileNames": true,
    "strict": true,
    "skipLibCheck": true,
    "rootDir": "./src",
    "outDir": "./dist"
  }
}
```

接下来，在项目根目录下创建 src 文件夹，并在文件夹中创建 index.ts 文件，src/index.ts 文件的内容如下。

```
import express from 'express';
const app = express();
const port = 8000;

app.get('/hello', (req, res) => {
    res.send("hello world!");
});

app.listen(port, () => {
    return console.log(`Express is listening at http://localhost:${port}`);
});
```

以上代码中从 express 库中导入了 express 对象，通过调用 express()函数初始化 express 服务器对象，并设置端口为 8000，然后通过 app.get 创建一个 API，其相对路由为/hello，访问方法为 get。一旦服务器运行，就可以通过以 get 形式访问“http://{主机地址}:8000/hello”访问该路由，服务器端将返回字符串结果“hello world!”，最后通过调用 app.listen()方法监听 8000 端口，开始提供服务。

下面先执行 tsc 命令，编译 src 目录下的全部文件，然后通过 node 命令启动输出后的 JavaScript 文件。

```
$ tsc
$ node dist/index.js
```

输出结果如下，此时服务已经开启，可以访问了。

```
> Express is listening at http://localhost:8000
```

此时，打开浏览器，访问之前编写的API，地址为http://localhost:8000/hello，将会返回“hello world!”关键字，API访问结果如图22-2所示。

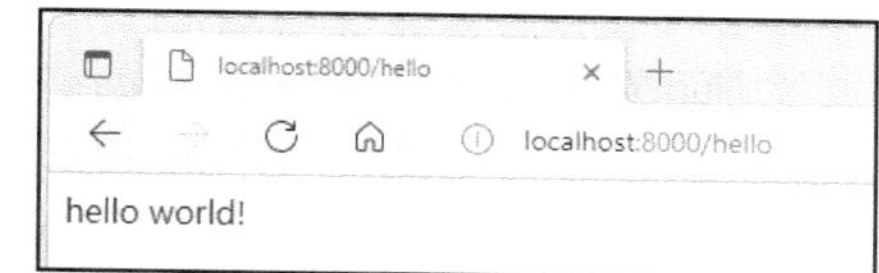

图22-2　API访问结果

到这里，一个基本的后端服务已经搭建成功，但是启动时需要分别执行两条命令并不方便。此时创建package.json文件（在D:\TSProject\server-side目录下执行npm init命令），将main属性设置为dist/index.js，并在scripts属性下新增start属性，将它的值设置为tsc && node dist/index.js，代码如下。

```
{
  "name": "server-side",
  "version": "1.0.0",
  "description": "",
  "main": "dist/index.js",
  "dependencies": {
    "express": "^4.18.1"
  },
  "devDependencies": {},
  "scripts": {
    "start": "tsc && node dist/index.js",
    "test": "echo \"Error: no test specified\" && exit 1"
  },
  "author": "",
  "license": "ISC"
}
```

在项目根目录下，执行npm start命令，直接编译并启动服务，输出结果如下。

```
D:\TSProject\server-side> npm start

> server-side@1.0.0 start D:\TSProject\server-side
> tsc && node dist/index.js

> Express is listening at http://localhost:8000
```

配置完成后，项目结构如下。

```
D:\TSProject\server-side
│  package.json
│  tsconfig.json
│
├─node_modules
│      ...
│
├─dist
│      index.js
│
└─src
        index.ts
```

22.2 实战项目案例：编写任务管理系统后端 API

下面编写一个任务管理系统的后端 API。任务管理系统的界面如图 22-3 所示。它拥有添加任务、查看任务、设置任务为完成状态以及删除任务的功能。

编写的后端 API 将供下一章将要介绍的前端界面使用。在正式编写之前，先在项目目录下执行以下安装命令，安装 Express 库及其声明文件，以及 cors 库及其声明文件（cors 库是 Express 的扩展中间件，用于支持跨域访问）。

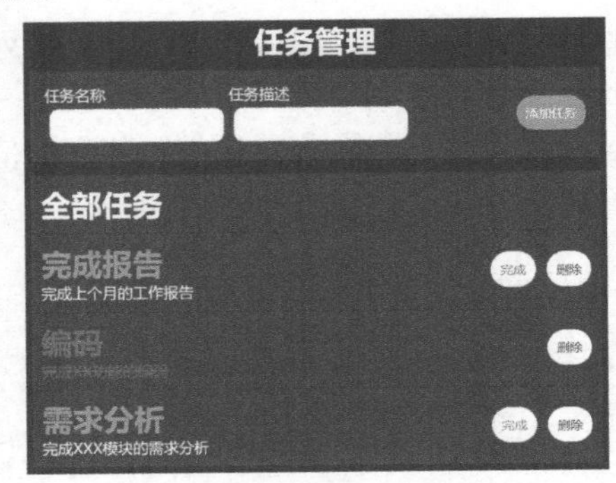

图 22-3 任务管理系统的界面

```
$ npm install express cors
$ npm install @types/express @types/cors -D
```

项目结构如下所示，粗体字标出的文件表示相对于上一节新增或修改的文件。

```
D:\TSProject\server-side
|   package.json
|   tsconfig.json
|
├─node_modules
|       ...
|
├─dist
|       ...
|
└─src
        index.ts
        type.d.ts
        TaskAccess.ts
```

22.2.1 编写任务类型声明并实现任务数据访问功能

src/type.d.ts 文件的内容如下。

```
interface Task {
    id: number,
    name: string,
    description: string,
    isDone:boolean
}
```

该文件定义了表示任务的 Task 接口，用于供其他 TypeScript 文件引用，它包含 id、name（名称）、description（描述）、isDone（是否完成）等字段。

src/TaskAccess.ts 文件的内容如下。

```
class TaskAccessor {
    tasks: Task[] = [{ id: 1, name: "完成报告", description: "完成上个月的工作报告", isDone:
    false }];
    taskIdIndex = 1;

    addTask(task: Task): Task {
        let newTask = {
            id: ++this.taskIdIndex,
            name: task.name,
            description: task.description,
            isDone: false
        };
        this.tasks.push(newTask);
        return newTask;
    }

    deleteTask(taskId: number): boolean {
        let index = this.tasks.findIndex(p => p.id == taskId)
        if (index < 0) {
            return false;
        }
        this.tasks.splice(index, 1);
        return true;
    }

    setTaskDone(taskId: number): boolean {
        let index = this.tasks.findIndex(p => p.id == taskId)
        if (index < 0) {
            return false;
        }
        this.tasks[index].isDone = true;
        return true;
    }
}

export const taskAccessor = new TaskAccessor();
```

该文件提供 Task 数据访问功能。其中，声明了 TaskAccessor 类，在代码最后实例化了该类并将其值赋给变量 taskAccessor，然后以模块的形式导出。

下面分别介绍 TaskAccess 类中的各个成员。

- tasks 属性：用于存放 Task 数组，并在其中初始化一个名为“完成报告”的 Task。
- taskIdIndex 属性：用于存放当前最大的 Task id，用于实现新建 Task 的 id 自增。
- addTask()方法：要求传入新增的 Task 对象，传入的 Task 对象中需要包含 name 属性和 description 属性。id 属性根据 taskIdIndex 自增，而 isDone 属性默认为 false。新的 Task 对象将放到 tasks 数组中，返回值为当前新增的 Task 对象。
- deleteTask()方法：要求传入待删除的 Task id，返回值表示是否成功删除。如果没有找到匹配传入的 id 的 Task，则表示删除失败，返回 false；如果找到，则执行删除操作并返回 true。

■ setTaskDone()方法：要求传入已完成的 Task id，返回值表示是否成功将 Task 设置为已完成。如果没有找到匹配传入 id 的 Task，则表示设置失败，返回 false；如果找到，则将 Task 的 isDone 属性设置为 true 并返回 true。

22.2.2 编写任务管理后端服务 API

src/index.ts 文件的内容如下。

```
import express from 'express';
import cors from 'cors'
import { taskAccessor } from './TaskAccess'
const app = express();
const port = 8000;

//由于各个路由的请求中涉及 Json 对象转换，因此需要引入 json 中间件
app.use(express.json());
//下一章中的前端会调用下面的 API，涉及跨域访问，需引入 cors 中间件
app.use(cors());

app.get('/tasks', (req, res) => {
    res.send(taskAccessor.tasks);
});

app.post('/task', (req, res) => {
    const { name, description } = req.body;
    if (!name?.trim() || !description?.trim()) {
        return res.status(400).send('Name or description is null.');
    }
    let newTask = taskAccessor.addTask(req.body);
    res.status(200).send(newTask);
});

app.delete('/task/:id', (req, res) => {
    let deleteSuccess = taskAccessor.deleteTask(Number(req.params.id))
    if (!deleteSuccess) {
        return res.status(400).send('Task does not exist.');
    }
    res.status(200).send(deleteSuccess);
});

app.put('/task/:id', (req, res) => {
    let setSuccess = taskAccessor.setTaskDone(Number(req.params.id))
    if (!setSuccess) {
        return res.status(400).send('Task does not exist.');
    }
    res.status(200).send(setSuccess);
});
```

```
app.listen(port, () => {
    return console.log(`Express is listening at http://localhost:${port}`);
});
```

该文件用于提供后端服务，引用 TaskAccess 模块来查询或修改 Task 数据，并将通过不同路由发布不同的数据操作 API。

接下来，分别介绍 index.ts 文件中各方法的作用。

- app.use(...)：引入中间件。这里引入了两个中间件，分别为 json 和 cors。json 中间件用于处理各个路由的请求中涉及的 Json 对象转换，cors 中间件用于支持下一章中将要编写的前端界面以跨域形式去调用各个 API。
- app.get('/tasks'...)：获取全部的 Task 数据的 API。
- app.post('/task'...)：创建 Task 的 API。如果传入的 name 属性和 description 属性为空值，将返回 HTTP 状态码 400；如果传入的 Task 内容正确，则调用 taskAccessor 的 addTask() 方法新增 Task，然后返回新增的 Task，且 HTTP 状态码为 200。
- app.delete('/task/:id'...)：删除 Task 的 API，将调用 taskAccessor 的 deleteTask()方法。如果删除失败，则返回 HTTP 状态码 400；如果成功，则返回 true，且 HTTP 状态码为 200。
- app.put('/task/:id'...)：设置 Task 状态为已完成的 API，将调用 taskAccessor 的 setTaskDone() 方法。如果设置失败，则返回 HTTP 状态码 400；如果成功，则返回 true，且 HTTP 状态码为 200。

之后，你就可以使用如 Postman 等 API 工具访问这些 API。首先，执行 npm start 命令启动后端服务。然后，通过 Postman 调用/task POST API，新增一个任务，如图 22-4 所示。接着，调用/task/:id PUT API 设置任务处于完成状态，如图 22-5 所示。

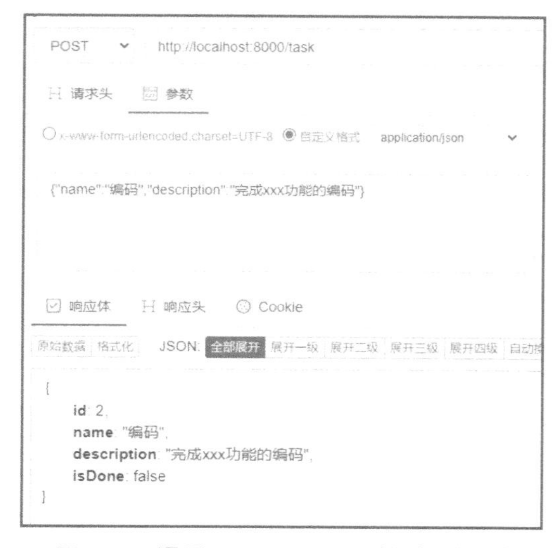

图 22-4 调用/task POST API 新增一个任务

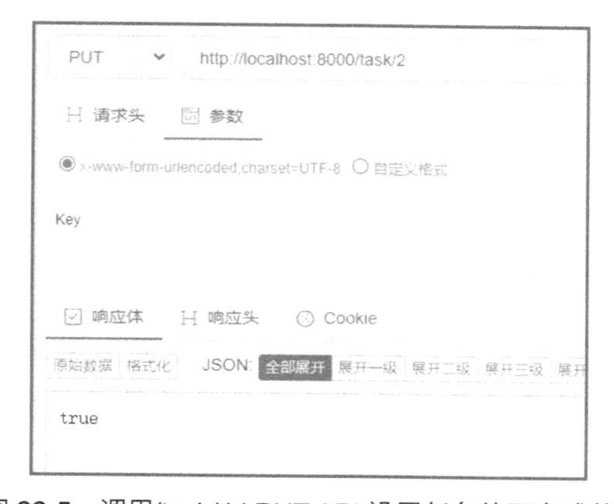

图 22-5 调用/task/:id PUT API 设置任务处于完成状态

最后，调用/tasks GET API 获取当前的全部任务，如图 22-6 所示。

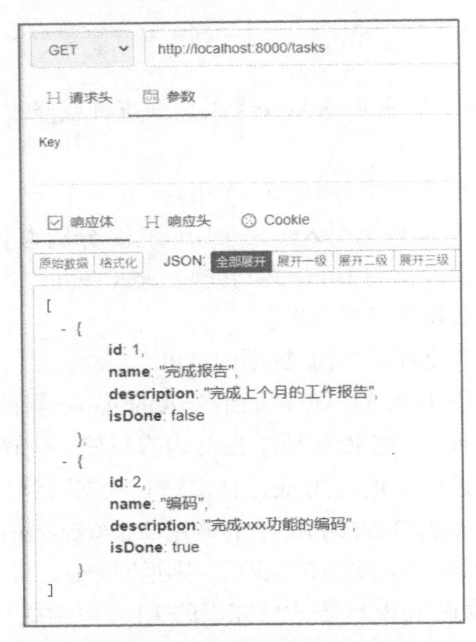

图 22-6 调用/tasks GET API 获取当前的全部任务

第 23 章　使用 TypeScript 开发前端项目

前端主要涉及 HTML、CSS、JavaScript 等基础技术，它们分别用于控制网页的内容、视觉效果及用户交互。同时，前端还与后端进行数据交互，例如，从后端服务器获取数据，并展示在网页上。

本章将详细介绍如何使用 TypeScript 开发前端项目。

23.1　前端开发简介

前端开发的主要范畴包括网页的布局和展示（如图片、文字、视频等的布局和展示）、与用户的交互（例如，输入内容、单击按钮并响应用户操作等），以及与后端的数据交互。同后端开发一样，前端开发并不会从零开始，而会直接使用一些功能完备的框架来快速开发。本节先介绍几款常用的前端框架，后详细介绍 React 框架的用法。

23.1.1　常用的前端框架

1. React

React 起源于 Facebook 的内部项目，它主要用于以 MVC 模式开发的 Web 应用程序。它采用声明式的编程范式，使创建交互式 UI 变得轻而易举，可以轻松描述应用界面，并可以与已知的各种框架很好地兼容。它运用了虚拟 DOM 这种新颖的技术，并通过这种技术衍生出了 React Native。由于运用了虚拟 DOM 技术，因此 React 只在调用 setState 的时候更新 DOM，并且会先更新虚拟 DOM，然后将其与实际 DOM 进行比较，如有差异再更新实际 DOM，其性能较高。

2. Vue.js

Vue.js 是一套构建数据驱动的 Web 界面的渐进式轻量级 MVVM 框架。它关注视图层，采用自底向上增量开发的设计，其目标是通过尽可能简单的 API 实现响应的数据绑定和组合的视图组件。其核心是一个响应的数据绑定系统，非常容易上手。

3. AngularJS

AngularJS 是谷歌公司推出的开源框架，它扩展了 HTML 的语法，允许在 Web 应用程序中使用 HTML 声明动态内容，从而清晰、简洁地表示应用程序中的组件。AngularJS 允许以标准的 HTML 作为模板语言，通过双向数据绑定同步 JavaScript 对象模型及 UI 视图的数据。AngularJS 有诸多特性，其中重要的是 MVVM、模块化、自动化双向数据绑定、语义化标签、依赖注入等。

23.1.2 React 框架的用法

上述前端框架各有优劣，在实际应用中更推荐使用 React 框架，因为其开发模式同时适用于 Web 前端开发（React）及手机应用程序开发（React Native）。本节以 React 框架为例，介绍基于 TypeScript 语言的前端开发，以及如何搭建一个基础的前端界面。

假设当前项目目录为 D:\TSProject\client-side，首先在 D:\TSProject\目录下执行以下命令，创建该项目。

```
$ npx create-react-app client-side --template typescript
```

执行该命令后，在 D:\TSProject\目录下创建名为 client-side 的 React 项目文件夹，其文件模板使用 TypeScript 语言，同时将自动下载 Node.js 的相关库文件。

创建项目后，其结构如下。

```
D:\TSProject\client-side
│  .gitignore
│  package-lock.json
│  package.json
│  README.md
│  tsconfig.json
│
├─node_modules
│      ...
│
├─public
│      favicon.ico
│      index.html
│      logo192.png
│      logo512.png
│      manifest.json
│      robots.txt
│
└─src
        App.css
        App.test.tsx
        App.tsx
        index.css
        index.tsx
```

```
logo.svg
react-app-env.d.ts
reportWebVitals.ts
setupTests.ts
```

可以看到，在项目目录下已经包含了一个可以直接运行的模板项目。

在项目目录下执行 npm start 命令，启动该前端项目，访问前端界面，如图 23-1 所示。应用程序前端访问的地址为 http://localhost:3000。

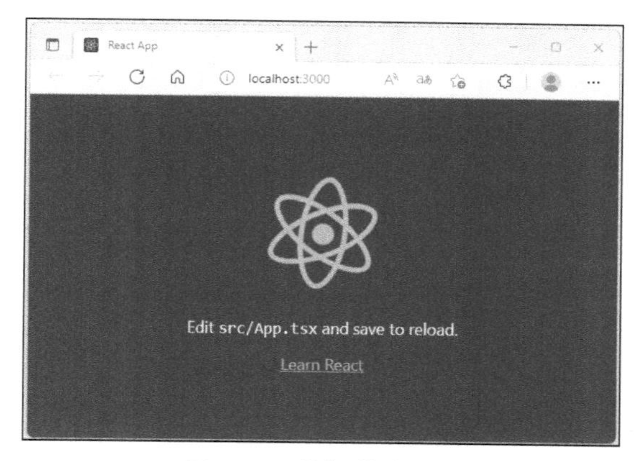

图 23-1 访问前端界面

React 框架的参考资料较多，这里不再详述其基础用法，读者可以自行在网上搜索相关资料。

23.2 实战项目案例：编写任务管理系统的前端界面

下面编写任务管理系统的前端界面，如图 23-2 所示。它拥有添加任务、查看任务、设置任务为完成状态以及删除任务的功能。

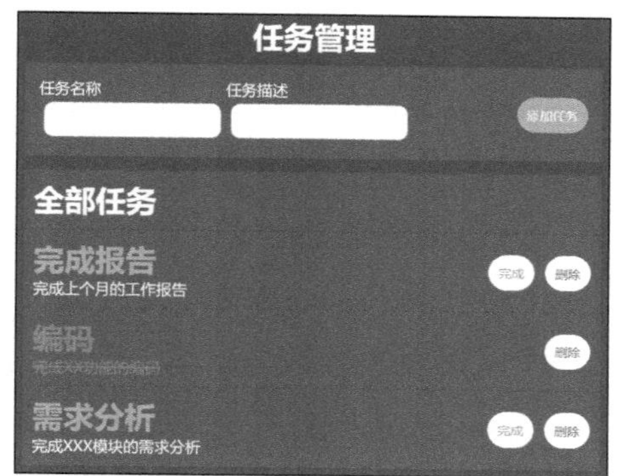

图 23-2 任务管理系统的前端界面

在上一章里已经编写好了对应的 API，因此现在直接使用这些 API 即可。通过以下命令安装 Axios 库（Axios 是一个基于 promise 对象的网络请求库，可以用于浏览器和 Node.js），以便在前端项目中用 Axios 调用前面编写的后端 API。由于 Axios 已经内置 TypeScript 支持，因此无须再安装声明文件库。

```
$ npm install axios
```

使用上一节中的 React 项目结构，其中粗体字标出的文件表示相对于上一节新增或修改的文件。

```
D:\TSProject\client-side
│  ...
│
├─node_modules
│      ...
│
├─public
│      ...
│
└─src
    │  apis.ts
    │  App.css
    │  App.test.tsx
    │  App.tsx
    │  index.css
    │  index.tsx
    │  logo.svg
    │  react-app-env.d.ts
    │  reportWebVitals.ts
    │  setupTests.ts
    │  type.d.ts
    │
    └─components
            TaskCreator.tsx
            TaskItem.tsx
```

23.2.1　编写任务类型声明及任务管理后端 API

src/type.d.ts 文件的内容如下。

```
interface Task {
    id: number,
    name: string,
    description: string,
    isDone:boolean
}
```

该文件定义了表示任务的 Task 接口，供其他 TypeScript 文件引用，它包含 id、name（名称）、description（描述）、isDone（是否完成）等字段。

src/apis.ts 文件的内容如下。

```
import axios, { AxiosResponse } from "axios"

const baseUrl: string = "http://localhost:8000"

export const getTaskList = async (): Promise<AxiosResponse<Task[]>> => {
    const tasks: AxiosResponse<Task[]> = await axios.get(
        baseUrl + "/tasks"
    )
    return tasks;
}
```

```
export const addTask = async (task: Task): Promise<AxiosResponse<Task>> => {
    const newTask: AxiosResponse<Task> = await axios.post(
        baseUrl + "/task", task
    );
    return newTask;
}

export const deleteTask = async (taskId: number): Promise<AxiosResponse<boolean>> => {
    const res: AxiosResponse<boolean> = await axios.delete(
        baseUrl + "/task/" + taskId
    );
    return res;
}

export const setTaskDone = async (taskId: number): Promise<AxiosResponse<boolean>> => {
    const res: AxiosResponse<boolean> = await axios.put(
        baseUrl + "/task/" + taskId
    );
    return res;
}
```

该文件提供了访问任务管理后端 API 的功能，使用 Axios 调用前面编写的任务管理后端 API。下面介绍 src/apis.ts 文件中部分方法的作用。

- getTaskList()方法：将调用后端 API http://locahost:8000/tasks GET，获取全部任务列表。
- addTask()方法：将调用后端 API http://locahost:8000/task POST，创建新的任务。
- deleteTask()方法：将调用后端 API http://locahost:8000/task/:id DELETE，删除指定 id 的任务。
- setTaskDone()方法：将调用后端 API http://locahost:8000/task/:id PUT，设置指定 id 的任务为完成状态。

23.2.2 编写添加任务 UI 组件及任务列表项 UI 组件

下面编写添加任务 UI 组件，如图 23-3 所示。

图 23-3 添加任务 UI 组件

添加任务 UI 组件的文件为 src/components/TaskCreator.tsx，内容如下。

```
import React, { useState } from 'react'

type Props = {
    addTask: (e: React.FormEvent, formData: Task | any) => void
}

const TaskCreator: React.FC<Props> = ({ addTask }) => {
    const [formData, setFormData] = useState<Task | {}>()

    const handleForm = (e: React.FormEvent<HTMLInputElement>): void => {
```

```
        setFormData({
            ...formData,
            [e.currentTarget.id]: e.currentTarget.value,
        })
    }

    return (
        <form className='Form' onSubmit={(e) => addTask(e, formData)}>
            <div>
                <div>
                    <label htmlFor='name'>任务名称</label>
                    <input onChange={handleForm} type='text' id='name' />
                </div>
                <div>
                    <label htmlFor='description'>任务描述</label>
                    <input onChange={handleForm} type='text' id='description' />
                </div>
            </div>
            <button disabled={formData === undefined ? true : false} >添加任务</button>
        </form>
    )
}

export default TaskCreator
```

该文件声明了一个函数式 UI 组件 TaskCreator，允许通过传入 Props.addTask 接收添加任务的处理函数。

接下来，编写任务列表项 UI 组件，如图 23-4 所示。

图 23-4 任务列表项 UI 组件

编写任务列表项 UI 组件的文件为 src/components/TaskItem.tsx，内容如下。

```
import React from 'react'

type Props = {
  task: Task,
  deleteTask: (id: number) => void,
  setTaskDone: (id: number) => void
}

const TaskItem: React.FC<Props> = ({ task, deleteTask, setTaskDone }) => {
  return (
    <div className='Item'>
      <div className='Item--text'>
        <h1 className={task.isDone ? 'done-task' : ""}>{task.name}</h1>
        <span className={task.isDone ? 'done-task' : ""}>{task.description}</span>
      </div>
```

```
        <div className='Item--button'>
          <button
            onClick={() => setTaskDone(task.id)}
            className={task.isDone ? `hide-button` : "Item--button__done"}
          >
            完成
          </button>
          <button
            onClick={() => deleteTask(task.id)}
            className='Item--button__delete'
          >
            删除
          </button>
        </div>
      </div>
    )
  }

export default TaskItem
```

该文件声明了一个函数式 UI 组件 TaskItem，允许传入 Props.task 来接收当前任务数据，允许传入 Props.deleteTask 来接收删除任务的处理函数，允许传入 Props.setTaskDone 来接收设置任务为完成状态的处理函数。

在 TaskItem 组件中，根据任务的完成状态（task.isDone），决定是否显示“完成”按钮，以及是否在任务名称和描述上增加删除线。当 task.isDone 为 true 时，完成状态的任务列表项 UI 组件如图 23-5 所示。

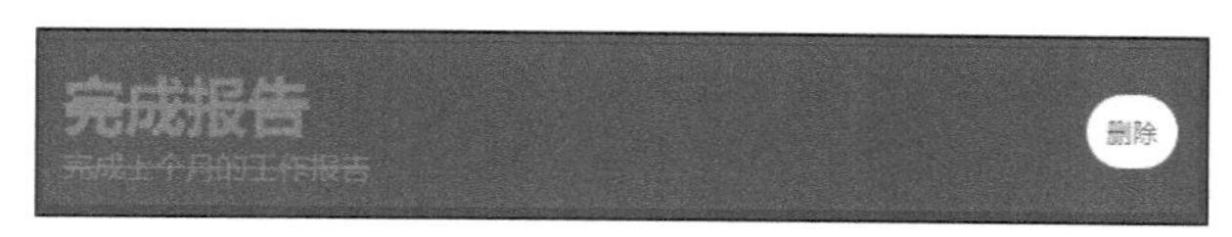

图 23-5 完成状态的任务列表项 UI 组件

23.2.3 编写任务管理页面及样式

下面编写任务管理系统的前端界面，并将添加任务 UI 组件及任务列表项 UI 组件组合起来。任务管理页面的文件为 src/App.tsx，内容如下。

```
import React, { useEffect, useState } from 'react'
import TaskCreator from './components/TaskCreator'
import TaskItem from './components/TaskItem'
import { addTask, getTaskList, deleteTask, setTaskDone } from './apis'

const App: React.FC = () => {
  const [tasks, setTasks] = useState<Task[]>([])

  useEffect(() => {
    getTaskList().then(p => setTasks(p.data));
  }, [])

  const handleAddTask = (e: React.FormEvent, formData: Task): void => {
    addTask(formData).then(p => setTasks([...tasks, p.data]));
  }
```

```
  const handleDeleteTask = (id: number): void => {
    deleteTask(id).then(p => {
      let deletedTaskIndex = tasks.findIndex(y => y.id == id);
      let newTasks = [...tasks]
      newTasks.splice(deletedTaskIndex, 1);
      setTasks(newTasks);
    }
    )
  }

  const handleSetTaskDone = (id: number): void => {
    setTaskDone(id).then(p => {
      let doneTaskIndex = tasks.findIndex(y => y.id == id);
      tasks[doneTaskIndex].isDone = true;
      setTasks([...tasks]);
    }
    )
  }

  return (
    <main className='App'>
      <h1>任务管理</h1>
      <TaskCreator addTask={handleAddTask} />
      <div className='Item'>
        <h1>全部任务</h1>
      </div>
      {tasks.map((task: Task) => (
        <TaskItem
          key={task.id}
          task={task}
          deleteTask={handleDeleteTask}
          setTaskDone={handleSetTaskDone}
        />
      ))}
    </main>
  )
}

export default App
```

接下来分别介绍 src/App.tsx 文件中部分代码的作用。

- const [tasks, setTasks]：声明 tasks 变量和 setTasks()函数，将返回一个名为 task 的 State 变量，以及一个更新 State 的函数 setTasks，参数类型为 Task[]。
- useEffect(...)方法：在浏览器中执行的代码，该方法将会调用后端 API 获取全部任务列表数据，并将任务状态设置到 State 中。
- handleAddTask(...)方法：添加任务的方法，该方法将会调用后端 API 添加任务，并将新任务设置到 State 中。
- handleDeleteTask(...)方法：删除任务的方法，该方法将会调用后端 API 删除任务，并将删除此任务后的任务列表的状态设置到 State 中。
- handleSetTaskDone(...)方法：设置任务完成的方法，该方法将会调用后端 API 将任务设置为已完成状态，并将此状态设置到 State 中。

- return 语句：返回整个页面的元素结构，其中包含添加任务 UI 组件及遍历全部任务后多次渲染的列表项 UI 组件。

接下来，编写整个页面的样式，样式文件为 src/index.css，内容如下。

```css
* {
  margin: 0;
  padding: 0;
}

body {
  color: #fff;
  background: #333;
}

.App {
  max-width: 600px;
  margin: auto;
}

.App>h1 {
  text-align: center;
  margin: 10px;
}

.Item {
  display: flex;
  justify-content: space-between;
  align-items: center;
  background: #444;
  padding: 10px;
  border-bottom: 1px solid #333333;
}

.Item--text h1 {
  color: #f59609;
}

.Item--button button {
  background: #ffffff;
  padding: 10px;
  border-radius: 20px;
  cursor: pointer;
}

.Item--button__delete {
  border: 1px solid #ce0404;
  color: #ce0404;
}

.Item--button__done {
  border: 1px solid #05b873;
  color: #05b873;
  margin-right: 10px;
}
```

```
.hide-button {
  display: none;
}

.done-task {
  text-decoration: line-through;
  color: #777 !important;
}

.Form {
  display: flex;
  justify-content: space-between;
  align-items: center;
  padding: 15px;
  background: #444;
  margin-bottom: 15px;
}

.Form>div {
  display: flex;
  justify-content: center;
  align-items: center;
}

.Form input {
  background: #ffffff;
  padding: 10px;
  border: 1px solid #f59609;
  border-radius: 10px;
  display: block;
  margin: 5px;
}

.Form button {
  background: #f59609;
  color: #fff;
  padding: 10px;
  border-radius: 20px;
  cursor: pointer;
  border: none;
}
```

现在就可以在项目目录下（本例中为 D:\TSProject\client-side）执行 npm start 命令，启动前端 UI 应用程序了。注意，在启动 UI 应用程序之前，需要先启动前面创建的后端服务。UI 应用程序启动后，就可以在浏览器地址栏中输入 http://localhost:3000，访问任务管理页面，并在任务管理页面中执行相应操作，如图 23-6 所示。

图 23-6 在任务管理页面中执行相应操作